南京市生态环境质量报告

2022 年

Ecological Environment Quality Report of Nanjing

南京市生态环境局
江苏省南京环境监测中心 ◎ 编

河海大学出版社
·南京·

图书在版编目(CIP)数据

2022年南京市生态环境质量报告／南京市生态环境局，江苏省南京环境监测中心编. -- 南京：河海大学出版社，2023.10

ISBN 978-7-5630-8399-2

Ⅰ. ①2… Ⅱ. ①南… ②江… Ⅲ. ①区域生态环境－环境质量评价－研究报告－南京－2022 Ⅳ. ①X321.253.1

中国国家版本馆 CIP 数据核字(2023)第 197487 号

书　　名	2022 年南京市生态环境质量报告
书　　号	ISBN 978-7-5630-8399-2
责任编辑	杜文渊
特约校对	李　浪　杜彩平
装帧设计	徐娟娟
出版发行	河海大学出版社
地　　址	南京市西康路 1 号(邮编:210098)
电　　话	(025)83737852(总编室)　(025)83722833(营销部)
经　　销	江苏省新华发行集团有限公司
排　　版	南京布克文化发展有限公司
印　　刷	广东虎彩云印刷有限公司
开　　本	787 毫米×1092 毫米　1/16
印　　张	13.5
字　　数	300 千字
版　　次	2023 年 10 月第 1 版
印　　次	2023 年 10 月第 1 次印刷
定　　价	89.00 元

《2022年南京市生态环境质量报告》编委会名单

主　　编：喻义勇
副 主 编：张哲海　张迪生　徐　荣
编　　委：谢　馨　张良瑜　谢鑫苗　许　磊　李　京
编写人员：（按姓序笔画为序）

丁　峰	习　盼	马光军	王　珂	叶　锴	皮亚洲
朱志锋	朱振兴	刘　军	刘军（小）	刘　罗	许海英
许　磊	纪　昳	杜　青	李　京	李　敏	李源慧
何青青	宋祖华	张　群	张良瑜	张瑞菊	陈　苗
陈　明	武中林	郁　晶	金　鑫	郑玉涛	赵广华
胡　静	俞黎明	闻　欣	徐　岚	徐　晗	徐　敏
董艳平	董晶晶	谢　馨	谢放尖	谢鑫苗	蔡沅辰

主编单位：南京市生态环境局
　　　　　江苏省南京环境监测中心
参编单位：南京市生态环境监测监控中心
资料协助提供单位：南京市统计局
　　　　　　　　　南京市财政局
　　　　　　　　　南京市水务局
　　　　　　　　　南京市气象局
　　　　　　　　　南京市交通运输局
　　　　　　　　　南京市农业农村局
　　　　　　　　　南京市绿化园林局
　　　　　　　　　南京市应急管理局
　　　　　　　　　南京市城乡建设委员会
　　　　　　　　　南京市生态环境保护科学研究院
　　　　　　　　　南京市生态环境综合行政执法局
　　　　　　　　　南京市生态环境保护宣传教育中心

前言

PREFACE

2022年，南京市坚决贯彻习近平生态文明思想，深入践行"绿水青山就是金山银山"的发展理念，组织各板块、各部门通力协作、全力以赴，以碳达峰、碳中和为引领，以减污降碳协同增效为主线，深入打好污染防治攻坚战，持续改善生态环境质量，以生态环境高水平保护推动经济社会高质量发展，为全面建设人民满意的社会主义现代化典范城市奠定更加坚实的生态环境基础。在全市的共同努力下，$PM_{2.5}$年均浓度创有监测记录以来最优水平，空气质量综合改善幅度在全国168个重点城市中排名第19位；地表水42个国省考断面优良比例连续4年保持全省第一；声环境质量保持稳定；生物多样性保护成果在联合国缔约方第十五次蒙特利尔大会上广受好评；高淳区被生态环境部正式命名为第六批"绿水青山就是金山银山"实践创新基地。市民的生态环境获得感、幸福感、认同感不断增强，优良生态环境已经成为南京的鲜明"底色"。

为全面分析和总结2022年度南京市生态环境质量状况和变化趋势，继续为"十四五"南京市生态环境保护规划实施提供科学依据，根据《环境质量报告书编写技术规范》(HJ 641—2012)以及相关规定要求，南京市生态环境局和江苏省南京环境监测中心组织编制了《2022年南京市生态环境质量报告》。报告书共六章，以翔实的监测数据为基础，结合南京市自然环境、社会经济发展和生态环境保护措施，系统总结了2022年南京市的污染物排放状况以及环境空气、降水、地表水、饮用水水源地、地下水、土壤、噪声、生物、生态、农村、辐射等环境要素质量状况，深入剖析了南京市环境质量现状、时空变化分布规律和变化趋势，开展生态环境质量综合分析和预测，探寻主要环境问题，提出相应的对策建议，为政府综合决策、精细化管理提供科学依据。

本书的编写得到了有关部门和单位的大力支持，凝聚了编写团队每位成员的艰辛努力，在此表示衷心感谢！

受编制水平的限制，不妥之处敬请批评指正。

编写组
2023年5月

目录

CONTENTS

第一章　概况	001
第一节　生态环境保护工作	003
第二节　生态环境监测工作	008
第三节　环境污染事件及信访投诉	018
第二章　污染源排放	023
第一节　废气污染物排放状况	025
第二节　废水污染物排放状况	028
第三节　固体废物	031
第四节　重点污染源	037
第六节　小结	043
第三章　生态环境质量状况	047
第一节　环境空气质量	049
第二节　降水（酸沉降）	070
第三节　地表水环境质量	074
第四节　饮用水水源地	090
第五节　地下水环境质量	092
第六节　声环境质量	097
第七节　土壤环境质量	108
第八节　生物环境	111
第九节　生态环境质量	123
第十节　农村环境质量	127

第四章 生态环境质量综合分析及预测 ... 135
- 第一节 主要污染物特征分析 ... 137
- 第二节 与社会经济发展关联分析 ... 141
- 第三节 与自然条件关联分析 ... 147
- 第四节 生态环境质量预测 ... 151
- 第五节 生态环境质量目标可达性分析 ... 160

第五章 结论与建议 ... 165
- 第一节 环境质量状况 ... 167
- 第二节 主要环境问题 ... 170
- 第三节 对策建议 ... 173

第六章 特色专项工作 ... 179
- 【专题一】 南京市温室气体梯度观测初步结果分析 ... 181
- 【专题二】 新时代10年南京空气质量改善成效 ... 184
- 【专题三】 秦淮河典型区域小流域水环境数学模型构建及水质预报预警技术 ... 187
- 【专题四】 台风"梅花"对南京市国考断面水质影响的预测预警 ... 190

附录 环境质量评价方法与标准 ... 193

第一章
概况

南京,简称宁,江苏省省会,位于江苏省西南部、长江下游。南京是中国东部地区重要的中心城市、全国重要的科研教育基地和综合交通枢纽,是长江三角洲特大城市和长三角辐射带动中西部地区发展重要门户城市、首批国家历史文化名城和全国重点风景旅游城市。

2022年是新时代新征程中极具挑战、极不平凡的一年。面对多重超预期困难与挑战,全市上下坚持以习近平新时代中国特色社会主义思想为指导,以迎接党的二十大、学习宣传贯彻党的二十大精神为主线,坚持稳中求进工作总基调,完整、准确、全面贯彻新发展理念,加快服务构建新发展格局,着力推动高质量发展,全面落实党中央"疫情要防住、经济要稳住、发展要安全"重大要求。全市经济社会发展总体实现稳中有进,创新驱动形成标杆,产业结构持续优化,环境质量稳中趋好,民生事业扎实推进,切实担负起了"争当表率、争做示范、走在前列"的光荣使命,"强富美高"新南京现代化建设迈出坚实步伐。

第一节 生态环境保护工作

2022年,南京市认真贯彻落实习近平新时代中国特色社会主义思想,特别是习近平总书记视察江苏重要讲话指示精神,以碳达峰、碳中和为引领,以减污降碳协同增效为主线,以生态环境高水平保护推动经济社会高质量发展,取得了阶段性成效。

一、2022年开展的主要工作及完成情况

2022年,南京市生态环境保护工作以生态环境高水平保护推动经济社会高质量发展。2月和9月,市委、市政府两次召开全市深入打好污染防治攻坚战大会,生态环保工作持续向纵深推进,生态环境质量保持稳中趋好的总体态势:$PM_{2.5}$均值浓度降至28 $\mu g/m^3$,达有监测记录以来最优水平,绝对值位列南京都市圈第一,全省并列第三;空气质量优良率79.7%,同比下降2.5个百分点。42个国省考断面累计均值水质优良比例(达到或好于Ⅲ类水质)达100%,水环境质量考核保持全省第一;全市10个区级以上集中式饮用水水源地逐月水质100%优良;全市重点建设用地安全利用率保持100%;高淳区被生态环境部命名为第六批"绿水青山就是金山银山"实践创新基地。具体工作及成效包括以下几个方面。

(一)顺利迎接中央生态环保督察并加快整改

一是顺利完成迎检任务。完成为期一个月的第二轮中央生态环保督察迎检工作,南京市近年来的生态环保成效得到督察组的肯定,"长江大保护"正面典型案例被上报至中央督察办。二是整改工作加快落实。对督察反馈问题第一时间制定细化整改方案,每半

个月开展一次调度推进；落实交办信访件领导包案制，分批次开展现场核查，确保整改成效。督察反馈涉及我市 4 个问题的整改工作均达序时进度，613 件信访件上报办结 563 件、阶段性办结 50 件，办结率达 91.8%。

（二）"双碳"战略有力有效落实

一是顶层设计持续完善。编制出台《关于推动高质量发展做好碳达峰碳中和工作的实施意见》《南京市绿色低碳循环发展三年行动计划（2022—2024）》《2022 年度推进碳达峰工作要点》等文件。二是积极开展碳减排管理。编写 2021 年度温室气体排放清单，形成 2021 年重点碳排放单位名单，对重点碳排放单位开展温室气体排放核算报告检查评估。三是推动减污降碳协同增效。编制《南京市减污降碳协同增效实施方案》，全面梳理重点行业"两高"项目，加快构建减污降碳项目库。组织全市 114 家企业完成强制性清洁生产审核，落实中/高费方案 219 项，实现大气污染物减排 4 100 吨/年。

（三）治气攻坚强化源头治理

一是治气责任压紧压实。市委市政府主要领导针对治气攻坚共批示部署 30 余次，分管领导每日关心调度，高位推动蓝天保卫战。出台实施街镇"点位达标负责人"履职管理办法，发送点位达标负责人提醒函近百份，向全市高校校长发送校园生态环境安全管理信，实施重要治气事项"直通董事长"。二是废气治理加快步伐。进一步帮扶 28 家排放大企业降低排放限值，推进 92 个工业园区、6 大重点行业实施深度治理。金陵石化完成绩效达 A，实施绩效分级 B 级以上企业 75 家。完成 831 项年度 VOCs 治理项目，实施清洁原料替代 350 家。三是面源污染从严管控。2022 年全市降尘量均值 2.57 吨/月·平方千米，完成 3.1 吨/月·平方千米的省定年度目标。完成 29 家加油站三次油气回收改造，淘汰国三及以下排放标准的柴油货车 2 900 辆。规范整治餐饮服务单位 3 178 家。

（四）治水攻坚成效巩固提升

一是重点断面水质有力保障。定期开展水质跟踪监测和河道调查监测，针对水质波动断面深入开展溯源排查和问题整改。全年汇缴重点断面水环境区域补偿资金 6 018 万元。二是水污染防治深入实施。推进 69 项水污染防治重点工程，深入实施工业园区水污染物整治专项行动。开展池塘水产养殖尾水污染排查治理，完成 2.2 万亩池塘生态化改造。三是水生态修复稳步推进。启动秦淮河、滁河、石臼湖水生态调查评估工作，在莫愁湖、月牙湖等水体打造"草型清水态"生态自净系统。四是排污口整治成效明显。2 226 个长江入河排污口上报完成整治 2 152 个，227 个太湖流域入河排污口上报完成整治 212 个，45 个内河整治类排污口完成整治 28 个。五是饮用水水源地保障安全。加强对水源地保护区的风险隐患排查，夹江水源地保护区整治任务基本完成，华能燃机、华能金陵排口迁移工程已建成。

(五) 自然生态保护硕果累累

一是长江大保护坚决落实。2022年,省长江经济带生态环境警示片披露的1个问题按时完成整改销号,持续开展沿江生态破坏问题"回头看"及"举一反三"排查整治。二是基本摸清生物多样性家底。共调查记录2 530种物种,调查记录国家重点保护野生动植物物种72种,在玄武湖城墙根发现了迄今世界城市环境中已知最大的天然更新水杉种群。南京生物多样性保护成果在加拿大蒙特利尔举行的联合国生物多样性公约大会上受到广泛好评。三是长期观测网络基本建立。基本形成生物多样性长期观测网络,包括14个植物、22个陆生脊椎动物、28个陆生昆虫、12个水生生物、10个大型真菌观测样点。

(六) 生态环境安全切实保障

一是全力严守疫情防控底线。统筹协调全市医废收集转运处置,全年高效安全处置医废5.2万余吨,其中新冠医废2万余吨。加强对相关单位的监督指导,明确医疗废水消毒处理规范,确保涉疫医疗废水安全及时处置。二是土壤和地下水环境安全稳定。完成293个地块土壤污染状况调查及评审,完成4个地块的土壤污染修复工程。完成地下水污染分区划分,完成3个危废填埋场周边地下水环境状况调查。三是风险隐患排查整治有力开展。深入推进"三年大灶"整治,累计排查各类隐患5 231项,整改完成5 207项。实现全市725枚在用放射源实时在线监控,完成155家单位的辐射安全管理标准化建设。四是固废危废治理水平持续提升。新增危废集中处置能力10万t/年、收集能力1万t/年,优化形成2.5万t集中收集、50.8万t集中处置能力,完成180家重点企业的危废规范化评估。

(七) 优化监管促发展保民生

一是做好重大项目跟踪服务。落实重大项目专人负责制,累计推动服务项目260个,36个省重大项目已完成环评审批(备案)29个,420个市重大项目已完成环评审批(备案)336个。二是环评审批服务质效提升。推进14个园区开展规划环评与项目环评联动改革,组织15个园区开展环评区域评估。探索金陵石化25个项目环评"打捆"审批,推进项目环评与入河排污口联动审查。三是优化营商环境助企发展。落实服务高质量发展助企惠民50项举措,培育环保示范性企业20家、绿色发展领军企业9家,累计"送法进企业"600次,对1 600余家企业开展生态环境法律体检。四是环境信访矛盾有效化解。共受理生态环境信访投诉1.21万件,办结率和答复率达100%,满意率达92.5%,妥善处理了诺玛科、塔塔等公司废气排放、异味扰民等一批突出生态环境问题。

(八) 执法监管要求强力落实

一是迎接《中华人民共和国环境保护法》执法检查。顺利通过全国人大常委会《中华人民共和国环境保护法》执法检查,全市贯彻落实《中华人民共和国环境保护法》的成效得到检查组充分肯定。二是打击严查环境违法行为。滚动开展各类专项执法行动，共出动7.8万人次，检查各类污染源4.2万家次，发现问题点位1.4万个，及时帮扶企业治污减排。三是提升行政执法精度暖度。落实执法"正面清单"，推广包容审慎监管，对74件符合"三个不罚"情形的违法行为以行政指导、约谈等方式代替行政处罚。

总体来看，全市生态环境质量保持稳中趋好的态势，但产业结构偏重、能源结构偏煤、空间区域偏小、排放强度偏大的现状仍未发生根本性改变，大气污染防治面临瓶颈，水环境治理成效仍需巩固，生态环境风险防范有待强化，突出生态环境问题还需持续深入治理。

二、2023年主要工作目标及措施

2023年是全面贯彻党的二十大精神的开局之年，市生态环境局将深入践行习近平生态文明思想，锚定美丽南京建设目标，始终坚持生态优先、绿色发展，持续抓好减污降碳协同增效，深入打好污染防治攻坚战，为全面建设人民满意的社会主义现代化典范城市奠定更加坚实的生态环境基础。

主要目标：$PM_{2.5}$年均浓度达28 μg/m³，空气优良率达81%；国考断面水质优良比例达100%；省考断面水质优良比例达到97.6%，力争达到100%水质优良的工作目标；县级以上集中式饮用水水源地水质逐月达标率保持100%；确保不发生较大及以上突发环境事件。重点开展以下工作：

一是加快绿色低碳转型。构建完善"1+3+12+N"低碳发展政策体系，坚决遏制"两高一低"项目盲目发展，强化减污降碳协同增效。组织涉碳交易企业有序参与碳市场交易，推进碳普惠体系建设，积极引导全社会参与双碳行动。

二是精准治气加力攻坚。完成南钢、梅钢超低排放改造，加快全市煤电机组全负荷脱硝改造，推进扬子石化绩效达A。推进92个涉气园区综合整治和六大行业提标改造。严控工地及道路扬尘，持续推进高排放机动车淘汰和餐饮油烟治理。

三是综合治水持续巩固。保障国省考及重点入江支流断面水质达标，推进重点河湖水生态调查评估，全面铺开骨干河道及重点河湖入河排污口排查整治。积极探索水生态修复，全力推进秦淮河、固城湖创建国家"美丽河湖"优秀案例。

四是全面强化生态保护。持续抓好长江经济带生态环境突出问题整改，完成全市域生物多样性本底调查，加快新济洲生态岛试验区建设，推进金牛湖周边地区EOD试点项目。积极推进溧水区创建国家"两山理论"实践创新基地。

五是全力确保环境安全。强化建设用地土壤污染状况调查和风险评估，有力保障土壤及地下水环境安全。推进"无废城市"建设，持续提升危废处置能力及涉疫废弃物应急处置能力，深入开展风险隐患排查整治，强化全过程安全监管。

六是加大力度助企惠民。持续做好重大项目环评跟踪服务，推进园区规划环评与项目环评联动改革，加快培育绿色发展领军企业。持续推进第二轮中央生态环保督察反馈问题及交办信访件整改销号,大力解决群众关注的环境突出问题。

七是加强环保能力建设。加快实施"十四五"生态环境基础设施建设规划。深化园区污染物排放限值限量管理,开展全市排污总量指标储备核算入库,完善总量指标管理制度,推动排污许可与执法监管等制度有机衔接。

【专栏一】
智慧治理——生态文明监测能力现代化的南京实践

2022年,南京市生态环境保护工作认真贯彻落实习近平新时代中国特色社会主义思想,以生态环境高水平保护推动经济社会高质量发展。生态环保工作持续向纵深推进,生态环境质量保持稳中趋好的总体态势,全面提升南京生态环境治理现代化水平。

一、苦练内功,现代化能力水平显著提升

一是生态环境基础设施加快完善。编制出台《南京市"十四五"生态环境基础设施建设规划》,投资61亿元,加快推进41项环境基础设施项目,36项年度工程任务均按期完工。二是减排精细化管理持续加强。纳入信用监管的企业增至1.56万家,环境纳统企业增至738家,重点排污单位增至712家,形成752家需披露环境信息的企业名单。三是生态环境监测能力纵深发展。全市已建成各级各类环境空气自动监测站116个、各级各类水环境自动监测站91个,11个省级以上园区建设完成21个水质自动监测站、22个常规空气自动监测站、372个微型空气站和16个VOCs监测站。

二、绿色转型,"双碳"战略有力有效落实

一是顶层设计持续完善。编制出台了《关于推动高质量发展做好碳达峰碳中和工作的实施意见》《南京市绿色低碳循环发展三年行动计划(2022—2024)》等文件。二是积极开展碳减排管理。编写年度温室气体排放清单,形成重点碳排放单位名单,组织重点碳排放单位开展温室气体排放核算报告检查评估。三是推动减污降碳协同增效。编制《南京市减污降碳协同增效实施方案》,梳理"两高"项目及其他符合减污降碳特征的项目。对122家企业开展清洁生产审核,实现大气污染物减排600 t左右。

三、全面护绿,自然生态保护硕果累累

一是长江大保护坚决落实。2022年,省长江经济带生态环境警示片披露的1个问题按时完成整改销号,持续开展沿江生态破坏问题"回头看"及"举一反三"排查整治。二是基本摸清生物多样性家底。共调查记录物种2 530种,其中国家重点保护野生动植物物

种72种,基本形成生物多样性长期观测网络。南京生物多样性保护成果在加拿大蒙特利尔举行的联合国生物多样性公约大会上广受好评。

四、深入治水,确保达标成效巩固提升

一是重点断面水质得到有力保障。定期开展水质跟踪监测和河道调查监测,针对水质波动断面深入开展溯源排查和问题整改。全年汇缴重点断面水环境区域补偿资金6 018万元。二是水污染防治深入实施。推进69项水污染防治重点工程,深入实施工业园区水污染物整治专项行动,长江、太湖及重要内河流域排污口整治成效明显。开展池塘水产养殖尾水污染排查治理,完成2.2万亩池塘生态化改造。三是水生态修复稳步推进。启动秦淮河、滁河、石臼湖水生态调查评估工作,因地制宜在莫愁湖、月牙湖等水体打造"草型清水态"生态自净系统。

第二节 生态环境监测工作

2022年是党的二十大召开之年,是全面实施"十四五"规划的重要之年,是深入打好污染防治攻坚战的关键之年。南京市生态环境系统以实现减污降碳协同增效为总抓手,以持续改善全市生态环境质量为核心,以"精准治污、科学治污、依法治污"为工作方针,以环境监测工作走在前列为目标,推动监测监控体系与监测能力现代化建设,以习近平生态文明思想为指导,构建全市环境监测新体系,做好生态环境监测例行工作,聚焦支撑"蓝天""清水""净土"保卫战;强化污染源排放执法监测,强化应急能力建设,做好各类专项监测,提升溯源分析水平,做好监测信息公开,强化监测数据应用。严格环境监测质量监管,提高环境监测数据质量,加强监测系统行风建设,有效提升监测队伍综合素质,切实发挥监测铁军"顶梁柱、生命线、先锋队"的作用,为南京市成为生态优先、绿色发展、人民满意的社会主义现代化典范城市作出积极贡献。

一、监测能力建设

(一)基本情况

1. 人员与设备

2022年,南京市各级生态环境监测机构累计投入资金1 802.45万元,用于自动监测设备运行、仪器设备的购置和维护等,与上年度相比减少7.1%,其中秦淮区、江宁区和栖霞区降幅居前。共拥有监测设备2 426台套;监测用房12 943平方米;在编人员312人,其中本科以上学历人数比例为79.6%,与上年度相比增加3.7个百分点,高级职称人员

比例为 23.6%，与上年度相比增加 0.2 个百分点。

2. 监测数据和报告

2022 年，南京市环境监测机构获得监测数据 1 557.3 万个，与上年度相比下降 6.4%，其中江苏省南京环境监测中心（以下简称"南京中心"）获得监测数据 495.9 万个，市级监测机构获得监测数据 1 061.3 万个。

2022 年，南京市环境监测机构共编制报告 5 256 份，与上年度相比上升 22.7%，其中南京中心共编制各类统计分析、溯源、预测预警等报告 592 份，包括例行报告 360 份、高质量专报 36 份、预警快报 196 份。高质量专报主要用于污染溯源，及时解析生态环境质量现状、成因及变化趋势，向当地政府或生态环境部门提出对策建议，精准服务污染防治攻坚，其中 25 份高质量专报先后获得省生态环境厅主要领导表扬或批示、6 份高质量专报获得分管领导和其他领导的表扬或批示、3 篇获评省生态环境厅优秀溯源报告，在服务治污攻坚、预测预警分析、环境监督执法、环境质量评估及重大活动保障中发挥了重要作用。市级环境监测机构共编制各类统计分析、溯源、预测预警等报告 4 664 份，包括例行报告 2 786 份、专报 321 份、快报 1 557 份，全面助力南京市生态环境质量改善提升。

3. 获得荣誉

2022 年，南京市生态环境监测工作以习近平生态文明思想为指导，在改善环境质量，推进生态文明建设方面不断创造佳绩。南京中心高质量编制完成《2021 年度南京市生态环境质量报告书》，得分 96.33，在全国排名前 0.5%，受到中国环境监测总站表扬。在 2022 年全省生态环境技能竞赛中获省级参赛队团体第三名，个人取得第 4 名、第 10 名和第 21 名的好成绩。2022 年，南京中心被省厅评为"优秀溯源监测工作单位"，第四支部委员会被省厅评为"生态环境保护先锋行动队"标兵单位，1 个家庭被评为省厅联合省妇工委"最美家庭"，1 个家庭被评为省级机关"崇文重教典型家庭"，4 人获省厅"优秀共产党员"，1 人获省厅"优秀党务工作者"，2 人获省厅"污染防治攻坚巾帼标兵"，1 人获省厅"污染防治攻坚标兵"，1 人获省厅"污染防治攻坚专项行动标兵个人"，1 人获省厅"优秀工会干部"，2 人获省厅"优秀工会积极分子"。

南京市生态环境监测监控中心（以下简称"市监控中心"）与市生态环境局一同组织培训各分中心人员参与江苏省技能竞赛，南京市江宁区环境监测站、南京市溧水区环境监测站和南京经开环境监测有限公司 3 支队伍跻身全省生态环境技能竞赛决赛前八名。其中，江宁区环境监测站获市县参赛队团体第二名，2 人获南京市第二届"最美生态环保人"称号，1 人获南京市生态环境局"生态环保标兵"，1 人获南京市生态环境系统"优秀共产党员"；雨花台区环境监测站获"2021 年度市县生态环境系统先进党支部"称号。

（二）监测能力拓展

1. 监测技术能力

2022 年，南京中心持有通过国家检验检测机构 CMA 资质认定和 CNAS 实验室认可的检测能力包括空气和废气（含室内空气）、水和废水（含大气降水）、土壤和沉积物、固体废物、噪声和振动、煤质、水生生物、生物毒性、农林土壤等9个类别,包含161项621个参数。市级环境监测机构监测项目在17~86项之间,涉及空气和废气(含室内空气)、水和废水(含大气降水)、土壤和底质、固体废物、噪声和振动、辐射等,已形成常规应急监测能力。

2022年,南京市监测系统共计91人参加了12个类别共221门次持证上岗理论考试,考试通过率98.6%;共计154人参加9大类1417项次持证上岗操作考试,考试通过率90.0%。

2. 监测网络建设

围绕打赢"蓝天保卫战"、打好"碧水保卫战"、扎实推进"净土保卫战"等重点任务,继续加强环境监测网络建设,截至2022年,南京市已建有国控站点13个,省控站点4个,市控站点5个,区控(街道)站点104个,工业园区站点30个,省级$PM_{2.5}$网格化站点407个,形成市域全覆盖、多类别、多功能的环境空气质量自动监测网络体系,基本满足环境空气质量考核及大气污染监控预警需求。

建成水环境自动监测站91个,11个省级以上园区建成21个水质自动监测站,国考、省考、市控、入江、水功能区等地表水点位230余个;降水点位10个、降尘点位146个、硫酸盐化速率点位14个;噪声自动监测站点32个、噪声功能区点位28个、区域噪声点位539个、交通噪声点位247个。

3. 监测队伍建设

南京市生态环境部门高度重视生态环境监测人才队伍建设,积极吸纳专业技术人才,创造培训机会,打造骨干人才队伍。

2022年,南京中心着重开展"土壤环境、水环境、环境空气质量、污染源废气监测和应急监测"五方面监测技术专项培训,通过培训,进一步强化了监测理论基础,系统规范了技术人员日常监测行为,对扎实提升技术人员的监测能力具有促进作用。共开展了13次中心级技术培训,受训人数达956人次,参加外出培训(含线上培训)42批次,培训人员(含线上培训)291人次;市级监测机构积极参加市级和省级培训,其中省级受训人数498人次,市级受训人数704人次。

2022年7月市监控中心正式成立,作为南京市生态环境局所属全额拨款公益一类的事业单位,为缓解市骨干人才短缺的困境,通过军转安置、流动选任、借调借用、公开招聘等方式,分批补充关键岗位技术人员。坚持外部借力与内部挖潜并举,组织新进人员参加省、市级培训,引导中心人员积极参加上岗证考核,全面提升中心人员业务能力素质。

南京中心认真制订2022年"全省生态环境监测专业技术人员大比武"迎考实施方案,坚持以技能比武促进监测能力提升,加强练兵备赛,着力夯实参赛队伍的基本功。采取自主学、专家讲、在线练、模拟考、实操练等方式,多角度强化参赛队员的能力训练,形成"比、学、赶、帮、超"的浓厚氛围。

二、监测预警体系

(一)空气环境质量监测

针对大气颗粒物组分和大气光化学污染,持续开展 EC/OC、水溶性离子、重金属以及挥发性有机物(VOCs)在线和离线监测,并加强监测质控、数据审核及联网工作。为构建"天地一体化"监测,在竹镇、固城湖、江心洲同步开展气溶胶激光雷达监测,在草场门开展臭氧激光雷达监测,探测垂直高度上颗粒物和臭氧浓度分布特征。

根据《江苏省碳监测评估试点工作方案(试行)》,南京市作为全省试点城市开展环境空气温室气体监测,重点开展 CO_2、CH_4 等监测项目。2022 年,全市共有草场门、化工园、固城湖 3 个监测点,在全市不同区域开展温室气体浓度监测。在南京大学仙林校区开展温室气体高精度梯度监测,是全省首次实现不同垂直高度温室气体的自动监测。

开展环境空气中特征污染物调查监测工作,在鼓楼草场门、高淳淳溪、溧水永阳开展空气中 TSP、$PM_{2.5}$ 中苯并[a]芘、铅、镉、汞、砷、六价铬、氟化物等特征污染物的两轮手工监测。

在溯源监测和预报预警上,紧紧围绕高淳老职中、溧水永阳和仙林大学城等污染点位,利用多种技术手段,全方位、立体化精准分析污染来源,围绕点位周边重点园区、典型行业开展工业企业和降尘污染调查及"回头看",形成问题清单,为地方污染防治管理提供技术指引。

(二)水环境质量监测

南京市六大水系 230 余个点位均按照《2022 年南京市生态环境监测工作方案》开展了不同频次的例行监测。其中,国考断面 10 个,省考断面 42 个,入江断面 28 个,非考核水功能区断面 38 个,市考断面 114 个,省补偿断面 20 个,市补偿断面 91 个,集中式饮用水水源地 10 个,备用水源地 2 个,乡镇饮用水水源地 3 个,建成区水体 221 个,底质 31 个。

在开展水环境例行监测的基础上,强化自动监测的预警作用,全市正常运行的国、省、市控水质自动监测站共 31 个,国、省考断面水站覆盖率达到 85.7%。按照《江苏省水环境质量监测预警方案(试行)》的要求,进行手工监测和自动监测的预警工作,每月做好水环境质量分析报告的编写和水环境质量预测分析工作。开展了全市黑臭河流监测、省界断面水质加密监测、重点断面溯源跟踪监测、国控省界断面流量监测、石臼湖跨省联合调查监测、水环境资源区域补偿监测等专项监测,为区域水环境治理提供精准性、系统性、前瞻性的技术支撑。

（三）声环境质量监测

南京中心和市级监测机构共同做好全市声环境质量监测工作，南京中心承担全市声环境监测方案、布点等技术把关与组织协调工作，市级监测机构负责辖区内区域环境噪声、道路交通噪声和功能区噪声监测。

2022 年 5 月开展了一次区域环境噪声监测，除溧水、高淳外的其他连片建成区按 1 500 m×1 500 m 网格布点，溧水和高淳按 500 m×500 m 网格布点，城区共 165 个点，覆盖面积 371.25 km²；郊区共 374 个点，覆盖面积 423.5 km²。每季度开展功能区噪声监测，全市设测点 28 个，其中城区 16 个，郊区 12 个，同时开展功能区噪声自动监测工作；2022 年 5 月开展一次道路交通噪声监测，城区设测点 168 个，郊区设测点 79 个。

（四）生态环境监测

对重点流域水生生物监测、全国生态质量监测样地开展了底栖动物、着生藻类、粪大肠菌群、发光菌急性毒性、鱼类环境 eDNA 监测；对金牛湖开展了重点湖库藻类监测；与南京林业大学生物与环境学院合作开展了中山陵鸟类监测和金牛湖蝶类监测；自行开展了龙袍湿地公园、石臼湖、绿水湾国家湿地公园、国防园等地的生物多样性工作；对 11 个环境空气自动监测站点开展城市环境空气生物监测；5—10 月围绕固城湖、石臼湖、金牛湖、玄武湖开展蓝藻预警监测。与南京大学合作，在大胜关水质自动站安装 eDNA 自动采样设备，开展长江鱼类 eDNA 实时监测，探索鱼类生物多样性自动监测；积极推进水生态实验室建设，开展仪器设备调研选型，制订采购计划，完成设备采购。

开展遥感监测工作，包括大气攻坚遥感监测、全国生态质量监测样地现场核实、生态景观野外核查、生态环境质量评价遥感监测、南京市裸土地遥感排查及省中心组织的长江岸线生态保护红线和生态空间管控区疑似违规问题核查。开展全市生态质量监测高分遥感影像质检工作，共质检 50 景影像，完成南京土地利用预动态解译，解译图斑 7 702 个；开展南京市 611 个裸土地分布位置、裸露面积、裸露类型、闲置时间等信息的遥感排查。

（五）土壤环境监测

南京中心按照中国环境监测总站和江苏省环境监测中心要求，对南京市 6 个一般风险监控点和 11 个重点风险监控点开展土壤例行监测工作，对 19 个地下水点位开展水质例行监测工作。完成南京市省控地下水监测点位优化调整、1 个省级以上化工石化类工业聚焦区和 2 个规模较大的危险废物处置与填埋区的地下水监测站点布设工作。

（六）核与辐射监测

根据《2022 年江苏省辐射环境质量监测方案》，对 8 个省控点瞬时 γ 辐射空气吸收剂量率、5 个省控点电磁辐射监测点的瞬时综合电场强度及土壤、水体和气溶胶中放射性核素的含量进行例行监测。

（七）污染源监测监控

南京市排污单位监督监测以南京中心、市级监测机构为主体；污染源在线监控管理以市生态环境综合行政执法局为主体，两级监测机构负责污染源在线监控设备的比对抽测；排污单位负责污染源自动监测设备安装、联网、验收、备案工作。随着污染源监测职能下放到市级监测机构，南京中心主要组织实施重点排污单位监督监测的省级质量核查和抽测。

1. 监督监测

排污单位的监督监测根据重点污染源废水、废气等清单开展监测，监测项目和频次严格依据相关污染物排放标准和规范执行。另外，依据管理需求，开展专项调查监测和抽测。2022 年，全市累计进行了 1 023 家次废水、935 家次废气和 272 家次挥发性有机物的监督性监测工作。

2. 在线比对

全市在线监控设备覆盖化学需氧量和二氧化硫排放量占总量 80% 以上的污染源。南京中心和市级监测机构对在线设备进行比对监测，比对监测废水在线仪器 1 453 台套、废气在线仪器 443 台套。

三、质量管理与质量控制

南京市环境监测质量管理工作进入巩固和提升阶段，日常监测质量管理更加规范，对质量影响因素控制更加有力，并对管理体系进行定期审核和评审，促进管理体系持续改进。共获得质控数据 44.1 万个，合格率在 97.7% 以上；质控标样考核 1 537 项次，合格率 98.6%；参加能力验证、实验室间比对、能力考核、协作定值共计 50 次，涉及水和废水、气和废气、土壤、微生物等监测领域，结果满意率达 94.0%。

（一）按计划实施质量管理工作

制订年度质量管理工作计划，包含内部审核、管理评审、监测能力扩项、持证上岗、仪器设备计量检定/校准、仪器设备期间核查、外部质量控制、内部质量控制、手工监测质量控制、环境空气自动监测质量监督检查、地表水自动监测质量监督检查、人员监督/监控、质量检查等工作方案，对年度管理体系运行、质量控制、辖区内质量管理中要完成的工作做出了明确规定。

（二）不断完善质量管理体系

南京市不断完善监测质量管理体系。南京中心全面改版了《质量手册》《程序文件》，并对各项质量记录进行了整理、修改、补充和完善。市监控中心围绕质量管理，完善各项质量监督管理制度和措施，加大对市级监测机构的监督和帮扶力度，促进全市监测监控能力增强和质量提升。

（三）强化全过程质量控制

南京中心建立质量技术管理科、质量监督员和监测人员三级质量管理层级，对监测工作实施定期检查、抽查和飞行检查、标样考核，以及在分析过程中进行空白样、平行样、加标回收、密码加标等质控手段，实现对监测工作全过程质量控制。市监控中心成立南京市质量管理小组，确保监测数据"真、准、全"。

（四）加强对市级监测机构的质量检查

为进一步提高南京市级监测机构的监测能力和水平，根据《2022年全省生态环境监测方案》的要求，南京中心联合市生态环境局对11家市级环境监测机构的监测质量进行监督检查，检查采取质控样考核与现场质控检查相结合的方式，质控样考核一次合格率92.3%。

四、社会检测机构监督管理

为贯彻落实对生态环境监测机构"双随机、一公开"联合监管和专项整治等工作要求，进一步加强南京市生态环境监测机构监管，提高生态环境监测数据质量，严厉打击环境监测数据弄虚作假行为。根据《关于联合开展南京市生态环境监测机构专项监督检查的通知》（宁环办〔2022〕103号）要求，市生态环境局联合市市场监督管理局开展了全省生态环境类检验检测机构"双随机、一公开"监督检查行动，南京中心派出多名专家参与检查行动。

检查随机抽取10家生态环境类检验检测机构，实际现场检查8家，发现44条问题，主要包括以下6类：机构体系管理不规范、办理变更手续不及时、仪器设备管理不规范、设施及环境条件不符合要求、报告及原始记录信息不全、分析操作过程不规范。

根据现场检查和对检查结果的分析研判，市生态环境局和市市场监督管理局对受检机构提出依法依规严肃查处、督促机构自查整改、加强监测机构监管等3条要求。通过本次监督检查行动，规范了社会检测机构的监测行为，提高了监测数据质量。

五、监测科研

（一）科研成果

南京生态环境系统承担的《小量产废单位危险废物分级分类体系构建及应用研究》获得江苏省环境保护科学技术奖二等奖，《危险废物分级分类智能化管理集成技术与应用》获得中国循环经济协会科技进步奖（社会公益类）一等奖，《南京市长江经济带生态环境高质量实现路径研究》获得南京生态环境科学技术奖三等奖，调研报告《提升领导干部专业能力的思考》获全市组织系统优秀调研成果二等奖。基于多年来关于危废管理、人工湿地、大气污染防治等方面的研究积累，积极申报国家和省重点研发计划项目，在研省科技厅科技计划重点研发项目2项、省部级标准制修订项目8项，省环境监测科研基金项目10项，省水利厅项目1项、省生态环境厅项目4项；主持了江苏省地方标准1项，南京市地方标准1项，市环保科技项目25项。

（二）论文发表

南京生态环境系统发表科技论文46篇，其中SCI 12篇、中文核心期刊12篇。18篇论文参加南京市第十四届南京青年学术年会南京市生态文明建设论坛交流活动，其中5篇论文获得优秀论文奖。完成调研报告20余篇，其中1篇获得全市组织系统优秀调研成果二等奖，1篇获得市机关党建优秀成果三等奖。参与由中国环境监测总站牵头、中国环境出版集团出版的《水和废水无机及综合指标监测分析方法》一书的编撰。申请公布发明专利6项，实用新型专利2项。

【专栏二】
南京市环境监测与应急中心项目圆满交付，特色实验室建设稳步推进

新的历史时期，面对国家和省里提出更高的生态文明建设要求，面对现代化建设日益趋紧的资源环境约束，面对人民群众对良好生态环境日益强烈的诉求和期待，这些都对生态环境质量提出了更高要求，这就需要强有力的监测新技术、新能力体系的支撑。南京市环境监测与应急中心项目以管理体制与运行机制的创新为动力，推动科研资源优化配置，汇集拔尖人才，形成创新团队，提高科学创新能力，产出研究成果，发挥社会服务功能。

一、重点项目圆满交付

（一）总体情况

南京市生态环境局于2016年立项建设南京市环境监测与应急中心大楼，南京中心和南京市生态环境局各下属的事业单位入驻。南京市环境监测与应急中心大楼全貌见图1-2-1。

新大楼位于南京市建邺区，用地面积10 459 m^2，建筑面积47 567 m^2（地上33 401 m^2，地下14 166 m^2）。2016年，南京市发改委批复项目总投资2.9亿元（不含监测实验室

专项建设及土地费用），大楼由 18 层主楼、6 层裙楼和 2 层地下停车库组成。2022 年 1 月，南京市发改委将新大楼项目建设概算（不包含实验室部分）由 2.9 亿元调整为 3.6 亿元。

图 1-2-1　南京市环境监测与应急中心大楼全貌

（二）专用实验室建设情况

南京中心分配用房主要位于新大楼主楼面积 8 400 m^2，其中第 11 层为办公用房（1 350 m^2），其余部分（7 050 m^2）为业务用房。第 11 层办公区域装修费用含在大楼总体建设经费中，实验区域获得南京市政府批复建设资金 6 752 万元，用于建设实验室配套项目。

根据南京市生态环境局统一协调规划，市监控中心用房分布于新大楼裙楼 6 层（面积 1 300 m^2）及主楼 17～18 层（每层 1 350 m^2，两层），面积 4 000 m^2，其中主楼 17 层按高标准建设中心实验室及与南京中心差异化发展要求规划建设实验室，经过精心组织、委托相关单位编制完成了市监控中心 17 楼实验室配套能力建设项目可研报告，并通过专家评审，2022 年 6 月获发改委立项批复，建设资金 1 165.33 万元，目前正处于市发改委初步设计报审阶段。

（三）完成情况

南京市发改委批复资金下达后，南京市生态环境局和代建公司立即组织开展公开招标，各专业施工单位进场施工，至 2022 年 9 月，大楼整体通过幕墙、电梯、人防、室外管网、内装、节能、环保、档案、规划等验收。2022 年 10 月，各入驻单位开始搬迁，至 2022 年 11 月底南京中心实验室完成整体搬迁，南京市环境监测与应急中心项目整体圆满交付。

南京中心实验室项目于 2022 年 11 月整体通过专家验收，2023 年 2 月通过 CMA 地址变更现场评审,2023 年 4 月通过 CNAS 地址变更评审,目前各项工作已有序开展。实验室智能化系统见图 1-2-2。

图 1-2-2　实验室智能化系统

大楼在传统实验室智能化的基础上融合设备管理(空调、风机、通风柜、冷库设备、废气处理设备等)、安全管理(特气、废气、废液、门禁、视频监控等)、运维管理、能源管理、报警管理等。智慧实验室平台采用数字孪生技术、AI 技术与 IOT 技术,整合实验室基础数据,完成大数据分析并应用于所有实验室设备管理、安全管理、环境管理、报警管理、运维管理和能源管理,全面促进实验室的数字化、智能化、标准化、规范化管理。采用"变风量排风＋变风量补风＋快速执行阀件"技术,可实现正常工作模式、夜间模式、应急模式自动切换,比传统送排风系统节能 30％以上。

二、特色实验室稳步推进

为推动生态环境监测发展,提升为生态环境管理提供技术支撑的能力,南京中心实施了南京城市空气环境污染预警监测重点实验室、南京温室气体与空气复合污染协同监测专项实验室和南京水生态监测专项实验室 3 个特色实验室建设工作。

(一)南京城市空气环境污染预警监测重点实验室

聚焦减污降碳协同增效、臭氧和细颗粒物协同控制,结合重点实验室现有气溶胶雷达观测网、臭氧雷达观测、VOCs 在线监测网和颗粒物 $PM_{2.5}$ 组分观测网等数据,引入卫星遥感、走航监测、无人机、雷达观测等新技术。

（二）南京温室气体与空气复合污染协同监测专项实验室

通过对温室气体时间变化序列、浓度空间分布以及与不同类别站点温室气体浓度的比对研究，掌握城市温室气体的时空分布特征及演变规律。一是研究城市地面站点大气温室气体浓度监测方法；二是开展温室气体监测的质控体系比较研究；三是基于辖区内现有温室气体监测数据，分析掌握典型城市地区温室气体浓度时空分布特征及变化规律，初步探索影响城市温室气体浓度变化的主要因素。

（三）南京水生态监测专项实验室

南京中心水生态监测专项实验室建设项目总投资约 1 230 万元。目前，专项实验室所涉及的 36 类共计 49 台设备已经交付到位，主要包括超纯水仪、环境 DNA 均质仪、核酸提取仪、低温离心机、PCR 仪、数字 PCR 仪、超微量分光光度计、凝胶成像仪、凝胶电泳仪、高通量测序仪、数据分析服务器、电动显微镜、藻类 AI 智能鉴定系统等，设备验收和培训工作正在有序开展。后期，实验室将围绕水生态开展水生生物形态学和分子学鉴定工作。开展包括鱼类、浮游动物、浮游植物、底栖动物、水鸟等环境 DNA 监测工作及浮游动物、浮游植物、底栖动物的形态学鉴定工作。

随着南京中心 3 个特色重点实验室建设的稳步推进，围绕典型行业、重点区域、突出问题等开展深度溯源分析，提出更有针对性和可操作性的措施建议，必将为深入打好污染防治攻坚战，保障南京市生态质量持续改善提供更加坚实的技术支撑。

第三节　环境污染事件及信访投诉

一、环境污染事件

（一）总体情况

2022 年，南京市共接报环境污染事件 23 起，均按要求上报至市委、市政府及省生态环境厅。接报环境污染事件后，各级均能按照突发环境事件"五个第一"总要求落实污染物"双控"工作，未出现迟报、漏报现象。没有发生因环境污染造成人员伤亡或影响饮用水水源地供水事件。

23 起事件按事件类型分，火灾事件引发 10 起、物料泄漏事故引发 11 起、异味扰民 2 起；按事件起因分，安全生产引发 10 起、交通事故引发 7 起、其他原因引发 6 起；按事件发生区域分，溧水区和六合区各 4 起，江北新区、栖霞区和浦口区各 3 起，江宁区 2 起，玄武区、雨花台区、鼓楼区、高淳区各 1 起；按事件发生时间段分，主要集中在 3 月、4 月、8 月，分别为5起、4起、3起,23起事件中有5起发生在8小时工作时间以外;按事件产生后果分,3起事件构成一般等级环境事件,3起事件造成的社会影响相对较大,其余17起事件对周边大气及水环境未产生明显影响。

(二)信息分析

1. 数据分析

2022年接报突发环境事件23起,上报23起,其中接报信息较2021年减少了2起,下降率为8%;上报信息较2021年增加了11起,增长率为92%;构成一般等级事件的3起,较2021年增加了1起。

2. 事件影响分析

23起事件中,有3起事件产生了一定社会影响。一是"10.29"南京金盛百货商场失火事件,火灾持续约16小时,事发地位于主城区,引起现场部分群众围观。虽然该事故未对周边大气环境造成持续影响,但事故产生的浓烟和气味在事故处置期间,对其下风方向的环境空气影响是客观存在的。二是"1.29"溧阳市上兴镇垃圾填埋场事件,其异味漂移至溧水区白马镇石头寨社区徐家棚村,引起老百姓投诉,溧水区生态环境局及白马镇政府在对村民做好安抚及维稳工作的同时,及时开展了周边大气环境监测。三是"9.13"栖霞区、江北新区以及玄武区多地居民反应空气中有异味。经排查,未查明异味源头,可能原因为城市污水管道内沼气等气体散发上扬,产生类似天然气(加臭剂)的味道;亦或是城市垃圾站、内河、泵站等场所异味扩散或工业企业高空排放的废气污染物。上述异味在低气压及少量雨水条件下,贴近地面顺风漂移,造成环境空气污染,由于浓度低,不易被检出。

3. 事件特点分析

2022年发生事件的主要特点:一是由火灾引发的事件以及物料泄漏引发的事件各占11起,物料泄漏引发的事件发生频次较2021年大幅上升,防泄漏工作变为当前环境应急工作的重点。二是事件发生时间主要集中在3月、4月和8月,分别是5起、4起和3起,占全年总数的50%以上。主要原因是8月处于高温季节,3月、4月则是春节假期后相关工作岗位人员安全生产思想有所放松、安全管理容易疏忽的时候。三是市区两级政府多部门应急联动快捷、处置方法得当,未造成次生环境事件发生。

(三)应急管理

1. 紧盯环境隐患排查治理

按照"存量清零、增量更新、动态销号"的原则,综合运用企业园区自查、板块核查、市级督导帮扶检查等方式,2022年持续开展环境隐患排查整治工作。通过区级自查、市级督导帮扶等方式,共组织排查了384家企业,发现突发环境事件隐患867处,整改完成835处;排查7个园区,发现突发环境事件隐患19处,整改完成16处。此外,还完成了对136家开展"八查八改"工作的企业的核查,督促96家企业全部完成问题整改,完成隐患问题整改 646 处。

2. 推动水污染防治体系建设

根据省厅要求，牵头组织开展突发水污染事件应急防范体系建设工作，在全市范围筛选并确定 31 条重点河流、7 个重点园区（含化工园区、涉危涉重园区等）和 6 家重点环境风险企业。滁河及江北新区南京新材料科技园、六合区南京新材料产业园试点方案、工程建设及演练任务已完成，30 条河流、5 个重点园区、6 个重点企业方案均已完成编制，其中 2 家重点企业已完成方案报备。

3. 开创部门联动新格局

为落实环境应急联防联控机制，实现突发环境事件快速、高效处置，在与南京海事局、省内沿江八城市及南京都市圈八城市等单位签署环境应急联动合作协议基础上，与市消防救援支队就信息共享、联合处置等方面签署了合作协议，并在"1205"沪陕高速六合收费站化学物质泄露等事故处置工作中实现了联动响应。

4. 规范专家管理新要求

为充分发挥专家在全市生态环境应急管理和应急处置工作中的重要作用，经与相关专家多轮商讨，制定《南京市生态环境应急专家管理办法（试行）》，规范了遴选市级环境应急专家的方式、方法，以及专家的权利和义务，为遴选专家、进一步规范专家行为打下了基础。

5. 强化应急执法新理念

一是全面梳理环境应急法律法规，印发了《关于加强企事业单位环境应急管理现场执法检查的通知》，从环境应急预案管理等 8 个方面明确了环境应急现场执法检查要点和罚则。二是将全市环境应急预案应备案企业名单录入市生态环境综合行政执法局"双随机、一公开"环境执法系统，首次将环境应急违法行为纳入生态环境现场执法体系。全年立案环境应急类违法行为 7 件，实施处罚 5 件，处罚金额 17.65 万元，实现了全市环境应急执法案件 0 的突破。

6. 应急培训及演练

江苏省南京环境监测中心作为南京市应急监测的主要力量，全年多次组织开展便携式 GC-MS 培训，邀请专业人员就仪器曲线建立、数据分析等进行了两次全方位培训，另组织应急值班人员进行了 8 次应急监测设备（便携式石油类、分光光度计、便携式挥发性有机物测定仪等）原理及实操演练培训。南京中心会同市监控中心和浦口分中心，共同开展危险废物处置单位火灾应急监测演练，三方积极合作、合理分工，较好地完成了应急监测演练任务，达到了联动协调的效果。

通过组织选拔考试，在全市范围遴选环境应急尖兵。组织参赛选手通过参加理论培训、专家现场指导、跟班执法检查等方式，不断提升环境应急尖兵业务水平。2022 年 8 月中旬，经过理论考试、台账资料、现场实操三大项的激烈角逐，南京环境执法系统在省级环境应急"大比武"中取得了第一名的优异成绩。

二、信访投诉

（一）接诉总量

2022年，南京市生态环境系统共受理信访投诉12 149件，办理满意率为92.5%，按时办结率100%，全年未发生因环境信访处置不到位而引发的群体性事件。

"12345"热线受理群众投诉9 967件次，部12369平台交办我市1 590件，受理其他渠道投诉98件次。

（二）类型构成

噪声投诉依旧为主要投诉，共7 353件，占投诉总量的60.5%，与上年度相比下降2.4%。在噪声投诉中，施工噪声投诉3 679件，占噪声类投诉的50%，占所有信访总量的30.3%。其次为大气类投诉3 211件，占投诉总量的26.4%，其中工业废气投诉2 535件，占大气类投诉的78.7%，占所有信访总量的20.9%。

（三）区域分布

投诉总量较高的板块为江宁区、秦淮区、栖霞区和鼓楼区，分别为2 555件、1 699件、1 237件和993件，占全市投诉总量的21%、14%、10.2%和8.2%，四区合计占全市投诉总量的53.4%。投诉总量较少的板块为六合区、高淳区和浦口区，受理量均低于500件。

第二章
污染源排放

第一节　废气污染物排放状况

一、工业废气

(一) 总体情况

2022年,南京市列入环境统计企业共730家,全市工业废气排放量9 733.23亿 m^3,与上年度相比减少6.1%。其中,工业二氧化硫、氮氧化物、烟(粉)尘和挥发性有机物排放量分别为6 382.04 t、15 722.87 t、11 548.12 t 和15 341.34 t,与上年度相比分别减少43.0%、30.1%、33.0%和11.5%。

(二) 废气排放量

2022年,南京市工业废气的主要排放区域为江北新区、雨花台区、栖霞区和江宁区,分别占全市排放总量的40.3%、29.0%、14.5%和7.0%,合计占90.8%。2022年南京市工业废气排放情况见图2-1-1。

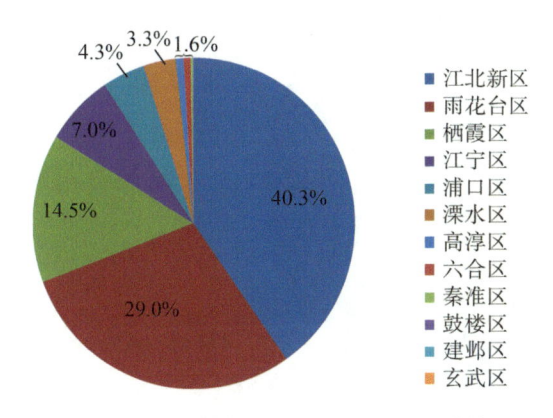

图 2-1-1　2022年南京市工业废气排放情况

(三) 二氧化硫排放

2022年,南京市工业二氧化硫的主要排放区域为江北新区、雨花台区和栖霞区,分别占全市排放总量的55.0%、23.7%和16.7%,合计占95.4%。

(四) 氮氧化物排放

2022年,南京市工业氮氧化物的主要排放区域为江北新区、雨花台区和栖霞区,分别占全市排放总量的 55.6％、18.2％和 16.1％,合计占 89.9％。

(五) 烟(粉)尘排放

2022 年,南京市工业烟(粉)尘的主要排放区域为江北新区、雨花台区和栖霞区,分别占全市排放总量的 57.1％、32.7％和 4.0％,合计占 93.8％。

(六) 挥发性有机物排放

2022 年,南京市工业挥发性有机物的主要排放区域为江北新区、栖霞区和雨花台区,分别占全市排放总量的 53.6％、23.4％和 8.5％,合计占 85.5％。

(七) 行业分布

2022 年,南京市工业废气污染物排放主要行业为黑色金属冶炼和压延加工业,电力、热力生产和供应业,石油、煤炭及其他燃料加工业,化学原料和化学制品制造业,共排放废气 7 771.90 亿 m³,占全市工业废气排放总量的 79.9％,各主要行业分别占排放总量的 51.8％、16.5％、6.7％和 4.9％。主要行业二氧化硫、氮氧化物和挥发性有机物排放量分别为 6 179.45 t、14 661.51 t 和 12 462.64 t。2022 年南京市主要行业废气排放情况如图 2-1-2。

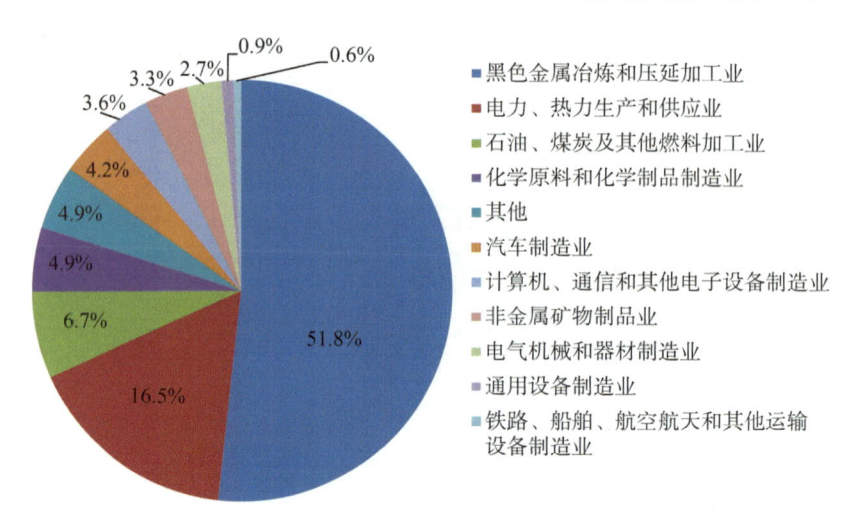

图 2-1-2　2022 年南京市主要行业废气排放情况

(八) 工业源的废气处理现状

2022 年,南京市列入环境统计中的除尘设施共有 559 套、脱硫设施 55 套、脱硝设施 76 套、处理挥发性有机物设施 970 套。南京市深入推进工业源污染防治工作,加快重点企业整治提升,持续推进行业整治提升,深入推进重点园区集群整治,稳步实施友好深度减排,大力推进低(无)VOCs 含量原辅材料替代,深化涉 VOCs 十大环节排查,持续整治低效设施,强化重点设施治理,构建完善企业治理项目库,实施全场景帮扶等举措,加快各类涉气污染源治理任务进度,实现大气污染源的大幅减排。

二、生活源废气

2022年,南京市生活污染源二氧化硫、氮氧化物和烟(粉)尘排放量分别为0.60 t、1 337.27 t和122.58 t,与上年度相比分别下降25.9%、25.6%和25.6%;挥发性有机物排放量9 074.41 t,与上年度相比增长0.3%。

三、机动车尾气

根据2022年南京市公安局统计数据,南京市新注册机动车31.46万辆,其中新注册汽车28.47万辆,机动车保有量320.33万辆,与上年度相比增长4.8%。汽车保有量306.54万辆,其中载客汽车285.65万辆,载货汽车19.11万辆,汽车保有量与上年度相比增长4.4%,占机动车保有量的95.7%。随着南京市加强机动车尾气排放控制,以及新能源汽车的增加,尾气排放问题有所缓解,总颗粒物、氮氧化物、挥发性有机物和一氧化碳排放量均有所下降,与上年度相比分别减少12.2%、6.3%、8.5%和8.8%。

【专栏三】
全国首创,南京非道路移动机械环境监管迎来"芯"时代

全新升级的非道路移动机械环保标识,是为非道路移动机械嵌入"智慧大脑",这不仅成为南京市探索非道路移动源污染监管的一次革新,更是通过科技加持助力治气攻坚的重要之举。

一、安装"电子标识",环境监管智慧升级

为有力推进移动源污染治理,根据国家要求,2019年,南京市启动全市非道路移动机械监管工作,对非道路移动机械进行摸底调查和编码登记。原来的环保号牌缺乏技术手段支持,机械入场登记不便,作业区域统计困难,同时机械与号牌信息关联弱,错牌、假牌难以分辨,给现场执法和环境监管带来一定的困难和挑战。

南京市非道路移动机械环保电子标识由二维码和射频芯片组成,芯片中存储着非道路移动机械相关信息,包括非道路移动机械环保号码、机械种类、燃料种类、排放阶段等。

二、探索"智慧门禁",科技服务便捷高效

2022年,为了提高管理效能,南京市将非道路移动机械环保标识按照排放种类进行

分类：新能源为绿色，国三及以上排放标准为蓝色，国二及以下排放标准为黄色。南京市在国内首次将非道路移动机械环保标识升级为二维码加无源射频识别（RFID）电子标识，被《中国移动源年报》作为经验向全国推广，这是对南京市非道路移动机械监管"智慧升级"的肯定。

随着非道路移动机械电子标识的升级，以此为基础，南京市在全国再次率先探索并试点建设工地"智慧门禁"。"智慧门禁"即在工地出入口建设移动源管理门禁，通过进出场传感器、RFID读取器等识别，对工地使用非道路移动机械排放情况进行自动判定。

"智慧门禁"可以对机械进出场时间、分布情况"一目了然"，为移动源污染非现场执法提供重要依据。"电子标识＋智慧门禁"，双管齐下，让非道路移动机械监管一清二楚，这是南京市通过科技加持助力治污攻坚的智慧探索。详请参见图2-1-3。

图 2-1-3　门禁系统 RFID 读取器

2022年，南京已完成3万台非道路移动机械电子标识升级工作，全市1 500辆非道路移动机械试点安装在线监控。南京市生态环境部门紧"盯"移动源尾气排放，根据掌握的非道路移动机械类型、数量、分布情况等信息，使用"人防＋技防"科学手段，加大移动源污染防治力度，提升南京环境空气质量。

第二节　废水污染物排放状况

一、工业废水

（一）总体情况

2022年，南京市工业废水排放量14 567.93万t，与上年度相比增长5.4%，主要污染物为化学需氧量、氨氮、总氮、总磷、石油类等12种污染物,其中化学需氧量、氨氮、总氮、总磷和石油类排放量分别为2 291.13 t、55.24 t、1 008.45 t、14.91 t和23.33 t,与上年度相比分别减少29.3%、46.9%、16.5%、24.3%和26.5%。

(二) 废水排放量

2022年,南京市工业废水排放量位于前三位的区域是江北新区、雨花台区和栖霞区,分别占全市工业废水排放总量的41.3%、23.9%和16.3%,合计占81.5%。2022年南京市工业废水排放情况见图2-2-1。

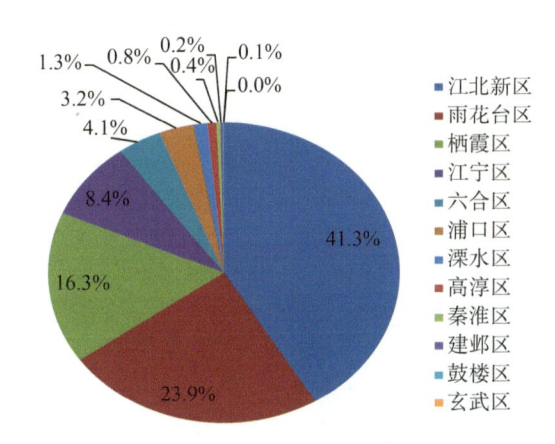

图 2-2-1 2022年南京市工业废水排放情况

(三) 化学需氧量排放

2022年,南京市工业化学需氧量排放量位于前三位的区域是江北新区、栖霞区和六合区,分别占全市排放总量的40.4%、15.8%和13.0%,合计占69.2%。

(四) 氨氮排放

2022年,南京市工业氨氮排放量位于前三位的区域是江北新区、雨花台区和栖霞区,分别占全市排放总量的57.1%、9.8%和9.3%,合计占76.2%。

(五) 行业分布排放

2022年,南京市各行业废水化学需氧量排放量前三位是化学原料和化学制品制造业,石油、煤炭及其他燃料加工业,黑色金属冶炼和压延加工业,分别占全市工业排放总量的23.3%、18.9%和11.9%。南京市各行业废水氨氮排放量前三位是化学原料和化学制品制造业,黑色金属冶炼和压延加工业,石油、煤炭及其他燃料加工业,分别占全市工业排放总量的47.2%、13.5%和8.8%(详见图2-2-2、图2-2-3)。

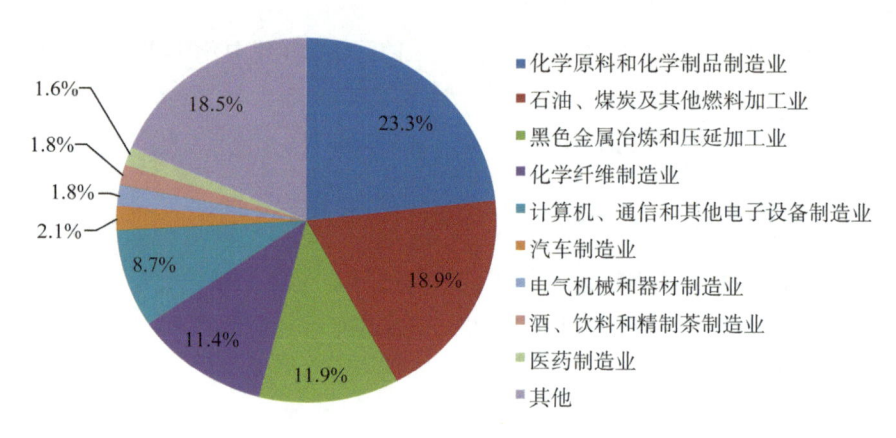

图 2-2-2　2022 年南京市主要行业废水化学需氧量排放情况

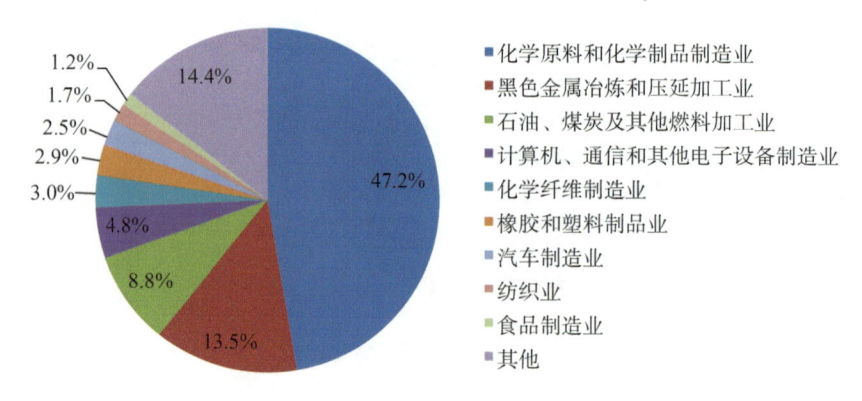

图 2-2-3　2022 年南京市主要行业废水氨氮排放情况

（六）工业源的废水处理现状

2022年，南京市列入环境统计中的工业废水治理设施共有446套，每日处理能力180.09万 t，总运行费用9.13亿元。南京市工业水污染防治更加规范，印发《南京市工业企业内部雨污分流技术指南（试行）》，指导企业规范做好雨污分流建设工作。印发《南京市工业园区水污染整治专项行动实施方案》，组织重点工业园区对污水管网、排污口、污水集中处理设施等开展排查，全市省级以上工业园区实现了管网和污水处理设施全覆盖。严格工业排水监管，在11个重点省级工业园区内部及处理工业废水的污水处理厂排口周边布设85个监测点位，通过监测手段倒查偷排漏排行为，取得了显著成效。

二、城镇生活污水

2022年，南京市城镇生活污水排放量39 389.16万 t，其中生活源化学需氧量、氨氮、总氮和总磷排放量分别为17 483.61 t、677.43 t、8 382.53 t 和 160.57 t。

第三节 固体废物

2022年,南京市一般工业固体废物、危险废物产生量与上年度相比略有下降,医疗废物产生量上升明显,电子废物、农业固体废物和生活垃圾产生量略有上升,各类固体废物均得到利用处置。

一、一般工业固体废物

(一)一般工业固体废物现状

据不完全统计,2022年,南京市一般工业固体废物产生量1 698万t,与上年度相比减少12.5%;综合利用量、处置量分别为1 626万t、78.2万t(含存量),与上年度相比分别减少11.0%、17.5%,其综合利用及处置率分别为95.8%、4.6%(含存量);少量固体废物贮存,仅占0.6%。

(二)一般工业固体废物种类及行业分布

2022年,南京市一般工业固体废物产生量排前四位的种类为炉渣、粉煤灰、冶炼废渣和脱硫石膏,其产生量分别占总量的41.2%、17.7%、13.9%和7.5%,合计占80.3%。其中,炉渣主要来自炼铁、炼钢及电力行业,粉煤灰及脱硫石膏主要来自电力行业,冶炼废渣主要来自炼铁、炼钢行业。排前三位的产废排污单位为南京钢铁股份有限公司、南京热电厂及大唐南京下关发电厂,产业特征明显且相对集中,为收集、处置及管理提供了相对便利的条件。2022年一般工业固体废物种类分布见图2-3-1。

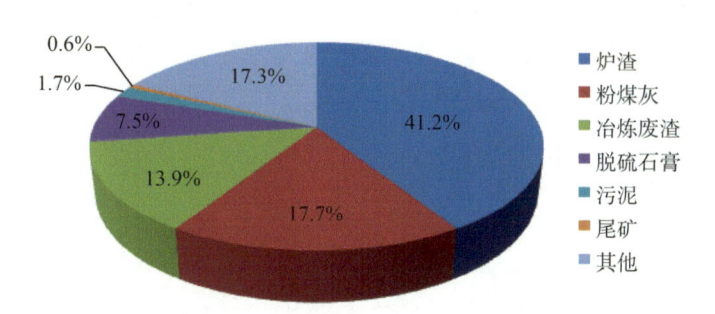

图 2-3-1 2022年南京市一般工业固体废物种类分布

(三)一般工业固体废物处置情况

南京市对于一般工业固体废物的处置主要包括综合利用、处置及少量贮存,其中以综合利用为主。2022年，南京市一般工业固体废物综合利用率为95.8%，与上年度相比增长1.6个百分点，比较常见的综合利用方式是将一般工业固体废物制成水泥、砖瓦、混凝土骨料、铸石等建筑材料，综合利用率逐年上升。2022年一般工业固体废物处置情况见图2-3-2。

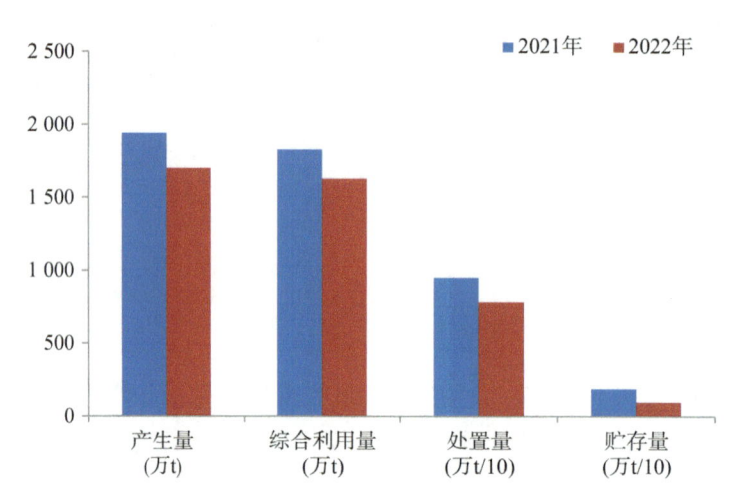

图 2-3-2　2022 年南京市一般工业固体废物处置情况

（四）一般工业固体废物管理情况

一是推进源头减量。开展强制性清洁生产审核，南京市 113 家企业完成中期评估，共产生清洁生产方案 863 项。全力推进绿色制造体系建设，推荐 10 家企业申报国家级绿色工厂，23 家企业入围第三批省级绿色工厂公示名单。二是推进资源化利用。完成 95% 省级以上园区和化工园区循环化改造目标。推动 2 家企业入选《废钢铁加工行业准入条件》企业名单。探索建设溧水、高淳小量一般工业固废收集分选项目建设。培育绿色发展领军企业，9 家企业入围首批名单。三是推进无害化处置。推动完成梅钢固废堆场资源化处置项目，清理固废总量 78 万 t，面积约 3.2 万 m^2。推动落实云台山等尾矿库闭库、苏丹尾矿库回采等重点工作，消除存量污染。建设卫星影像比对系统，定期组织排查整治大宗固废非法倾倒、堆存行为。

二、危险废物

（一）危险废物现状

根据《2022 年南京市固体废物污染防治信息公告》数据，南京市危险废物产生量 81.7 万 t，与上年度相比减少 2.6%，其中产废单位自行利用处置量 43.8 万 t，与上年度相比减少 18.7%，自行利用处置率 53.6%；集中利用处置量 37.8 万 t（含往期存量和次生量),与上年度相比增加 28.1%,集中利用处置率 46.3%;年底贮存总量 0.5 万 t,仅占 0.6%,与上年度持平。2022 年南京市危险废物产生处置情况见图 2-3-3。

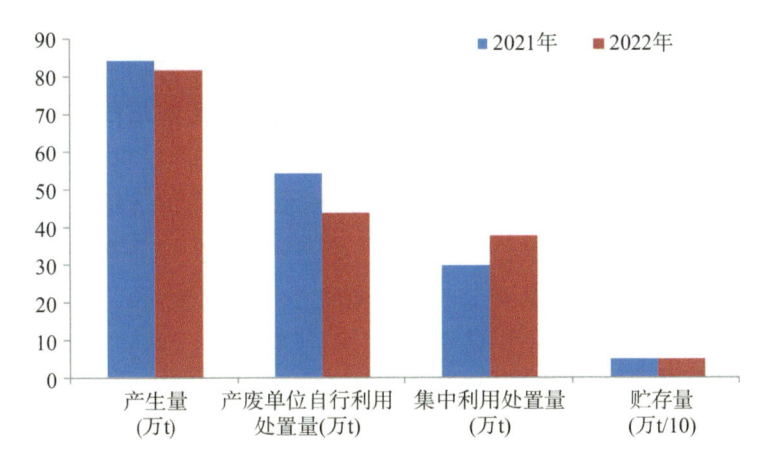

图 2-3-3 2022 年南京市危险废物产生处置情况

(二)危险废物主要行业和类别

2022 年,南京市产生危险废物前三位的行业为化学原料和化学制品制造业,石油、煤炭及其他燃料加工业,黑色金属冶炼和压延加工业,分别占危险废物总量的 48.0%、12.5%、11.6%,合计占 72.1%。主要危险废物类别及产生量分别为 HW34 废酸 20.4 万 t、HW11 精(蒸)馏残渣 14 万 t、HW35 废碱 13.7 万 t、HW06 废有机溶剂与含有机溶剂废物 5.9 万 t,分别占总量的 25.0%、17.1%、16.8% 和 7.2%,合计占 66.1%。2022 年南京市危险废物类别占比见图 2-3-4。

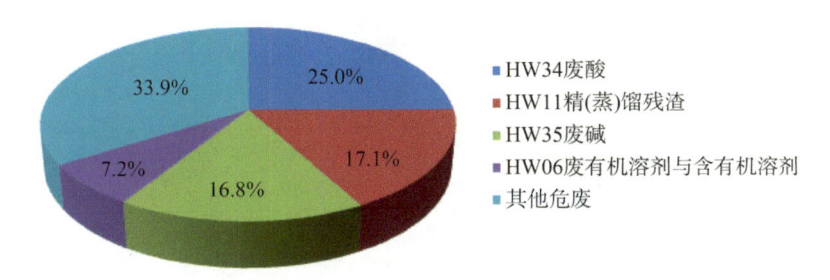

图 2-3-4 2022 年南京市危险废物类别占比

(三)危险废物处置情况

2022 年,南京市危险废物的主要处置方式为产废单位自行利用处置和集中利用处置,其中产废单位自行利用处置率 53.6%,集中利用处置率 46.3%。全市共有危险废物集中处置企业 9 家,总设计能力为 50.8 万吨/年,涵盖焚烧、填埋、水泥窑协同、超临界氧化、物化等国内主流处置方式;共有危险废物集中利用企业 11 家,总设计能力为 34.6 万吨/年；共有 18 家企业建有危险废物自行利用处置设施，总设计能力 59.6 万吨/年。目前满足危险废物处置量要求。

（四）危险废物管理情况

一是在处置能力满足南京市发展需求并富余及利用能力区域优势互补的基础上，新增小量危险废物收集能力 1.8 万吨/年，并开展专项审计，督促指导收集经营单位提高管理和服务水平。二是对危险废物实行"以包装为基本单位"的全程、实时信息化监控，严格控制超期超量贮存行为，全市危险废物贮存量稳定控制在 1 万 t 以下，低于平均一周的产废总量，从源头阻断重大事故风险。三是抽查评估 180 家企业的危险废物规范化管理情况，排查整治问题隐患 1 702 项。持续开展危险废物处置行业安全生产"治本攻坚"大会战，滚动排查整治隐患 850 项。

三、医疗废物

（一）医疗废物现状

2022 年，南京市医疗废物收运处置量 5.2 万 t，与上年度相比增长 1.2 倍，全部采用高温焚烧方式，其中涉疫废弃物 2.0 万 t，受疫情影响，与上年度相比增长 1.9 倍。2022 年南京市医疗废物收运处置情况见图 2-3-5。

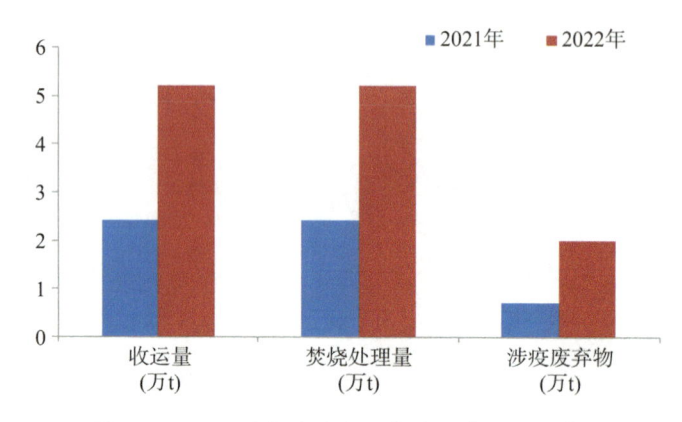

图 2-3-5　2022 年南京市医疗废物收运处置情况

（二）医疗废物管理情况

一是强化组织统筹，建立健全工作机制。以《南京市新型冠状病毒肺炎疫情期间医疗废物应急处置方案》为引领，建立省、市、区三级协调联动的应急指挥架构及医疗废物应急处置三级响应机制。对产废单位和处置单位实行打卡式调度、清单化管理；多部门联动常态化开展多形式多层级督查检查、跟踪督办，及时堵塞管理漏洞，有效压实各方责任。二是强化梯次储备,有力提升处置能力。推动完成南京汇和环境工程技术有限公司二期项目建设,全市医疗废物专业处置能力由60吨/天提升至120吨/天。组织全市5家危废处置单位和2家水泥窑开展设备设施改造。统筹全市4座生活垃圾焚烧厂制定应急工作方案,做好全市医疗废物处置兜底保障。三是强化分级分类,构建完备收运体系。建立区级应急收运队伍,科学划定专业公司和区级应急队伍收运范围;设置医疗废物集中转运点,通过"小车驳运、大车转运"的收运模式,保障小产废点医疗废物"应收尽收"。综合考虑区域产废量和运输距离,科学分配全市保障任务。四是强化防控措施,打造科学防疫体系。制定《南京市涉疫医疗废物处置单位新型冠状病毒肺炎防控相关工作指引》等系列文件,规范指导医疗废物交接、转运、处置、防疫全流程作业。定期开展防疫培训和应急演练,合理安排收运计划,建立完善督查检查和日常巡查工作机制,多轮次开展问题隐患排查,督促做好医疗废物包装、消杀、转运和处置的全过程管理。

四、电子废物

(一)电子废物现状

根据《2022年南京市固体废物污染防治信息公告》数据,南京市现有2家电子废物拆解企业,共回收废旧家电108.6万台,拆解109.1万台(含往期贮存量),与上年度相比增长12.7%,其中废冰箱46.6万台,废电视16.6万台,废洗衣机21.9万台,废空调21.8万台,废电脑2.2万台。2022年南京市电子废物处置情况见图2-3-6。

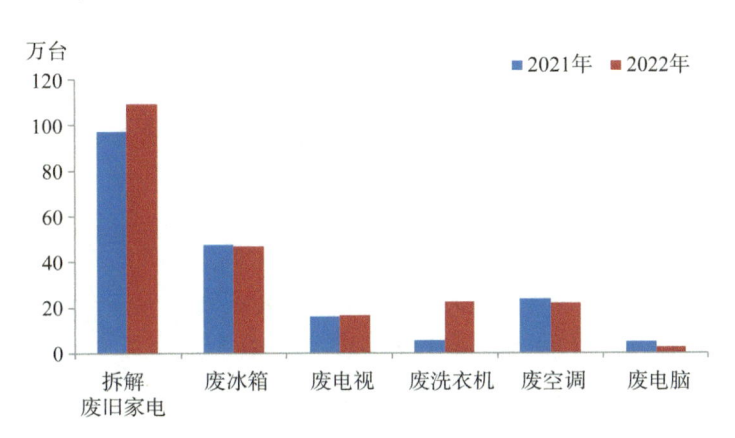

图2-3-6 2022年南京市电子废物处置情况

(二)电子废物管理情况

南京市生态环境局负责现有2家电子废物拆解企业的监管,一是督促指导拆解企业做好污染防治工作并按规定通过国家信息系统上报拆解情况;二是每季度在省级审计基础上,对企业拆解情况进行审核,强化监管工作。

五、农业固体废物

（一）农业固体废物现状

根据《2022年南京市固体废物污染防治信息公告》数据，南京市各类农作物秸秆可收集量约89.5万t，与上年度相比增长6.4%，主要通过肥料化、饲料化、燃料化、基料化、原料化等方式综合利用85.9万t，综合利用率96%；农药包装废弃物收集处置量250t，与上年度相比增长2.8倍，主要以焚烧无害化处置；废旧农膜产生量4 767 t，与上年度相比增长1.8%，其中回收量4 529 t，回收率95%。2022年南京市农业固体废物处置情况见图2-3-7。

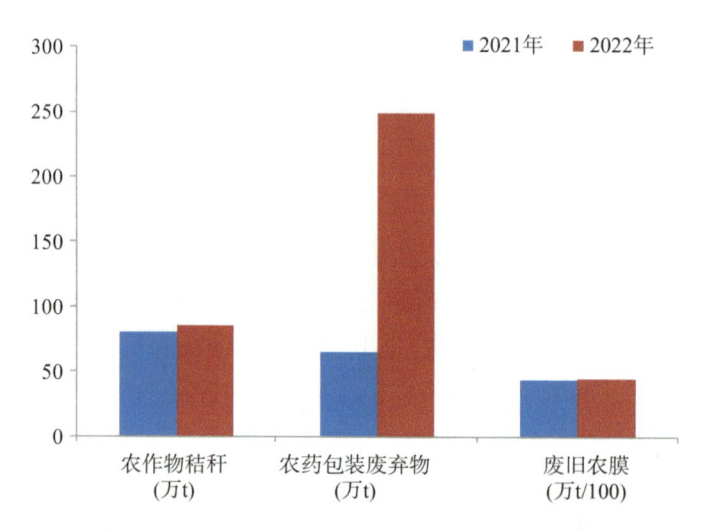

图 2-3-7　2022年南京市农业固体废物处置情况

（二）农业固体废物管理情况

一是以农牧结合、种养循环为方向，以畜禽粪污资源化利用巩固提升行动为抓手，着力推动畜牧业绿色循环发展，南京市年度畜禽粪污综合利用率达97%。二是按照"应补尽补"的原则，支持各涉农板块开展秸秆机械化还田和多种形式利用。全年累计完成小麦、水稻秸秆机械化还田136.4万亩，还田率68%。三是制定农药包装废弃物回收处置工作实施方案并组织实施，建成区级收贮中心6个，基层回收点310个，共回收285 t，无害化处置250 t。四是重点抓住农膜使用与回收关键期，分别从建立全程监管台账、规范回收网点建设、组织集中清理废膜、强化宣贯引导等方面入手，完成生物降解地膜示范面积1万亩，有效推进全年农膜回收工作。

六、生活垃圾

（一）生活垃圾现状

根据《2022年南京市固体废物污染防治信息公告》数据，南京市生活垃圾产生量303.1万t，与上年度相比增长2.2%，全部焚烧处置，零填埋。2022年南京市生活垃圾产生处置情况见图2-3-8。

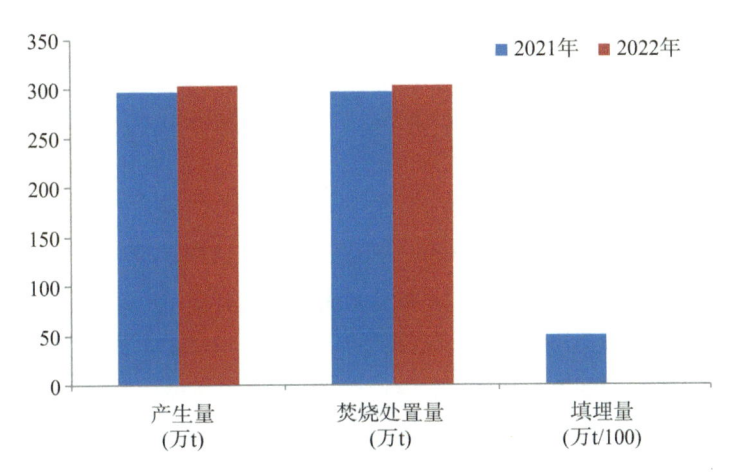

图 2-3-8　2022 年南京市生活垃圾产生处置情况

（二）生活垃圾管理情况

一是进一步提升收运处置能力和水平。南京市新建一类收集点 146 个、二类收集点 8 个，淘汰非标前端垃圾收集车 326 辆、新增新能源垃圾收运车 165 辆，建成栖霞餐厨垃圾处理厂、江北生活垃圾焚烧发电厂二期、江北废弃物综合处置中心二期工程。二是开通运行预约回收、垃圾分类积分、垃圾分类词典等便民服务功能，接入 1 700 余名收运人员、3 174 辆收运车辆和主要末端处理设施数据，总体上实现垃圾分类全流程监管。三是设置小区可回收物基本回收点 4 412 个、流动回收点 329 个、智能回收箱点 225 个、自助交投袋点 138 个、物业代收点 75 个、多功能复合回收点 304 个，推进资源回收。

第四节　重点污染源

2022 年，南京市根据江苏省《2022 年全省生态环境监测方案》的要求，对南京市重点排污单位开展监督监测，全年监测不少于 2 次。根据南京市生态环境局《关于印发 2022

年南京市重点排污单位名录的通知》要求，南京市共有重点排污单位712家，以监测次数统计，全市废气、废水重点排污单位排放达标率分别为99.5%、99.6%。

一、废气重点排污单位

（一）地区排放情况

2022年，南京市纳入监测评价的废气重点排污单位共333家，监测746家次，废气排放家次达标率为99.5%，与上年度相比上升0.3个百分点。全市废气重点排污单位二氧化硫、氮氧化物和非甲烷总烃家次达标率分别为99.7%、99.7%和99.8%，与上年度相比分别下降0.3、0.1和0.1个百分点；烟（粉）尘排放家次达标率为100%，与上年度相比上升0.1个百分点。

南京市鼓楼区、溧水区、雨花台区和江北新区废气排放家次达标率分别为83.3%、96.2%、97.4%和99.2%，其中雨花台区二氧化硫超标，达标率为92.9%，江北新区氮氧化物超标，达标率为99.5%，鼓楼区非甲烷总烃超标，达标率为87.5%，溧水区二甲苯超标，达标率为87.5%；其余各区家次达标率均为100%。2022年南京市废气重点排污单位污染物排放达标情况见图2-4-1。

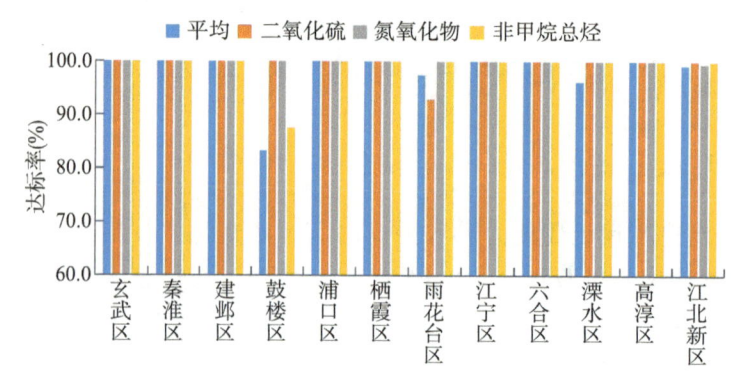

图 2-4-1　2022年南京市废气重点排污单位污染物排放达标情况

（二）主要行业排放情况

南京市废气重点排污单位涵盖化学原料和化学制品制造业、汽车制造业、医药制造业等44个行业。参与评价企业数量最多的行业为化学原料和化学制品制造业，占参评企业总数的25.3%；其次为汽车制造业，占8.0%；第三为医药制造业，占6.5%（详见图2-4-2）。

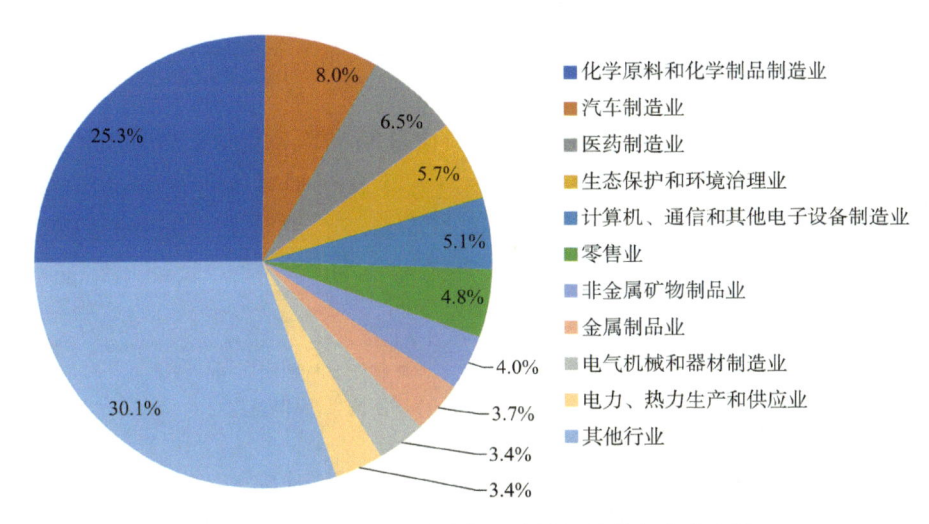

图 2-4-2　2022 年南京市废气重点排污单位行业分布情况

南京市 44 个废气排放行业中,化学原料和化学制品制造业、零售业、黑色金属冶炼和压延加工业的排放达标率未达 100%,平均达标率分别为 98.9%、94.1%和 80.0%。

二、废水重点排污单位

(一)地区排放情况

2022 年,南京市参与监测评价的废水重点排污单位共 511 家,监测 1 023 家次,家次达标率为 99.6%,与上年度相比上升 0.2 个百分点。废水重点排污单位化学需氧量排放家次达标率为 99.8%,与上年度相比下降 0.2 个百分点;氨氮家次达标率为 99.8%,与上年度持平。

南京市雨花台区和江北新区废水排放家次达标率分别为 85.7%和 99.8%,其中雨花台区化学需氧量和氨氮超标,达标率均为 94.7%,江北新区 pH 超标,达标率为 99.8%;其余各区家次达标率均为 100%(详见图 2-4-3)。

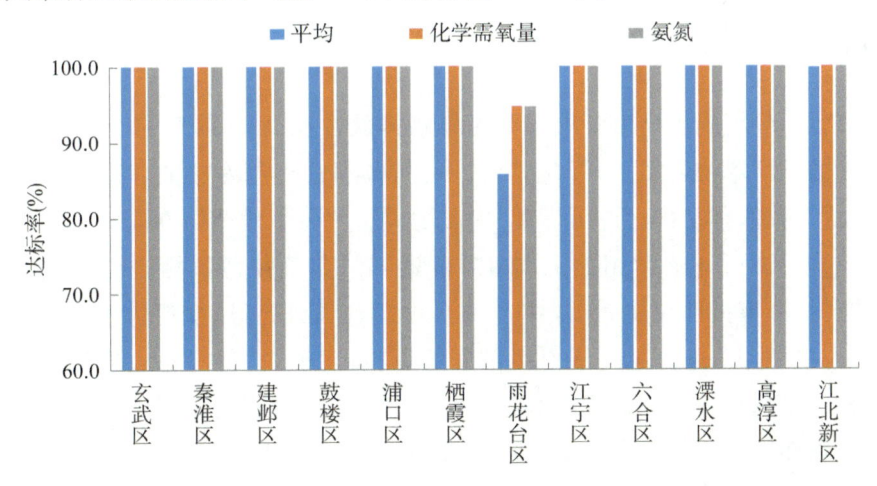

图 2-4-3　2022 年南京市废水重点排污单位污染物排放达标情况

(二) 主要行业排放情况

全市废水重点排污单位涉及化学原料和化学制品制造业、水的生产和供应业、卫生等44个行业。参与评价企业数量最多的行业为化学原料和化学制品制造业，占参评企业总数的25.8%；其次为水的生产和供应业，占14.2%；第三为卫生，占7.5%（详见图2-4-4）。

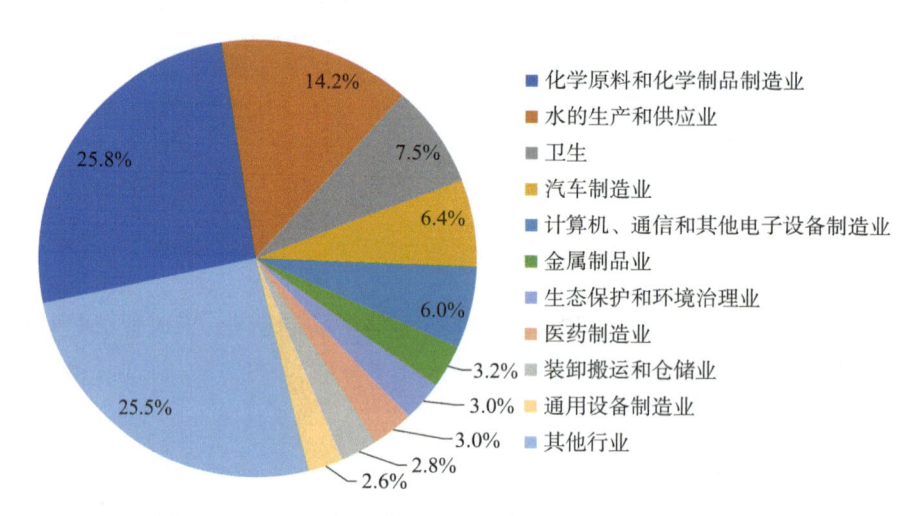

图 2-4-4　2022年南京市废水重点排污单位行业分布情况

南京市44个废水排放行业中，机动车、电子产品和日用产品修理业平均达标率为33.3%，其余行业均达标。

【专栏四】
全面推进排污许可证后监管
推动排污许可管理提质增效

一、排污许可工作开展情况

南京市生态环境局以全市各项主要污染物排放占比90%以上的1 263家纳入排污许可证管理的排污单位为抓手，深化排污许可与各项管理制度集成联动，全面推进排污许可"一证式"管理，推动排污许可管理"提质增效"。"一个规范"：在全省率先制定《关于进一步规范排污许可证核发相关工作事项的通知》，明确规范排污许可证核发全流程。"一个提醒"：提醒审批部门主动指导排污单位办理许可证延续、变更等手续，避免发生违法行为。"一项任务"：高标准完成上级部署的审核、发证、完善等各项任务，提前一年实现"全覆盖"，为企业自证守法、管理部门开展"一证式"管理奠定基础。"一个试点"：主动承担生态环境部试点工作，"南京市固定污染源数据应用管理系统"初步开发完成，获得生态环境部和省生态环境厅的高度认可。

二、自行监测工作开展情况

为贯彻落实《排污许可管理条例》，进一步规范排污单位自行监测行为，提高自行监测数据质量，充分发挥监测数据在日常监管和执法监督中的重要作用，南京市生态环境局印发了《南京市2022年排污单位自行监测工作方案》，从自行监测方案审核、重点行业监督检查、市级专项执法检查、专题培训指导、规范信息公开等方面明确了自行监测年度重点工作任务。同时，积极筹措科研经费，开展了典型行业排污单位自行监测标准化技术研究，规范和引领各行业排污单位做好自行监测相关工作。

（一）开展帮扶指导培训

制定汽车制造、橡胶和塑料制品、加油站等行业自行监测方案审核技术要点，依据不同行业特点分类开展专题培训，详细解读审核技术要点，主要为排污单位自行监测工作开展的依据、相关标准文件、技术规范和检查要求等。以区（园区）为单位，针对环保技术力量薄弱的排污单位开展定向集中帮扶培训，及时解决自行监测工作推进过程中的疑难问题，2022年全市共开展自行监测培训26场。

（二）积极推进信息公开

根据省厅工作部署和自行监测年度工作任务要求，积极推进排污单位自行监测信息公开工作。通过采取完善工作推进机制、督促问题整改、组织技术培训、定期调度工作进展等措施，全市排污单位自行监测信息公开比例明显提升，名列全省首位。江苏省排污单位自行监测信息发布平台注册账号企业1 196家，上传并审核自行监测方案1 184家，占比99.0%；手工监测数据填报1 170家，占比97.8%；自动监测联网（含部分联网）企业363家，占应联网企业的69.1%。

（三）开展现场监督检查

2022年，南京市开展排污单位自行监测监督检查282家，主要涵盖汽车制造、橡胶和塑料制品、加油站等VOCs排放重点行业，占发证排污单位的22%。市、区两级现场监督检查共立案处罚自行监测违法行为7起，处罚金额共计29.48万元，对排污单位规范开展自行监测起到震慑作用。

根据评估情况，受检的282家排污单位自行监测工作整体比较规范。其中，较为规范的占比82.5%，基本规范的占比10.6%，不规范的占比6.9%。存在的主要问题：一是自行监测方案编制不规范。未依据行业自行监测技术指南、排污许可证申请与核发技术规范进行方案编制；监测方法、监测因子、监测频次有误，监测点位缺失，部分监测因子执行的排放标准未更新、排放限值有误，缺少质量控制措施等。二是自行监测落实不到位。

未按照自行监测方案开展监测，存在监测要求降低、排口缺失、排口设置不规范等情况；未委托有资质的第三方检测机构开展监测，检测报告不规范，自动监测设备运维、质控及台账不符合规范要求，站房管理存在安全隐患；排污单位实际生产情况与自行监测方案不一致，自行监测内容缺漏。三是信息公开不重视。未及时、准确、全面地上传自行监测方案、自行监测数据及未开展监测原因等信息；公开信息与企业实际情况及台账资料不一致。

（四）完善管理工作制度

自2020年起，南京市在规范排污单位自行监测方面开展了大量工作，包括制定自行监测方案模板、明确技术要点和现场监督检查重点、推进信息公开等。在全市生态环境系统的共同努力下，近两年全市自行监测工作的开展卓有成效。排污单位自行监测管理工作制度不断完善，建立了监测、监控、执法与许可证审批部门联动监管机制；全市排污单位自行监测方案编制整体水平得到明显提升，1 263家领证排污单位自行监测方案编制优良率从2020年的19.8%提升到2022年的90.6%，总体编制水平较高；2022年排污单位自行监测信息公开比例较年初有了大幅提升，手工监测数据填报比例位居全省第一；现场监督检查工作机制更加科学规范，执法检查与帮扶指导并重。

工作虽取得较大进展，但是也存在一些问题：一是部分排污单位主体责任意识不强，过分依赖第三方机构且对第三方机构监测及运维疏于审核监管，不重视监测数据质控和监测信息公开，不重视原始记录等台账资料的记录与保存。二是自行监测信息公开平台操作难度较大，存在使用效率低、问题反馈渠道单一等情况，如加油站在线监测设备因技术原因无法与省平台进行联网，影响了排污单位自测信息的及时公开。三是排污单位自行监测工作专业性强、工作量大，涉及多项标准、规范、指南，需要掌握的技术要点众多，排污单位和管理部门均存在专业人员数量不足和技术水平低下的情况，进一步推进自测工作遇到瓶颈。

（五）科研引领规范推进

2022年，南京市生态环境局积极筹措环保科研资金，选取汽车制造、塑料制品、水处理、电子工业、医院、加油站6个体量较大的行业(约占全市发证总数的40%)，制定6个行业的自行监测方案编制技术要点，每个行业选取1～2家排污单位，通过现场核查的方式，对排污单位自行监测方案进行质量评估，并对自行监测要求的落实情况、信息公开情况进行核查，编写案例分析；制作上述6个行业自行监测方案标准化范本，同时为其他行业的排污单位提供技术参考。

为进一步规范排污单位自行监测，提高监测质量，2023年南京市将制定更加具体的工作方案，明确工作重点，指导工作开展。一是继续完善监测、监控、执法与许可证审批部门联动监管机制，做好排污许可证核发过程中自行监测方案审核工作，现场监督检查与帮扶指导双管齐下，加大典型案例和优秀举措宣传力度。二是持续推进自行监测信息公开工作，加强与上级部门沟通交流，畅通市、区、排污单位问题反馈渠道，解决排污单位和管理人员平台使用的各类疑问。三是常态化开展自行监测技术培训。定期在工作交流群发布自行监测相关标准、规范、指南的更新情况,提醒管理人员和排污单位进行学习与更新。根据实际需求,针对排污单位、第三方机构、管理人员开展专项技术培训。四是探索自行监测数据应用方式。自测数据反映企业生产、排污情况,引导排污单位重视自测数据,从数据趋势监控生产情况,及时排查解决产污异常;探索加强自行监测与污染源在线监控系统数据共享,通过数据趋势分析、超标数据标记与判定实现对排污单位的非现场远程监管。

第六节 小结

一、废气污染物排放状况

2022年,南京市列入环境统计企业共730家,全市工业废气排放量9 733.23亿 m³,与上年度相比减少6.1%。其中,工业二氧化硫、氮氧化物、烟(粉)尘和挥发性有机物排放量分别为6 382.04 t、15 722.87 t、11 548.12 t和15 341.34 t,与上年度相比分别减少43.0%、30.1%、33.0%和11.5%。

南京市生活污染源二氧化硫、氮氧化物、烟(粉)尘排放量分别为0.60 t、1 337.27 t和122.58 t,与上年度相比分别下降25.9%、25.6%和25.6%;挥发性有机物排放量9 074.41 t,与上年度相比增长0.3%。

南京市机动车保有量已突破320万辆,随着南京市加大机动车尾气排放控制,以及新能源汽车的增加,尾气排放问题有所缓解,总颗粒物、氮氧化物、挥发性有机物和一氧化碳排放量均有所下降,与上年度相比分别减少12.2%、6.3%、8.5%和8.8%。

二、废水污染物排放状况

2022年,南京市工业废水排放量14 567.93万 t,与上年度相比增长5.4%,其中化学需氧量、氨氮、总氮、总磷和石油类排放量分别为2 291.13 t、55.24 t、1 008.45 t、14.91 t和23.33 t,与上年度相比分别减少29.3%、46.9%、16.5%、24.3%和26.5%。

南京市城镇生活污水排放量39 389.16万 t,其中生活源化学需氧量、氨氮、总氮和总磷排放量分别为17 483.61 t、677.43 t、8 382.53 t和160.57 t。

三、固体废弃物状况

2022年,南京市一般工业固体废物产生量1 698万 t,与上年度相比减少12.5%;综合利用量、处置量分别为1 626万 t、78.2万 t(含存量),与上年度相比分别减少11.0%、

17.5%,其综合利用及处置率分别为95.8%、4.6%（含存量）；少量固体废物贮存,仅占0.6%。

南京市危险废物产生量81.7万t,与上年度相比减少2.6%,其中产废单位自行利用处置量43.8万t,与上年度相比减少18.7%,自行利用处置率53.6%；集中利用处置量37.8万t（含往期存量和次生量）,与上年度相比增加28.1%,集中利用处置率46.3%；年底贮存总量0.5万t,仅占0.6%,与上年度持平。

南京市医疗废物收运处置量5.2万t,与上年度相比增长1.2倍,全部采用高温焚烧方式处置,其中涉疫废弃物2.0万t,受疫情影响与上年度相比增长1.9倍。

南京市现有2家电子废物拆解企业,共回收废旧家电108.6万台,拆解109.1万台（含往期贮存量）,与上年度相比增长12.7%。

南京市各类农作物秸秆可收集量约89.5万t,与上年度相比增长6.4%,主要通过肥料化、饲料化、燃料化、基料化、原料化等方式综合利用85.9万t,综合利用率96%；农药包装废弃物收集处置量250 t,与上年度相比增长2.8倍,主要以焚烧无害化处置；废旧农膜产生量4 767 t,与上年度相比增长1.8%,其中回收量4 529 t,回收率95%。

南京市生活垃圾产生量303.1万t,与上年度相比增长2.2%,全部焚烧处置,零填埋。

四、辐射污染源状况

2022年,南京市共有核技术利用工作单位1 107家,在用密封放射源1 745枚,其中Ⅰ类源232枚、Ⅱ类源366枚、Ⅲ类源10枚、Ⅳ类源304枚、Ⅴ类源833枚；非密封放射性物质工作场所41个,其中乙级非密封放射性物质工作场所21个,丙级非密封放射性物质工作场所20个；在用射线装置3 761台（套）,其中Ⅱ类射线装置900台（套）,Ⅲ类射线装置2 861台（套）。

南京市共有移动通讯基站81 269个,其中2G基站11 385个、3G基站2 731个、4G基站42 765个、5G基站24 388个。110千伏以上变电站256座,主变523台,总功率5 610万千伏安；110千伏以上的架空高压输电线144条,线路总长度2 678.7 km；110千伏以上的电缆线路160条,线路总长度114.2 km；110千伏以上混合线路286条,其中架空线路长度1 908.8 km,电缆线路长度1 329 km。

五、重点污染源监测情况

2022年,南京市共有重点排污单位712家。纳入监测评价的废气重点排污单位共333家,监测746家次,家次达标率为99.5%,与上年度相比上升0.3个百分点。二氧化硫、氮氧化物和非甲烷总烃家次达标率分别为99.7%、99.7%和99.8%,与上年度相比分别下降 0.3、0.1 和 0.1 个百分点；烟（粉）尘排放家次达标率为 100%，与上年度相比上升 0.1 个百分点。参与监测评价的废水重点排污单位共 511 家，监测 1 023 家次，家次达标率为 99.6%，与上年度相比上升 0.2 个百分点。化学需氧量排放家次达标率为 99.8%，与上年度相比下降 0.2 个百分点；氨氮家次达标率为 99.8%，与上年度持平。

第三章
生态环境质量状况

第一节　环境空气质量

2022 年,南京市环境空气质量稳中趋好,$PM_{2.5}$ 浓度 28 $\mu g/m^3$,达有监测记录以来最优水平,$PM_{2.5}$ 浓度绝对值位列南京都市圈第一,全省并列第三。在总结成绩的同时,也需清醒地认识到:环境空气考核指标提升难度大,$PM_{2.5}$ 和 O_3 高值点位对全市影响突出。

一、监测概况

（一）环境空气质量监测

1. 国控

全市共有 13 个国控点,监测事权全部上收到生态环境部。

2. 省控

全市共有 4 个省控点,监测事权全部上收到省生态环境厅。

3. 市控

全市共有 5 个市控点,其中六合竹镇和高淳固城湖为边界站点,分别代表冬半年和夏半年清洁对照点;江北化工园站点为重点污染区域空气质量监控点;江宁土桥为边界预警监控点;中山陵为建成区对照监控点。

4. 街道（乡镇）

全市共有 104 个街道（乡镇）空气自动监测网络（107 个站点）建设工作,其中有 17 个站点由国控点、省控点代替,其余 90 个站点中空气自动监测标准站 24 个、小型标准站 66 个。

5. 省级及以上工业园区（集中区）

根据《全省省级及以上工业园区（集中区）监测监控能力建设方案》,南京市 15 个工业园区需按照上下风向各建设 1 个空气站,2022 年全市共有空气站 30 个,其中 19 个站点用省控站和街道站代替,其余 11 个新建站点中空气自动监测标准站 8 个、小型标准站 3 个。

6. $PM_{2.5}$ 网格化监测

根据省生态环境厅《江苏省大气 $PM_{2.5}$ 网格化监测系统建设方案》,2022 年全市共有小型空气自动监测标准站 8 个,六参数微型站 69 个,两参数监测站 330 个。

截至 2022 年,南京市已建有各类空气自动监测站点 530 个,其中,国控站点 13 个,省控站点 4 个,市控站点 5 个,区控（街道）站点 104 个（其中 14 个与国控、省控重合）,工业园区站点 30 个（其中 19 个与省控、街道站重合）;省级 $PM_{2.5}$ 网格化站点 407 个（其中小型标准站 8 个,微型站 399 个),形成市域全覆盖、多类别、多功能的环境空气质量自动监测网络体系,基本满足环境空气质量考核及大气污染监控预警需求。南京市所有常规环境空气质量自动监测站均按照《环境空气质量标准》(GB 3095—2012)六项指标要求开展监测、评价及数据实时发布。南京市主要空气质量自动监测点位见图 3-1-1。

7. 城市温室气体浓度监测

根据《江苏省碳监测评估试点工作方案(试行)》,南京市作为全省试点城市开展环境空气温室气体监测,重点开展 CO_2、CH_4 等监测项目。2022 年,全市共有草场门、化工园和固城湖 3 个监测点,在全市不同区域开展温室气体浓度监测。在南大仙林校区开展温室气体高精度梯度监测,利用 72 米观测塔实时监测不同高度上温室气体浓度,是全省首次实现不同垂直高度温室气体的自动监测。

8. 环境空气特征因子监测

自"十三五"以来,在南京市草场门监测点位初步形成了城市大气复合污染综合观测体系。针对颗粒物化学组分,目前形成以水溶性离子、有机碳/元素碳及金属元素为主的 $PM_{2.5}$ 组分在线监测能力;同时,按照《国家大气颗粒物组分监测方案》要求,南京中心持续开展 $PM_{2.5}$ 组分手工监测,并承担省内部分城市水溶性离子和有机碳/元素碳组分样品实验室分析工作。针对大气光化学污染监测,持续开展挥发性有机物(VOC_s)在线和手工监测,并加强监测质控、数据审核及联网工作。同时为构建"天地一体化"监测,在多个点位同步开展了气溶胶和臭氧激光雷达监测,探测垂直高度上颗粒物和臭氧浓度分布特征。初步建成涵盖城市主导风向的上下游方向及重点污染源片区的大气环境综合观测网络,为了解大气污染成因及来源、助力大气污染物与温室气体排放协同控制提供了重要的技术支撑。

(二)降尘监测

1. 任务分工

国、省控降尘监测责任单位为南京中心,市控降尘监测责任单位为南京市生态环境局。江北新区、各派出局监测站配合开展监测,并保障监测所需基础条件和必要环境。

2. 监测范围

根据《汾渭平原、长三角地区城市环境空气降尘监测方案》,2019 年起南京市降尘国控点调整为 11 个,对照点由中山陵调整为固城湖生态观测站。

结合南京市行政区划调整及城市扬尘控制考核要求,2022 年南京市共设有降尘监测点 146 个,其中国省控点 15 个、市控点 131 个。

3. 监测频次

每月监测。

4. 质量保证

按照《环境空气 降尘的测定 重量法》(HJ 1221—2021)有关要求执行。

南京市降尘监测点位分布见图 3-1-2。

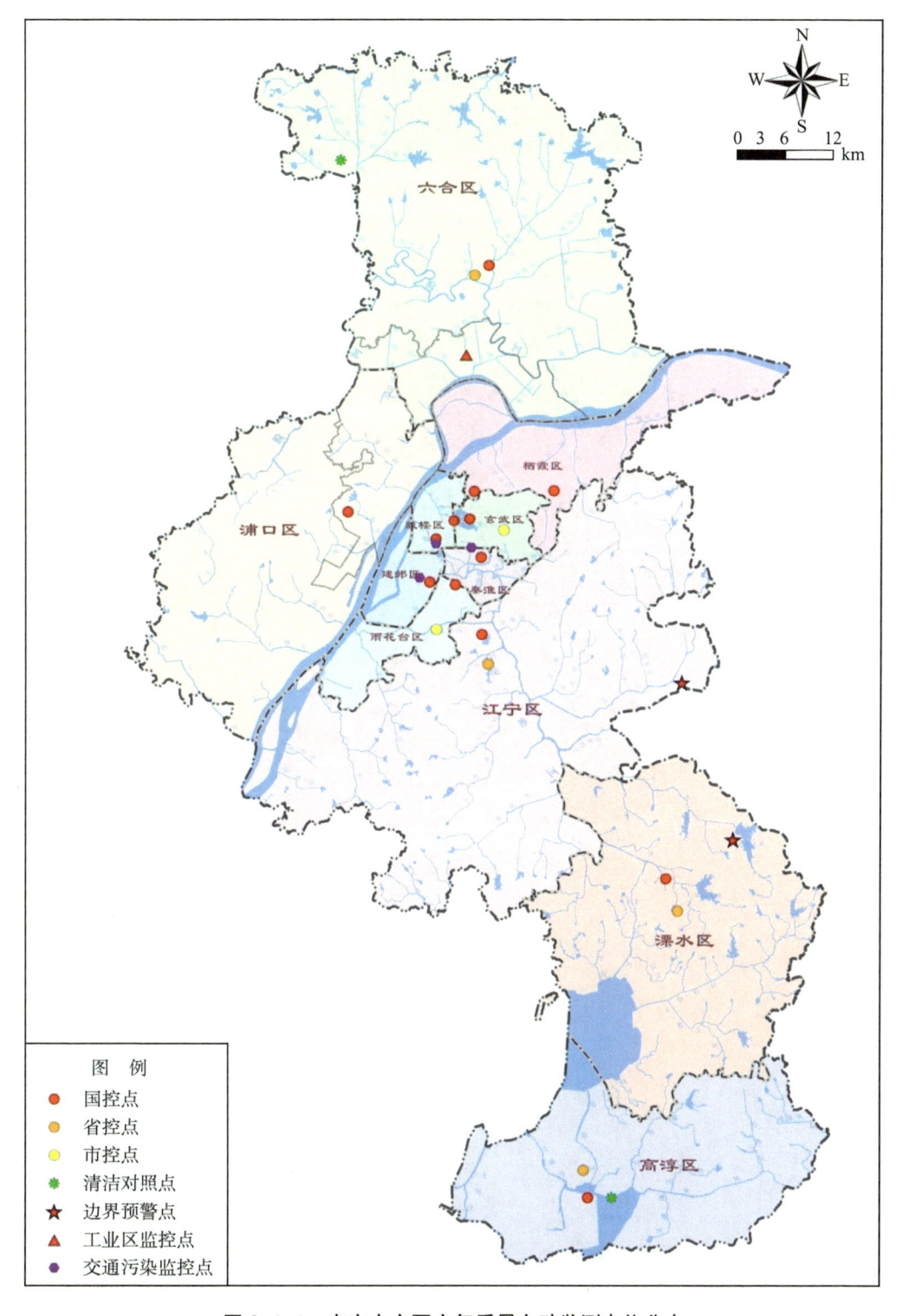

图 3-1-1　南京市主要空气质量自动监测点位分布

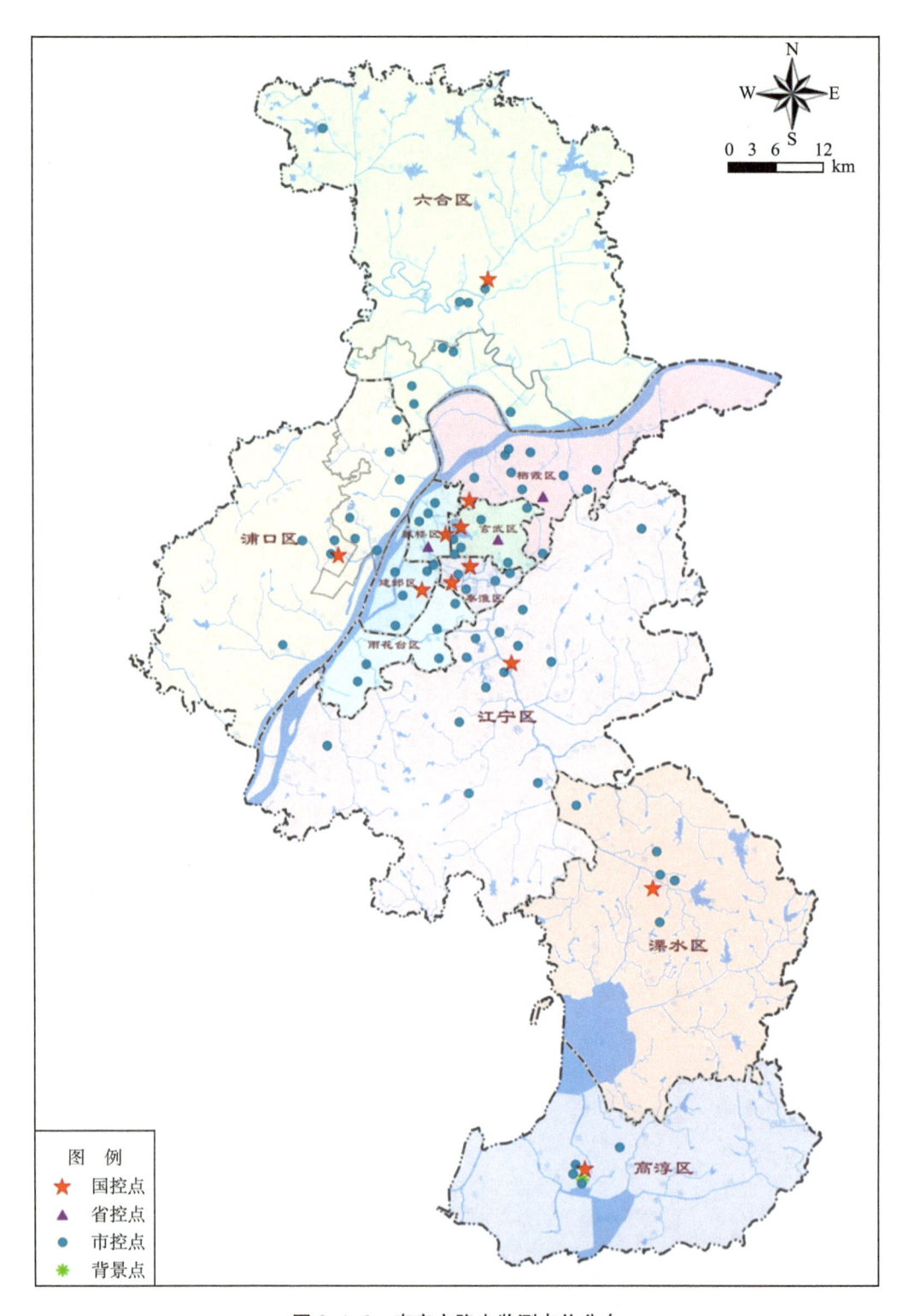

图 3-1-2　南京市降尘监测点位分布

（三）硫酸盐化速率监测

1. 任务分工

硫酸盐化速率责任单位为南京中心。江北新区、各派出局监测站配合开展监测，并保障监测所需基础条件和必要环境。

2. 监测范围

南京市共 14 个硫酸盐化速率监测点位。

3. 监测频次

每月监测。

4. 质量保证

按照《酸沉降监测技术规范》(HJ/T 165—2004)和《空气和废气监测分析方法》(第四版)有关要求执行。

二、环境空气质量

（一）全市环境空气质量评价

1. 优良率

2022 年，南京市环境空气质量优良 291 天，较 2021 年减少 9 天，优良天数比率为 79.7%，较 2021 年下降 2.5 个百分点，其中优 85 天，同比减少 6 天，良 206 天，同比减少 3 天；超标天数比率为 20.3%，其中轻度污染 71 天，中度污染 3 天，无重度及以上程度污染天发生，以 O_3、$PM_{2.5}$、PM_{10} 和 NO_2 为首要污染物的超标天数分别占总超标天数的 73.0%、21.6%、4.0% 和 1.4%，未出现以 SO_2 和 CO 为首要污染物的超标天。2022 年南京市空气质量级别分布见图 3-1-3。

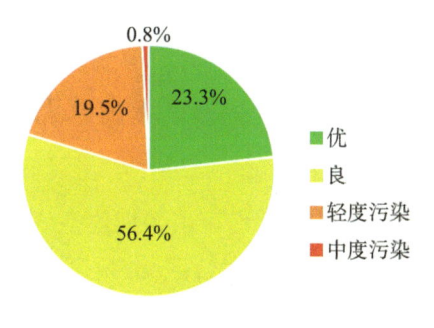

图 3-1-3　2022 年南京市空气质量级别分布

2. 六项污染物年评价值及超标率

2022 年，南京市 $PM_{2.5}$ 浓度为 28 $\mu g/m^3$，达标，较 2021 年下降了 3.4%；PM_{10} 浓度为 51 $\mu g/m^3$，达标，较 2021 年下降了 8.9%；NO_2 浓度为 27 $\mu g/m^3$，达标，较 2021 年下降了 18.2%；SO_2 浓度为 5 $\mu g/m^3$，达标，较 2021 年下降了 16.7%；O_3 浓度为 170 $\mu g/m^3$，超标 0.06 倍，较 2021 年上升了 1.2%，超标天数为 54 天，较 2021 年增加 2 天；CO 浓度为 0.9 mg/m^3，达标，较 2021 年下降了 10.0%。2022 年南京市六项污染物浓度及较 2021 年同比变化见图 3-1-4。

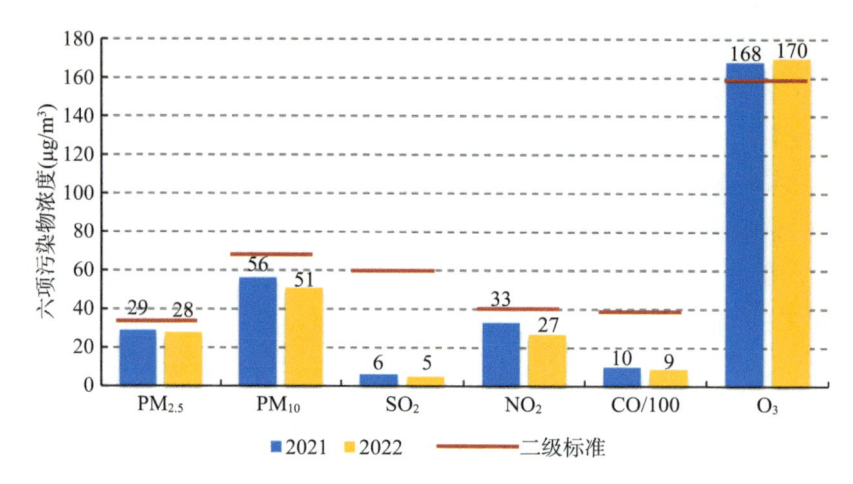

图 3-1-4　2022 年南京市六项污染物浓度及较 2021 年同比变化

3. 环境空气质量综合指数

2022 年,南京市环境空气质量综合指数为 3.57,较 2021 年下降了 7.3%。O_3 对综合指数贡献率最大,贡献率为 30%；$PM_{2.5}$ 对综合指数贡献率为 22%；PM_{10} 对综合指数贡献率为 21%；NO_2 对综合指数贡献率为 19%；CO 对综合指数贡献率为 6%；SO_2 对综合指数贡献率为 2%。2022 年南京市六项污染物贡献率见图 3-1-5。

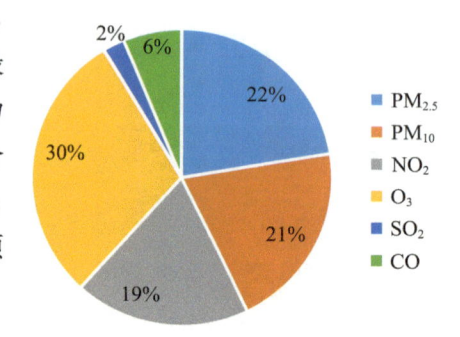

图 3-1-5　2022 年南京市六项污染物贡献率

（二）各板块环境空气质量评价

1. 优良率

2022 年,南京市各板块空气质量优良天数比率在 76.2%~84.7%,优良天数比率由高到低依次为六合区、浦口区、江北新区、溧水区、秦淮区、玄武区、鼓楼区、高淳区、栖霞区、雨花台区、建邺区、江宁区。2022 年南京市各板块环境空气质量优良率见图 3-1-6。

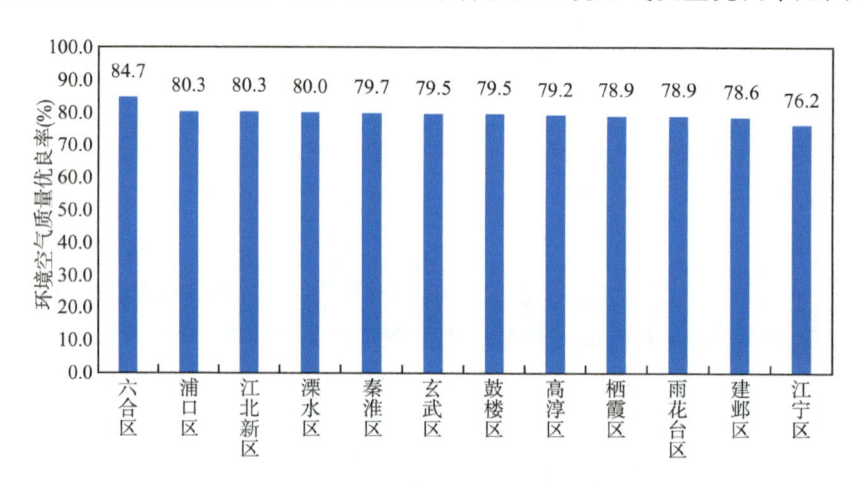

板块	优良率(%)
六合区	84.7
浦口区	80.3
江北新区	80.3
溧水区	80.0
秦淮区	79.7
玄武区	79.5
鼓楼区	79.5
高淳区	79.2
栖霞区	78.9
雨花台区	78.9
建邺区	78.6
江宁区	76.2

图 3-1-6　2022 年南京市各板块环境空气质量优良率

2. $PM_{2.5}$

2022年,南京市各板块 $PM_{2.5}$ 浓度在 24～32 μg/m³,均达到《环境空气质量标准》(GB 3095—2012)二级标准限值。$PM_{2.5}$ 浓度由低到高依次为浦口区、江北新区、雨花台区、六合区、栖霞区、江宁、玄武区、鼓楼区、秦淮区、建邺区、高淳区、溧水区。2022 年南京市各板块 $PM_{2.5}$ 浓度年均值见图 3-1-7。

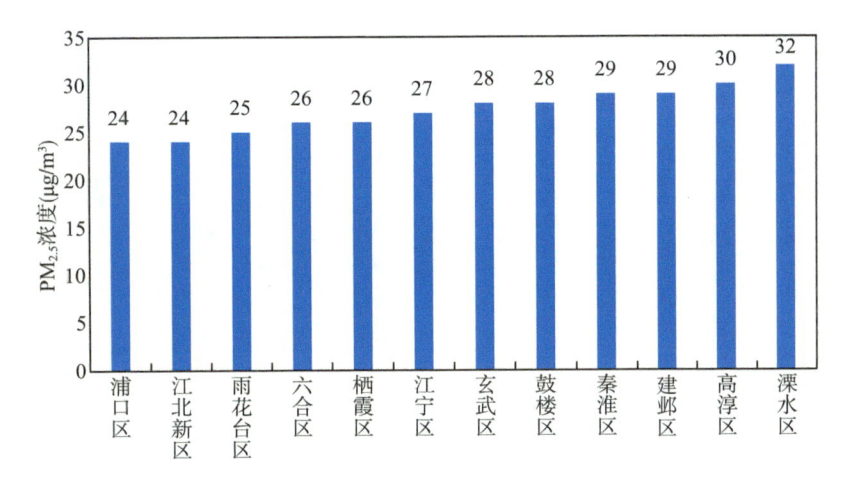

图 3-1-7　2022 年南京市各板块 $PM_{2.5}$ 浓度年均值

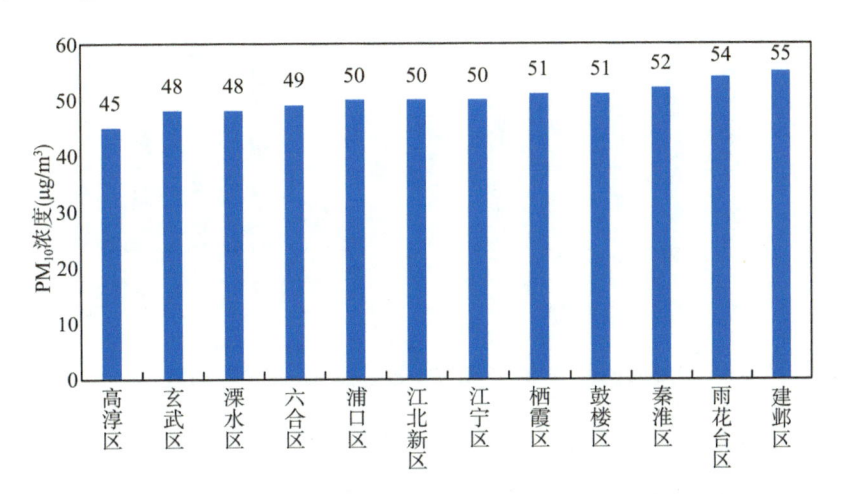

3. PM_{10}

2022 年,南京市各板块 PM_{10} 浓度在 45～55 μg/m³,均达到《环境空气质量标准》(GB 3095—2012)二级标准限值。PM_{10} 浓度由低到高依次为高淳区、玄武区、溧水区、六合区、浦口区、江北新区、江宁区、栖霞区、鼓楼区、秦淮区、雨花台区、建邺区。2022 年南京市各板块 PM_{10} 浓度年均值见图 3-1-8。

图 3-1-8　2022 年南京市各板块 PM_{10} 浓度年均值

4. NO_2

2022年，南京市各板块 NO_2 浓度在 20～32 μg/m³ 范围，均达到《环境空气质量标准》(GB 3095—2012)二级标准限值。NO_2 浓度由低到高依次为高淳区、溧水区、六合区、玄武区、浦口区、江北新区、江宁区、秦淮区、雨花台区、栖霞区、鼓楼区、建邺区。2022年南京市各板块 NO_2 浓度年均值见图 3-1-9。

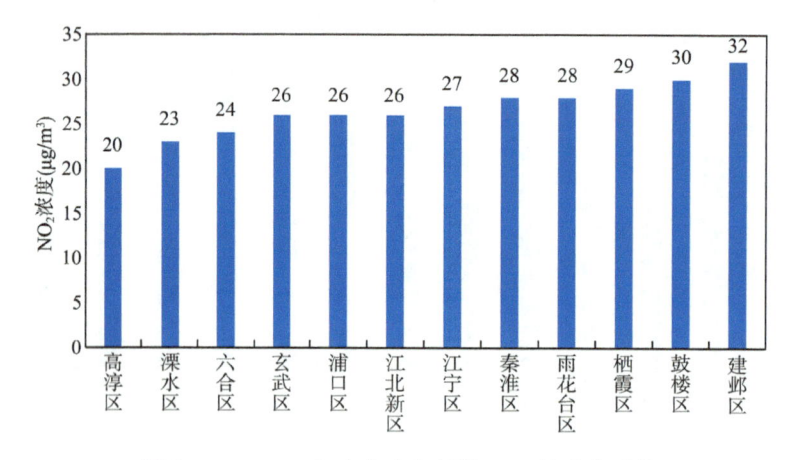

图 3-1-9　2022年南京市各板块 NO_2 浓度年均值

5. SO_2

2022年，南京市各板块 SO_2 浓度在 4～6 μg/m³，均达到《环境空气质量标准》(GB 3095—2012)二级标准限值。2022年南京市各板块 SO_2 浓度年均值见图 3-1-10。

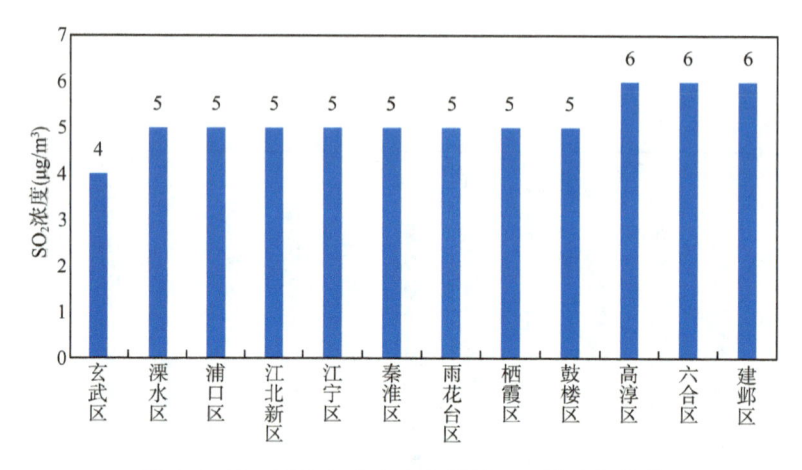

图 3-1-10　2022年南京市各板块 SO_2 浓度年均值

6. O_3

2022年，南京市各板块 O_3 日最大8小时平均浓度在 165～180 μg/m³，均超过《环境空气质量标准》(GB 3095—2012)二级标准限值。O_3 浓度由低到高依次为溧水区、浦口区、江北新区、高淳区、秦淮区、雨花台区、玄武区、栖霞区、建邺区、鼓楼区、六合区、江宁区。2022年南京市各板块 O_3 浓度见年均值图 3-1-11。

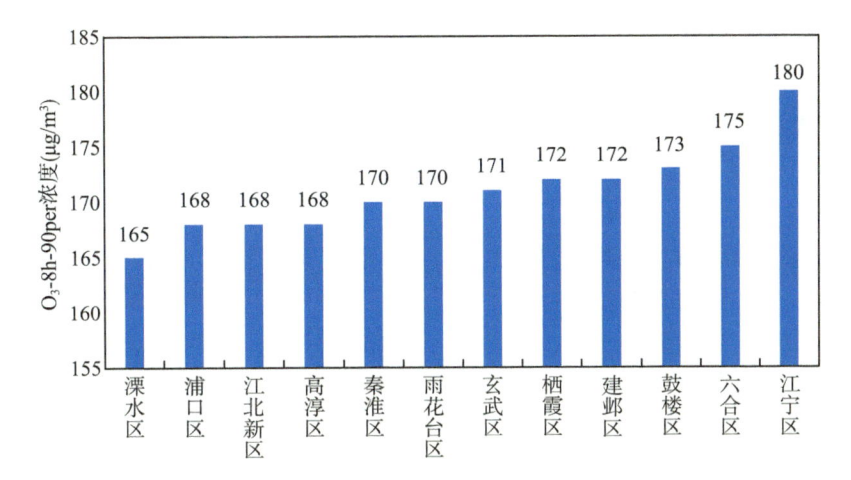

图 3-1-11　2022 年南京市各板块 O_3 浓度年均值

数据：溧水区 165、浦口区 168、江北新区 168、高淳区 168、秦淮区 170、雨花台区 170、玄武区 171、栖霞区 172、建邺区 172、鼓楼区 173、六合区 175、江宁区 180（单位：$\mu g/m^3$，O_3-8h-90per浓度）

7. CO

2022 年，南京市各板块 CO 浓度在 0.8～1.1 mg/m³，均达到《环境空气质量标准》(GB 3095—2012)二级标准限值，2022 年南京市各板块 CO 浓度年均值见图 3-1-12。

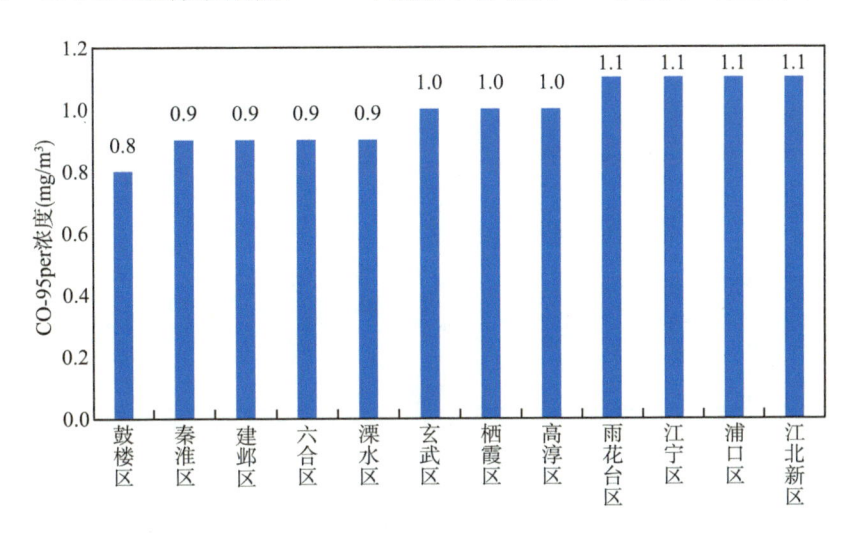

图 3-1-12　2022 年南京市各板块 CO 浓度年均值

数据：鼓楼区 0.8、秦淮区 0.9、建邺区 0.9、六合区 0.9、溧水区 0.9、玄武区 1.0、栖霞区 1.0、高淳区 1.0、雨花台区 1.1、江宁区 1.1、浦口区 1.1、江北新区 1.1（单位：mg/m³，CO-95per浓度）

（三）主要污染物的时空分布特征

1. 时间分布特征

$PM_{2.5}$、PM_{10}、NO_2 和 CO 总体呈现春夏季浓度低、秋冬季浓度高的特征；SO_2 因浓度持续较低，季节波动较小；O_3 受气温和辐射等气象因素影响，呈现春夏季浓度高、秋冬季浓度低的特征。

从月度浓度变化对比看，2022 年 $PM_{2.5}$ 浓度除 1 月、2 月较 2021 年上升 20.8% 和

11.8%外,其余月份均较 2021 年持平或下降,变幅在 0～26.1%;PM_{10} 浓度除 2 月、12 月较 2021 年上升 1.8% 和 1.2% 外,其余月份均较 2021 年下降,降幅在 2.0%～23.5%;NO_2 浓度除 2 月较 2021 年上升 33.3% 外,其余月份均较 2021 年下降,降幅在 8.3%～39.1%;SO_2 浓度除 4 月较 2021 年上升 20% 外,其余月份均较 2021 年持平或下降,变幅在 0～33.3%;O_3 浓度总体呈现"M"形,除 6 月、9 月、10 月和 12 月较 2021 年下降外,其余月份均较 2021 年上升,升幅在 1.2%～17.8%;CO 浓度总体变化趋势较为平缓,除 7 月较 2021 年上升 20.0% 外,其余月份均较 2021 年持平或下降,变幅在 0～28.6%。

六项污染物浓度时间分布见图 3-1-13。

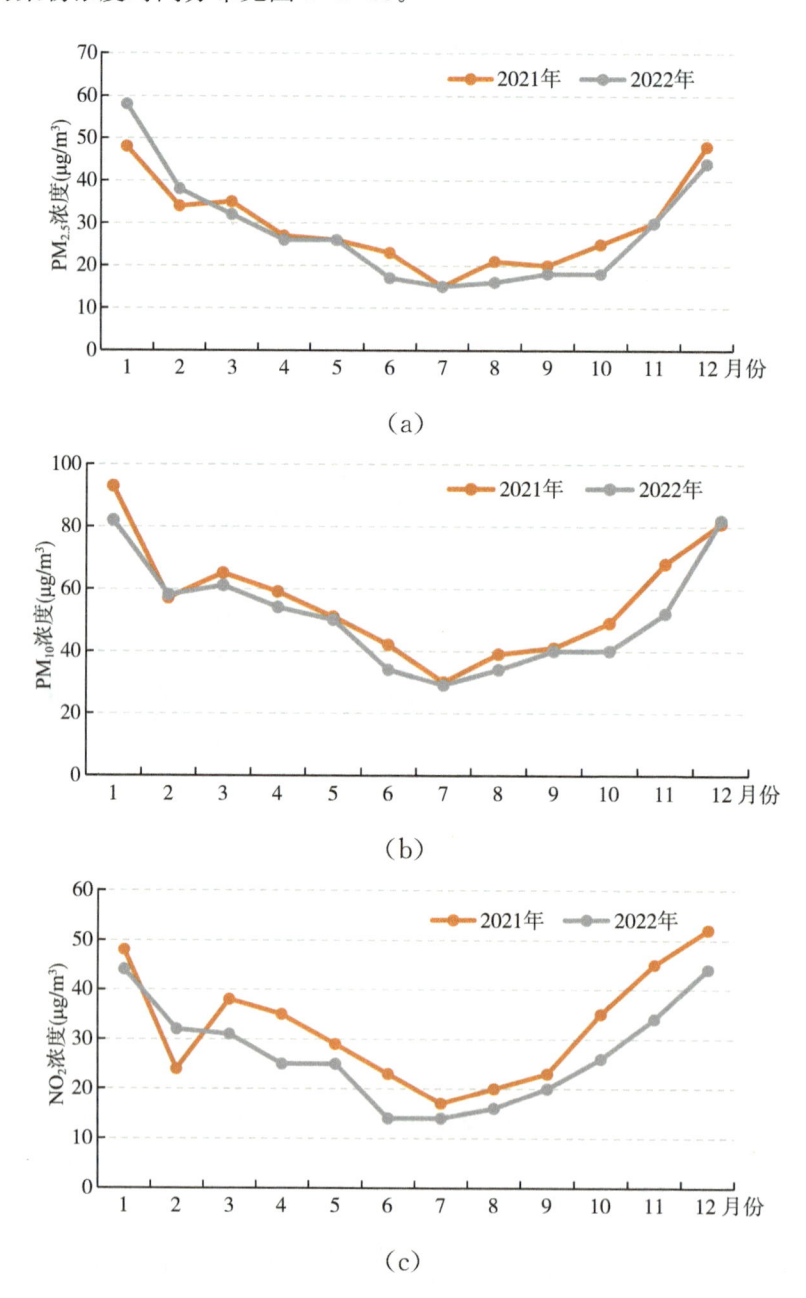

(a)

(b)

(c)

（d）

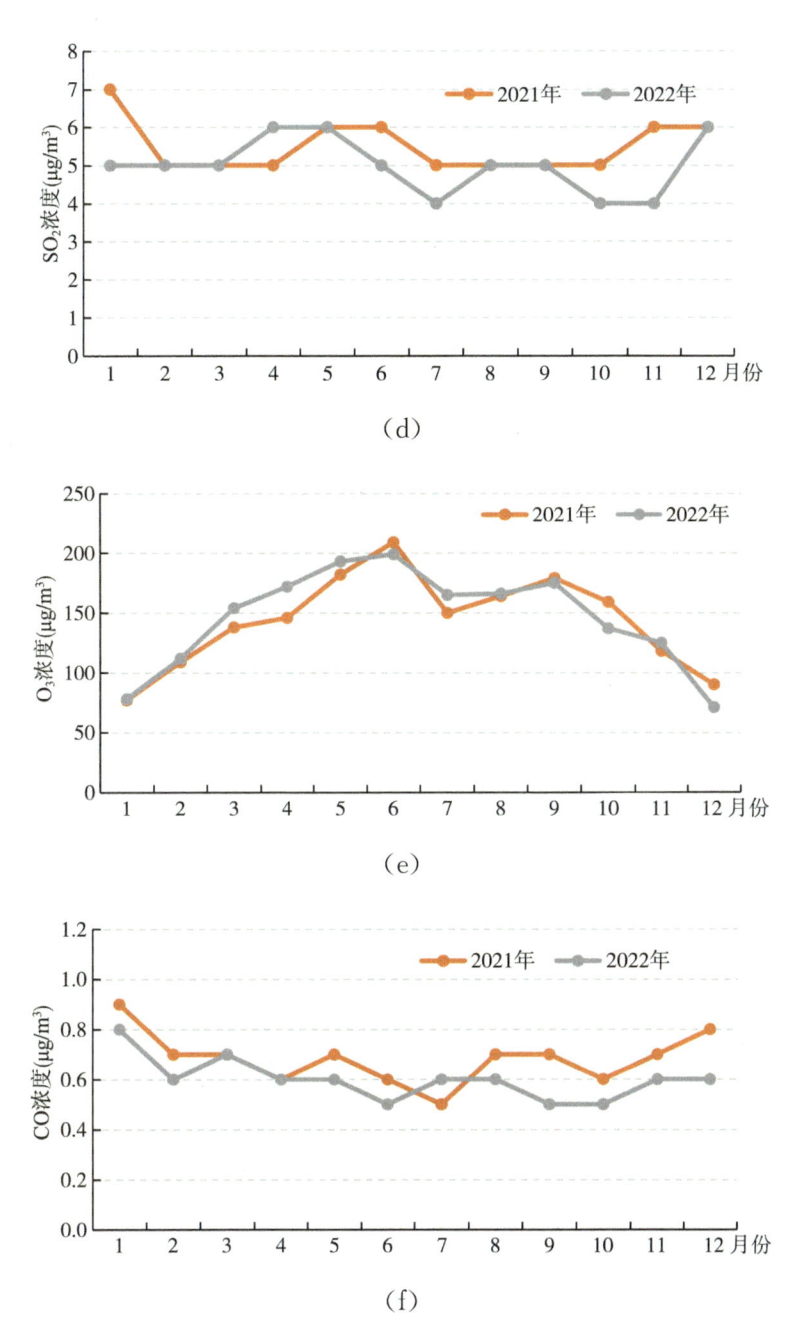

（e）

（f）

图 3-1-13　2021—2022 年南京市环境空气六项污染物浓度时间分布

2. 空间分布特征

融合南京街道站以及市控相关站点，绘制 2022 年南京市六项污染物年均值空间分布，其中 $PM_{2.5}$ 和 PM_{10} 的浓度高值区分布有很好的一致性，高值区主要分布在南京市雨花台区与江宁区交界的板桥街道、梅山街道和江宁街道，浦口区的桥林街道，江北化工园区，栖霞经开区以及建邺区、鼓楼区、秦淮区等；NO_2 的浓度高值区主要集中在城区及沿江区域；O_3 的浓度高值区分布特征则与 NO_2 的浓度分布特征恰好相反，呈现"周边高，市区低"的分布特征,其中栖霞区、江宁区中东部、江北化工园区、溧水区东部O_3浓度较高;SO_2的浓度高值区主要分布在江北化工园区、六合区西部、浦口区西部、桥林街道以及雨花台区板桥街道、梅山街道等;CO浓度高值区主要出现在浦口区西部。

2022年南京市环境空气六项污染物浓度空间分布见图3-1-14。

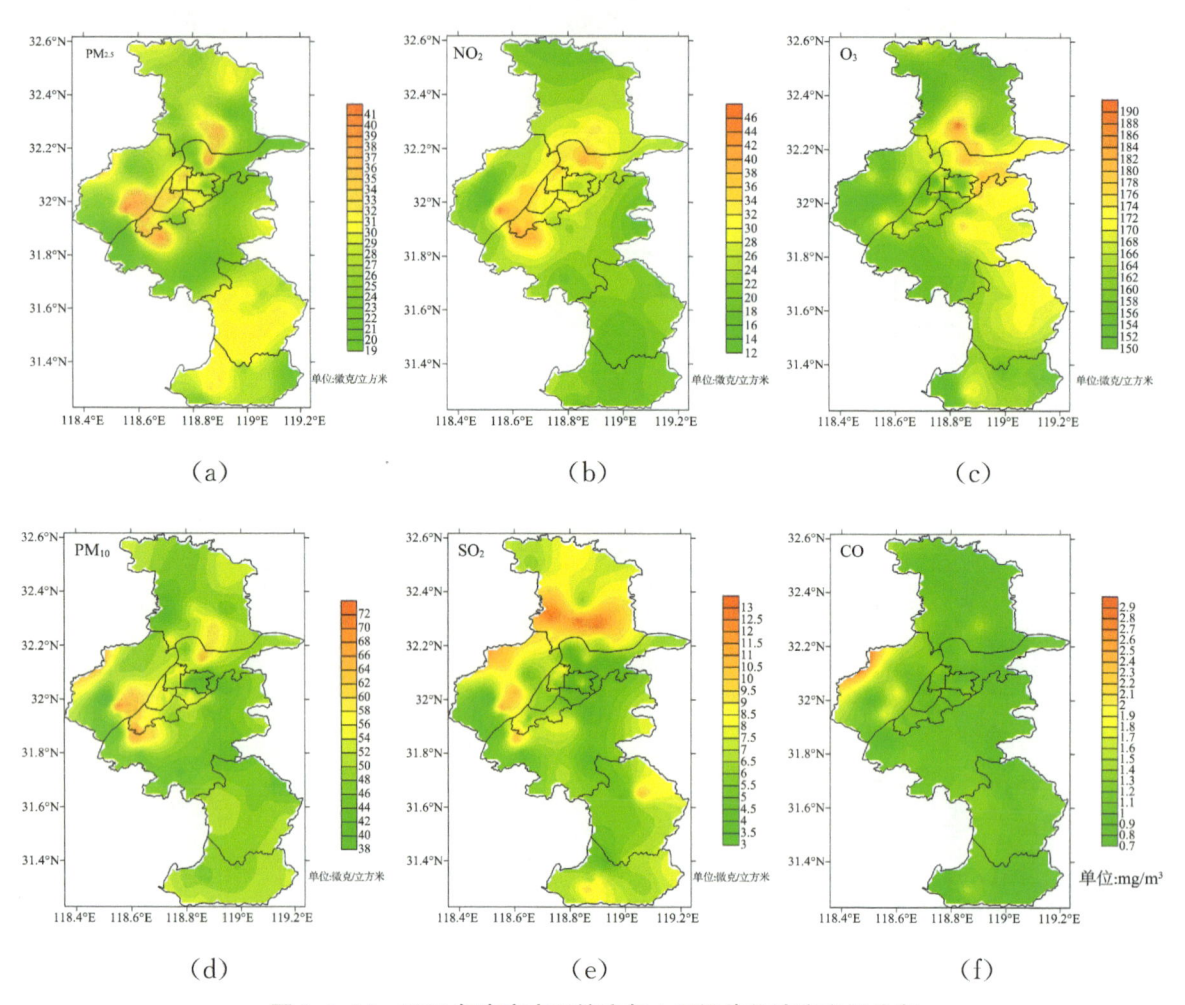

(a)

(b)

(c)

(d)

(e)

(f)

图3-1-14　2022年南京市环境空气六项污染物浓度空间分布

(四)年际变化趋势

"十三五"以来,南京市环境空气质量呈明显改善趋势,2016—2022年南京市空气质量优良天数由258天增加至291天,增加33天,优良率由70.5%上升至79.7%,增加了9.2个百分点。

2016—2022年,南京市$PM_{2.5}$年均浓度由46微克/立方米降至28微克/立方米,降幅为39.1%;$PM_{2.5}$日均值各百分位数浓度总体呈下降趋势,其中50%、75%、90%、95%等较高百分位数浓度的下降趋势明显,5%、10%、25%等较低百分位数浓度在2016—2019年变化相对平稳,2020—2022年呈下降趋势(见图3-1-15);超标天数由62天减少至16天。2016—2022年,南京市PM_{10}年均浓度由80 μg/m³下降至51 μg/m³,降幅为36.3%;PM_{10}日均值各百分位数浓度总体变化趋势与$PM_{2.5}$一致(见图3-1-16);超标天数由37天减少至2天。

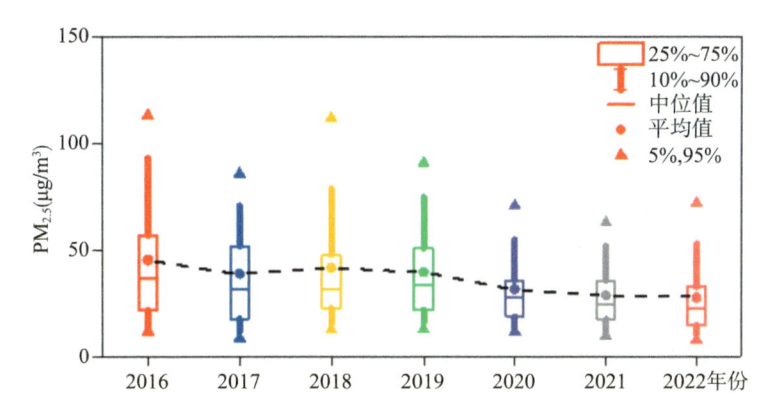

图3-1-15 2016—2022年南京市$PM_{2.5}$日均值各百分位数浓度及平均值变化趋势

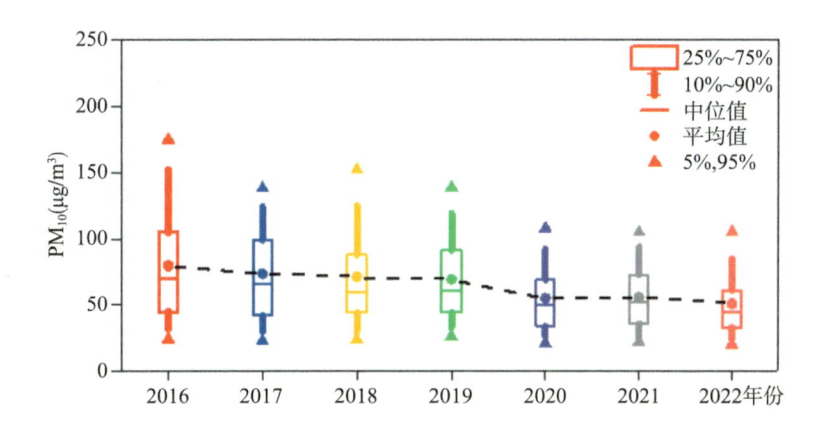

图3-1-16 2016—2022年南京市PM_{10}日均值各百分位数浓度及平均值变化趋势

2016—2022年,南京市NO_2年均浓度由41 μg/m³下降至27 μg/m³,降幅为34.1%;NO_2日均值各百分位数浓度总体呈下降趋势,其中2016—2019年变化相对平稳,2020—2022年呈现明显下降(见图3-1-17);超标天数由9天减少至2天。

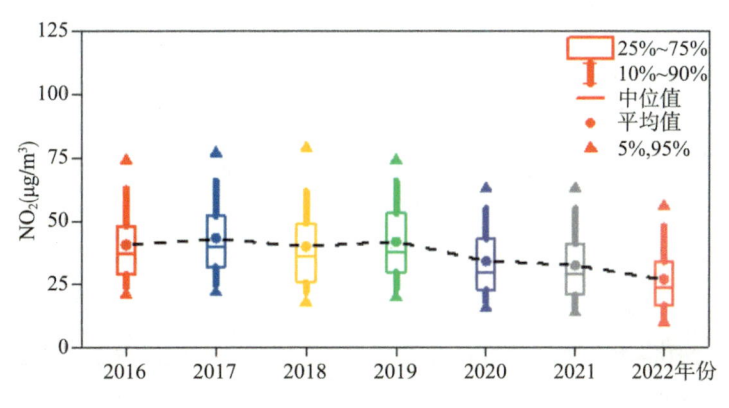

图3-1-17 2016—2022年南京市NO_2日均值各百分位数浓度及平均值变化趋势

2016—2022 年 SO_2 年均浓度由 17 $\mu g/m^3$ 下降至 5 $\mu g/m^3$，降幅为 70.6%；SO_2 日均值各百分位数浓度均呈明显下降趋势，其中第 90 和第 95 百分位数浓度下降幅度最为显著（见图 3-1-18）。

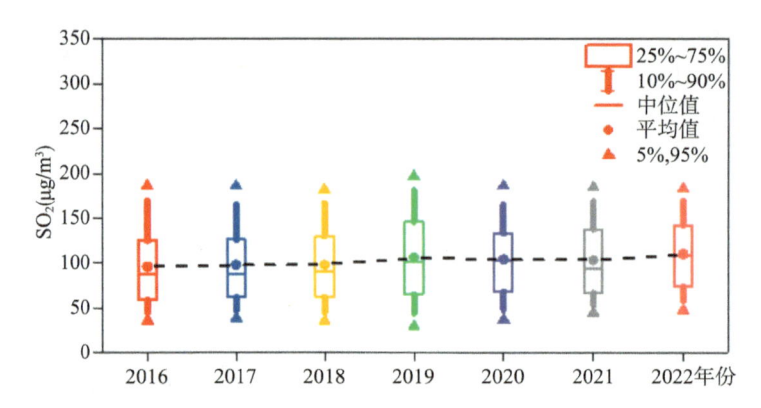

图 3-1-18　2016—2022 年南京市 SO_2 日均值各百分位数浓度及平均值变化趋势

2016—2022 年 CO 日均值第 95 百分位数浓度由 1.6 mg/m^3 下降至 0.9 mg/m^3，降幅为 43.8%；CO 日均值各百分位数浓度总体均呈下降趋势（见图 3-1-19）。

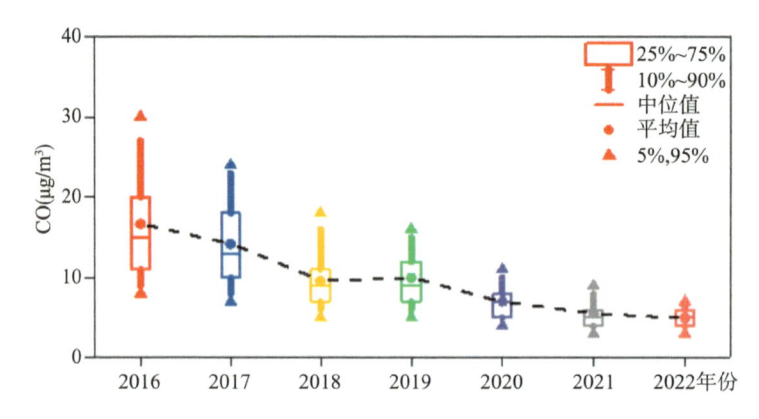

图 3-1-19　2016—2022 年南京市 CO 日均值各百分位数浓度及平均值变化趋势

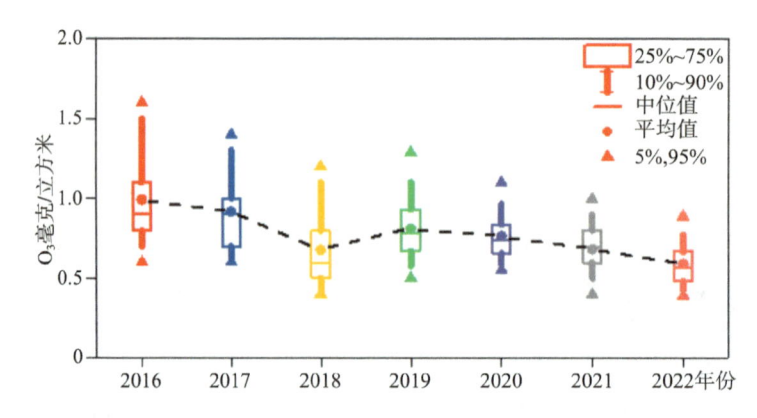

图 3-1-20　2016—2022 年南京市 O_3 日最大 8 h 均值各百分位数浓度及平均值变化趋势

2016—2022 年 O_3 日最大 8 h 均值第 90 百分位数浓度由 169 $\mu g/m^3$ 略升至 170 $\mu g/m^3$，上升 0.6%；O_3 各百分位数浓度除 95% 外，总体呈上升趋势，其中第 5%、10%、25%、50% 等较低百分位数浓度的上升趋势较为明显（见图 3-1-20），升幅在 24%～33%。超标天数由 44 天增加至 54 天。

三、降尘

（一）全市及国考点降尘现状

全年对照点固城湖生态观测站降尘量均值为 2.38 吨/平方千米·月。

2022 年南京市降尘量均值为 2.57 吨/平方千米·月，较 2021 年下降 25.9%。各点位的降尘量年均值在 2.17～3.31 吨/平方千米·月之间。其中，降尘量最高的为迈皋桥，最低的为玄武湖。各点位降尘量较 2021 年均有所下降，降幅在 12.4%～55.5% 之间，下降幅度最大的是溧水永阳，下降幅度最小的是迈皋桥。

（二）降尘时空分布特征

2022 年南京市 12 个板块降尘量均值在 2.46～3.32 吨/平方千米·月之间。其中，降尘量最高的为秦淮区，最低的为溧水区。12 个板块均较 2021 年下降，降幅在 17.4%～41.4% 之间，下降幅度最大的是江北新区，下降幅度最小的是秦淮区。

2022 年南京市降尘量月度变化较为明显。降尘月最大值出现在 3 月，为 4.17 吨/平方千米·月；降尘月最低值出现在 11 月，为 1.80 吨/平方千米·月。2022 年南京市降尘量月变化见图 3-1-21。

图 3-1-21　2022 年南京市降尘量月变化

（三）年际变化趋势

2016—2022 年，南京市降尘量总体呈下降趋势，由 4.23 t/(km²·月) 下降至 2.57 t/

（km²·月），降幅达 39.2%。其中，除 2021 年出现了同比升高（升幅 4.8%）外，其余年份均同比下降。2016—2022 年南京市降尘量年际变化见图 3-1-22。

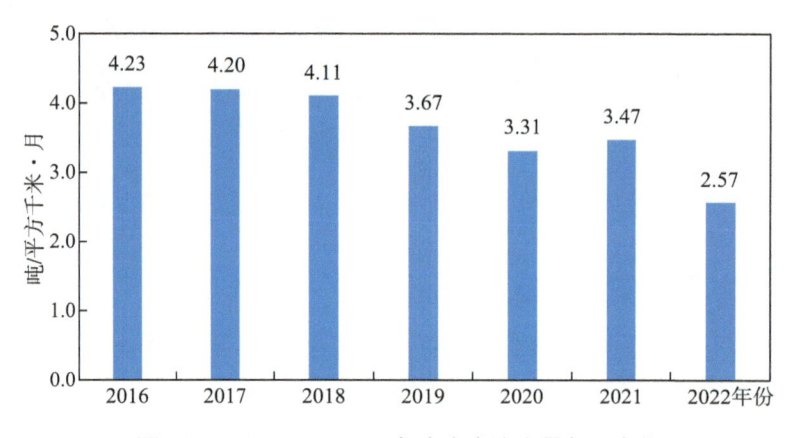

图 3-1-22　2016—2022 年南京市降尘量年际变化

四、硫酸盐化速率

（一）全市及各区硫酸盐化速率

全市硫酸盐化速率年均值 0.02 mg·SO₃/(100 cm²·碱片·d)，较 2021 年下降 0.01 mg·SO₃/(100 cm²·碱片·d)，达到评价标准，各区年均值均为 0.02 mg·SO₃/(100 cm²·碱片·d)。

城区和郊区年均值均为 0.02 mg·SO₃/(100 cm²·碱片·d)，较 2021 年下降 0.01 mg·SO₃/(100 cm²·碱片·d)，均达标，各区年均值均为 0.02 mg·SO₃/(100 cm²·碱片·d)。

2022 年南京市各区硫酸盐化速率年均值见图 3-1-23。

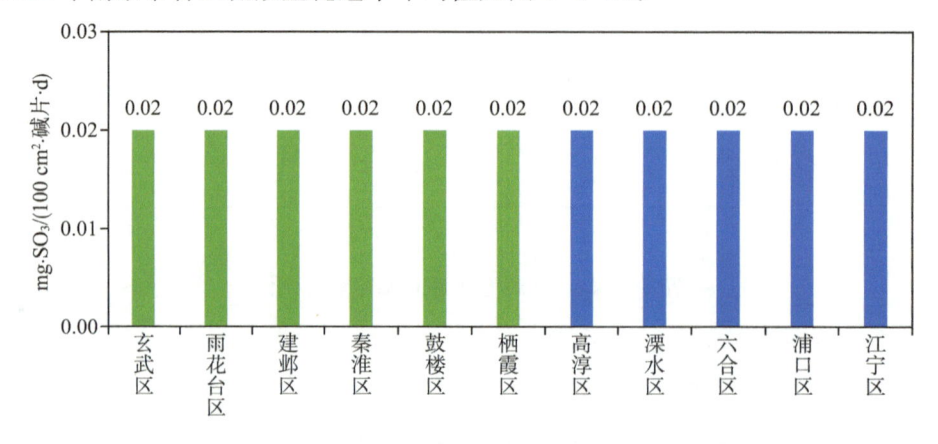

图 3-1-23　2022 年南京市各区硫酸盐化速率年均值

（二）年际变化趋势

2016—2022 年南京市全市、城区和郊区硫酸盐化速率年均值呈现明显的下降趋势，且降幅较大。全市从 2016 年的 0.13 mg·SO$_3$/(100 cm^2·碱片·d)降至 2022 年的 0.02 mg·SO$_3$/(100 cm^2·碱片·d)，降幅达 84.6%；城区从 2016 年的 0.09 mg·SO$_3$/(100 cm^2·碱片·d)降至 2022 年的 0.02 mg·SO$_3$/(100 cm^2·碱片·d)，降幅达 77.8%；郊区从 2016 年的 0.18 mg·SO$_3$/(100 cm^2·碱片·d)降至 2022 年的 0.02 mg·SO$_3$/(100 cm^2·碱片·d)，降幅达 88.9%。

2016—2022 年南京市硫酸盐化速率年均值变化见图 3-1-24。

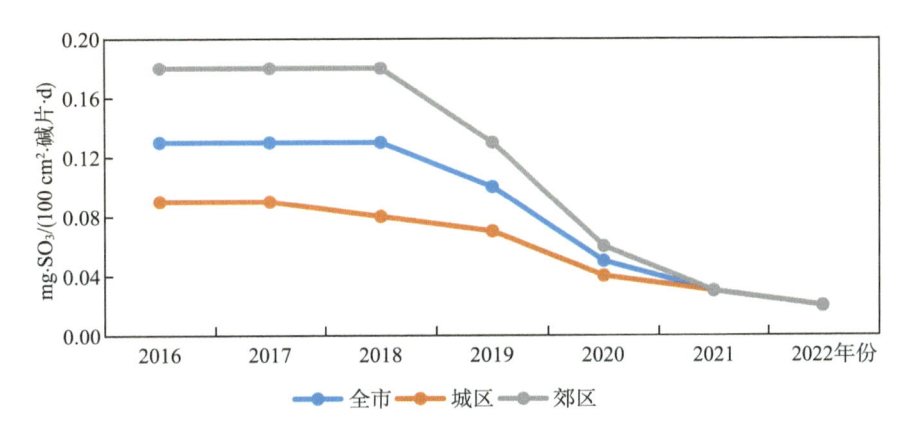

图 3-1-24　2016—2022 年南京市硫酸盐化速率年均值变化

五、小结及原因分析

（一）2022 年空气质量现状

（1）2022 年南京市 PM$_{2.5}$ 均值 28 μg/m^3，较 2021 年下降 3.4%；空气质量优良 291 天，同比减少 9 天；优良天数比率 79.7%，较 2021 年下降 2.5 个百分点。综合指数为 3.57，较 2021 年下降 7.3%，O$_3$ 对综合指数贡献最大。除 O$_3$ 较 2021 年上升 1.2%外，其余污染物均较 2021 年下降，PM$_{10}$、SO$_2$、NO$_2$ 和 CO 分别下降 8.9%、16.7%、18.2%和 10.0%。除 O$_3$ 外，其余污染物均达环境空气质量二级标准。

（2）从全市各板块来看，空气质量优良天数比率在 76.2%～84.7%，其中六合区空气优良天数比率最高；PM$_{2.5}$ 浓度在 24～32 μg/m^3，均达标，其中江北新区和浦口区 PM$_{2.5}$ 浓度最低；PM$_{10}$ 浓度在 45～55 μg/m^3，均达标，高淳区浓度最低；NO$_2$ 浓度在 20～32 μg/m^3，均达标，高淳区浓度最低；O$_3$ 浓度在 165～180 μg/m^3，均超标，溧水区浓度最低；CO、SO$_2$ 各板块浓度较低，且均达标。

（3）$PM_{2.5}$、PM_{10}、NO_2 和 CO 总体呈现春夏季浓度低、秋冬季浓度高的特征；SO_2 因维持较低浓度，季节波动较小；O_3 因气温和辐射等气象因素影响，呈现春夏季浓度高、秋冬季浓度低的特征。从空间分布特征看，$PM_{2.5}$ 和 PM_{10} 的浓度高值区分布有很好的一致性，主要集中在江北化工园区、城区及以南区域、溧水和高淳区；NO_2 高值区主要集中在城区及沿江区域；O_3 高值区主要在江北化工园区、栖霞、江宁区东部以及溧水区东部；SO_2 高值区主要在江北化工园区、六合区以及浦口区西部。

（4）2022 年南京市降尘量年均值为 2.57 吨/平方千米·月，较 2021 年下降 25.9%。各点位的降尘量年均值在 2.17～3.31 t/（km²·月）之间，降尘量最高的为迈皋桥，最低的为玄武湖。3 月降尘量最高，为 4.17 t/（km²·月）；11 月最低，为 1.80 t/（km²·月）。全市硫酸盐化速率年均值 0.02 mg·SO_3/（100 cm²·碱片·d），较 2021 年下降 0.01 mg·SO_3/（100 cm²·碱片·d），达到评价标准，各区年均值均为 0.02 mg·SO_3/（100 cm²·碱片·d）。

（二）2022 年空气质量改善原因分析

2022 年，南京市认真贯彻落实习近平新时代中国特色社会主义思想，特别是习近平总书记视察江苏重要讲话指示精神，以碳达峰、碳中和为引领，以减污降碳协同增效为主线，以生态环境高水平保护推动经济社会高质量发展，取得了阶段性成效。

一是推动减污降碳协同增效。编制《南京市减污降碳协同增效实施方案》，全面梳理重点行业"两高"项目，加快构建减污降碳项目库。组织对 122 家企业开展清洁生产审核，落实中/高费方案 214 项，实现大气污染物减排 600 t 左右。

二是治气责任压紧压实。市委市政府主要领导针对治气攻坚共批示部署 30 余次，分管领导每日关心调度，高位推动"蓝天保卫战"。出台实施街镇"点位达标负责人"履职管理办法，发送点位达标负责人提醒函近百份，向全市高校校长发送校园生态环境安全管理"一封信"，实施重要治气事项"直通董事长"。

三是废气治理加快步伐。进一步帮扶 28 家排放大企业降低排放限值，推进 92 个工业园区、6 大重点行业实施深度治理。金陵石化完成绩效达 A，实施绩效分级 B 级以上企业 75 家。完成 831 项年度 VOCs 治理项目，实施清洁原料替代 350 家。

四是面源污染从严管控。完成降尘 3.1 t/（km²·月）的省定年度目标。完成 29 家加油站三次油气回收改造，淘汰国三及以下排放标准的柴油货车 2 900 辆。规范整治餐饮服务单位 3 178 家。

五是打击严查环境违法行为。滚动开展各类专项执法行动，共出动 7.8 万人次，检查各类污染源 4.2 万家次，发现问题点位 1.4 万个，及时帮扶企业治污减排。

六是减排精细化管理持续加强。纳入信用监管的企业增至 1.56 万家，纳入环统企业增至 738 家，重点排污单位增至 712 家，形成 752 家需披露环境信息的企业名单。

（三）"十三五"以来空气质量改善成效及存在问题分析

2022 年南京市环境空气质量稳中趋好，环境空气质量改善幅度在全国 168 个重点城市中排第19名。"十三五"以来南京环境空气质量明显改善，主要体现在以下三个方面：

一是2022年南京$PM_{2.5}$浓度为有监测记录以来最优值，近三年来，南京市$PM_{2.5}$浓度范围为28～31 $\mu g/m^3$，均达到国家二级标准。浦口和中华门国控点$PM_{2.5}$浓度年均值达世界卫生组织第二阶段标准。

二是"十三五"以来，南京空气质量优良率虽有波动，但总体稳定提升，优秀天数明显增加，基本消除重污染天气。

三是2020年以来，南京SO_2持续保持个位浓度水平，浓度全省最低，2016—2022年降幅达五成；NO_2浓度持续下降，2020年以来稳定达标，2016—2022年降幅达三成；"十三五"以来，O_3浓度未出现明显恶化趋势，升幅相对较小，省内排名逐步提升。

在全市环境质量保持稳中趋好的态势下，环境空气质量优良率指标未能完成年度任务，主要存在以下问题：

一是环境空气指标提升难度大。近三年，南京市$PM_{2.5}$浓度同比下降依次为9、2、1 $\mu g/m^3$，下降空间逐年收窄。2022年1月、2月全市$PM_{2.5}$分别同比上升21.4%和11.3%，造成不利开局，对全年$PM_{2.5}$均值影响较大。全市O_3超标天数和在污染天中占比呈明显上升趋势，制约全市优良率的提升。

二是国控高值点对全市影响突出。2022年，溧水永阳、山西路和高淳老职中国控点$PM_{2.5}$在全市位居倒数后三位，分别拉高全市$PM_{2.5}$均值0.5、0.4和0.3 $\mu g/m^3$；仙林大学城和江宁彩虹桥O_3超标天数分别为69天和68天，比全市多15天和14天，对全市臭氧影响显著。

三是PM_{10}年均浓度、降尘量与省内先进城市仍有差距。"十三五"以来，南京市PM_{10}省内排名在4～9名之间，相比于$PM_{2.5}$排名仍较为靠后，与苏州、上海等先进城市仍有显著差距，以2022年为例，南京PM_{10}浓度高出苏州8 $\mu g/m^3$，高出上海13 $\mu g/m^3$。2022年我市降尘量虽同比改善，但在省内排名第11位，排名靠后。

【专栏五】
南京环境空气 $PM_{2.5}$ – O_3 复合污染特征分析

2013年以来，全国及各个重点区域$PM_{2.5}$浓度降幅显著，但O_3在全国多数区域呈现快速上升和蔓延态势。近地面O_3作为温室气体具有增温效应，同时因为其具有强氧化性，对人体和植物会造成较大损伤，因此，党中央做出重大决策部署，要求"十四五"期间，深入打好污染防治攻坚战，强化多污染物协同控制和区域协同治理，持续改善环境质量，加强细颗粒物和O_3协同控制，基本消除重污染天气。南京市作为长三角地区典型特大城市，石油、化工等重点行业规模较大，秋冬季$PM_{2.5}$浓度较高，春夏季O_3浓度凸显，同时近年来$PM_{2.5}$-O_3复合污染事件时有发生，因此利用2016—2022年南京$PM_{2.5}$和O_3监测数据，初步分析$PM_{2.5}$-O_3复合污染事件现状及特征，为南京市大气复合污染的成因及协同控制提供技术参考。

一、$PM_{2.5}$－O_3 复合污染定义

按日评价标准，$PM_{2.5}$ 日均浓度标准为 75 $\mu g/m^3$，O_3 为日最大 8 h 滑动均值 160 $\mu g/m^3$，为更好地分析 $PM_{2.5}$－O_3 复合污染特征，本专题选用小时质量浓度标准统计，由于近年来南京 $PM_{2.5}$ 持续下降，且超标天数大幅减少，因此 $PM_{2.5}$ 小时浓度阈值为 50 $\mu g/m^3$，O_3 小时浓度阈值仍参考日评价标准，具体见表 3-1-1。

表 3-1-1　$PM_{2.5}$－O_3 复合污染、单 O_3 污染和单 $PM_{2.5}$ 污染定义

名称	定义
$PM_{2.5}$－O_3 复合污染	同一小时内，$\rho(O_3)>160\ \mu g/m^3$ 且 $\rho(PM_{2.5})>50\ \mu g/m^3$
单 O_3 污染	同一小时内，$\rho(O_3)>160\ \mu g/m^3$ 且 $\rho(PM_{2.5})\leqslant 50\ \mu g/m^3$
单 $PM_{2.5}$ 污染	同一小时内，$\rho(O_3)\leqslant 160\ \mu g/m^3$ 且 $\rho(PM_{2.5})>50\ \mu g/m^3$

二、复合污染现状及特征

2016—2022 年南京共出现 $PM_{2.5}$－O_3 复合污染小时数为 202 h，如图 3-1-25 所示，整体呈显著下降趋势，其中 2016—2019 年出现次数较多，小时数范围在 39～62 h 之间；2020—2022 年出现次数明显下降，小时数分别仅为 10 h、15 h 和 2 h。从年平均小时浓度变化看，$PM_{2.5}$－O_3 复合污染中 $PM_{2.5}$ 浓度在 2016—2019 年总体保持平稳，均值为 66 $\mu g/m^3$，2020—2022 年下降，均值为 55 $\mu g/m^3$。而 O_3 浓度呈波动趋势，2017 年和 2020 年浓度相对较高，分别为 200 $\mu g/m^3$ 和 199 $\mu g/m^3$；2022 年最低，为 175 $\mu g/m^3$。2020—2022 年 $PM_{2.5}$－O_3 复合污染小时数和 $PM_{2.5}$ 浓度较前期有明显下降，但 O_3 浓度变化相对较小，可能受疫情防控等因素影响，污染排放量降低，$PM_{2.5}$ 浓度显著下降，但臭氧受 NO_x 和 VOCs 减排比例总体不协调以及气温持续上升等因素影响，浓度总体抬升。

图 3-1-25　南京 $PM_{2.5}$－O_3 复合污染小时数年变化和平均浓度

从 $PM_{2.5}$-O_3 复合污染小时数逐月分布看(图 3-1-26),$PM_{2.5}$-O_3 复合污染以 2—11 月出现居多,呈"双峰型",第一个峰 4—6 月,峰值为 50 h,出现在 6 月;第二个峰 9—11 月,峰值为 21 h,出现在 10 月。4—6 月 $PM_{2.5}$-O_3 复合污染月小时数较高,与 4—6 月南京 O_3 污染较重、超标天数较多有关。此外 6 月、10 月 $PM_{2.5}$-O_3 复合污染时数相对突出,可能受 6 月、10 月长三角地区典型秸秆焚烧期影响,秸秆焚烧不仅会带来较为严重的颗粒物污染,同时释放大量的挥发性有机物(VOCs),促进 O_3 生成。

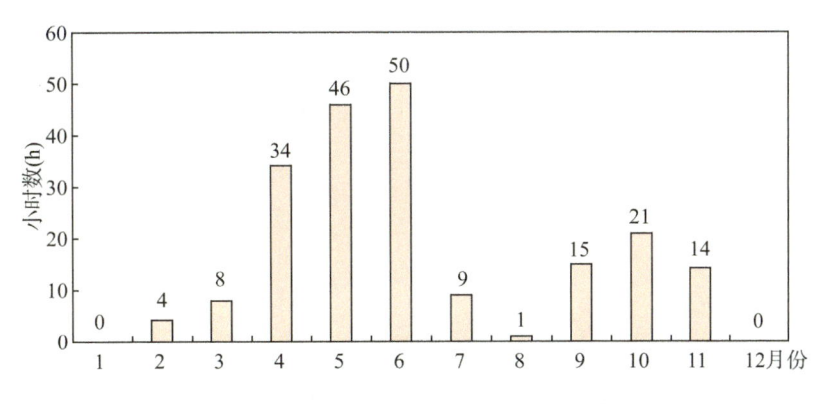

图 3-1-26 南京 $PM_{2.5}$-O_3 复合污染月小时数逐月分布

从 $PM_{2.5}$-O_3 复合污染小时数逐时分布看(图 3-1-27),由于 O_3 生成需要光照条件,$PM_{2.5}$-O_3 复合污染以 12—17 时出现居多,占 $PM_{2.5}$-O_3 复合污染总小时数的 70.8%;此外,部分 $PM_{2.5}$-O_3 复合污染发生在夜间至凌晨时段,占比 16.5%,可能与此期间 $PM_{2.5}$ 和 O_3 水平或垂直传输影响有关,有待于进一步探讨。

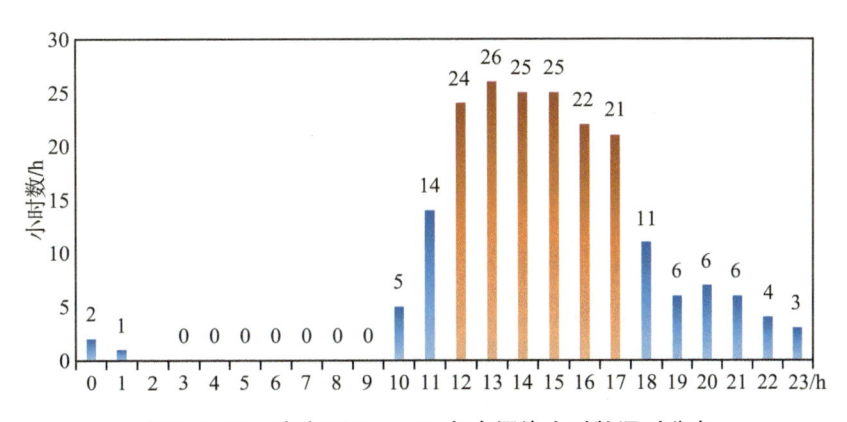

图 3-1-27 南京 $PM_{2.5}$-O_3 复合污染小时数逐时分布

三、复合污染气象影响因素

气象要素对于 $PM_{2.5}$ 和 O_3 浓度具有重要影响。其中,气温和相对湿度可以直接影响大气的化学反应速率,风速和风向是大气水平扩散和区域传输的重要表征。

根据统计,从气温看,南京市发生 $PM_{2.5}$ - O_3 复合污染时,气温的中位值为 26.8 ℃,主要集中在 24.8 ℃～29.5 ℃之间;湿度的中位值为 51%,主要集中在 43%～58%;风速的中位值为 2.7 m/s,主要集中在 2.0～3.6 米/秒,主导风向为东南偏东风,占比 25.9%。

第二节 降水(酸沉降)

2022 年,南京市酸雨频率为 9.9%,较上年下降 3.0 个百分点,降水 pH 均值为 5.87,酸性弱于上年。降水化学组成中,阴离子当量浓度最高为硝酸根,其次是硫酸根,氮氧化物是南京市降水酸化的主要因素。

一、监测概况

南京市参与评价的降水监测点位有 10 个,其中南京城区(秦淮区、鼓楼区、栖霞区、雨花台区)共有 4 个监测点位,郊区(六合区 2 个,浦口区、江宁区、溧水区、高淳区各 1 个)共有 6 个监测点位。

监测指标 12 项,包括 pH 值、电导率、降水量和硫酸根、硝酸根、氟、氯、铵、钙、镁、钠、钾 9 种离子浓度。

监测时间及频率:逢雨必测,上午 9:00 至次日上午 9:00 为一个采样监测周期。

二、酸雨污染现状

(一)酸雨频率

2022 年,南京市各区酸雨频率范围在 0～22.4%。南京市酸雨频率为 9.9%,较上年下降 3.0 个百分点;南京城区酸雨频率 12.4%,较上年下降 1.4 个百分点;郊区酸雨频率 7.5%,较上年下降 4.6 个百分点。栖霞区、浦口区和江宁区酸雨频率均最低,秦淮区酸雨频率最高。2022 年南京市各区酸雨频率见图 3-2-1。

(二)降水 pH 值

2022 年,南京市各区降水 pH 值范围在 5.56～7.30。南京市降水 pH 均值为 5.87,酸性弱于上年(5.81);南京城区降水 pH 均值为 5.73,酸性强于上年(5.83);郊区降水 pH 均值为 6.03,酸性弱于上年(5.80)。秦淮区降水酸性最强,栖霞区最弱。2022 年南京市各区降水 pH 值见图 3-2-1。

图 3-2-1　2022 年南京市酸雨频率和降水 pH 值

（三）时间变化

2022年，南京市 10 月的降水 pH 月均值在酸雨临界值 5.60 以下，2022 年南京市降水 pH 月均值变化曲线中，5 月均值最高（pH 值＝6.66），10 月均值最低（pH 值＝5.52）。2022 年南京市降水 pH 月均值变化见图 3-2-2。

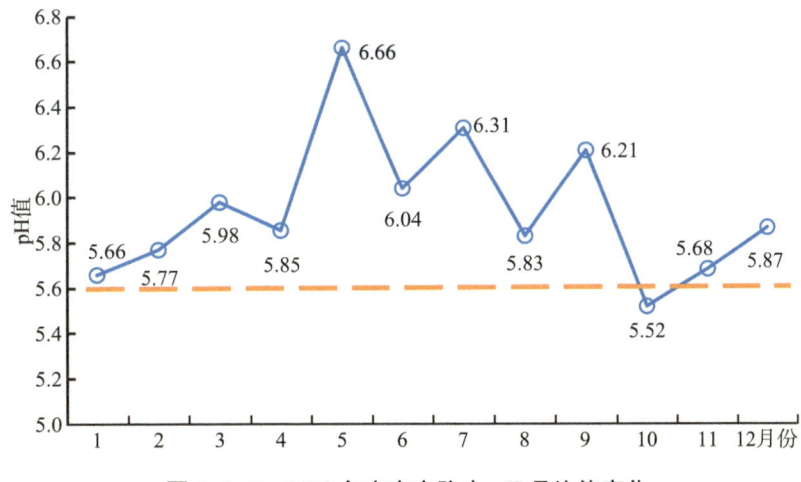

图 3-2-2　2022 年南京市降水 pH 月均值变化

三、化学组分分析

（一）降水离子含量

南京市 9 种降水离子中，阴离子当量浓度占比最高为 NO_3^-，其次是 SO_4^{2-}，氮氧化物是全市降水酸化的主要因素；阳离子当量浓度占比最高是 NH_4^+，其次是 Ca^{2+} 和 Na^+，表明铵离子对酸雨中和作用最大。2022 年南京市降水阴阳离子当量浓度占比见图 3-2-3。

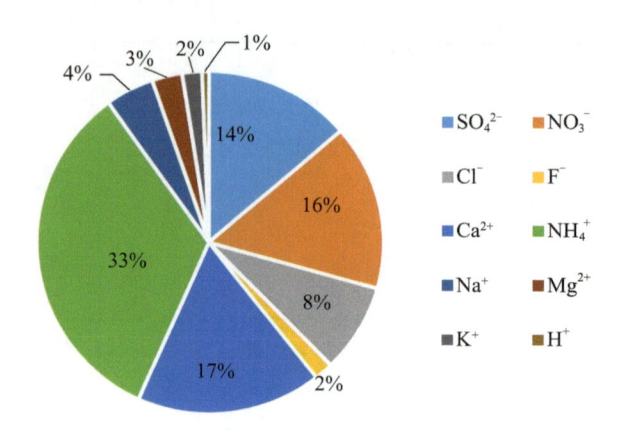

图 3-2-3 2022 年南京市降水阴阳离子当量浓度占比

（二）降水离子季节变化

2022 年，南京市降水主要离子当量浓度有较为明显的季节变化，并且具有一定的相同规律性。Ca^{2+}、NH_4^+、Na^+、SO_4^{2-}、Cl^- 在冬季最高；NO_3^- 在秋季最高。

（三）降水离子年度变化

分析 2021 年与 2022 年的全市降水离子变化情况，SO_4^{2-}、NO_3^-、NH_4^+ 及 H^+ 离子当量浓度均有不同程度的下降；Cl^-、F^-、Ca^{2+}、K^+、Na^+、Mg^{2+} 离子当量浓度均有不同程度的上升。2021—2022 年全市降水离子当量浓度比较见图 3-2-4。

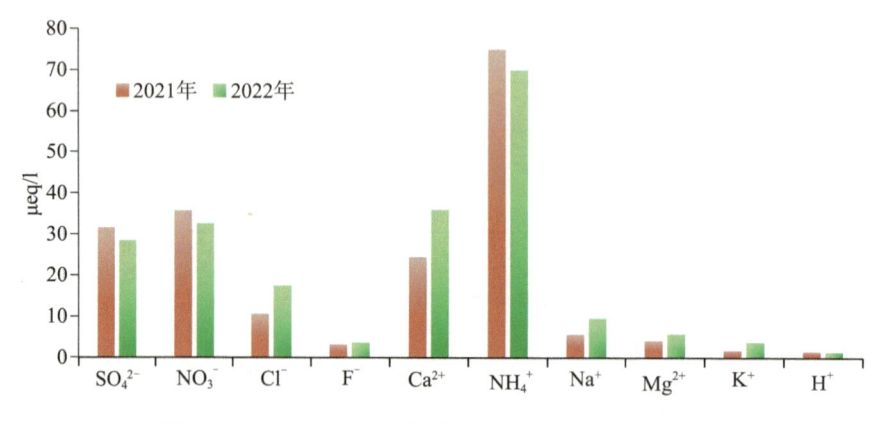

图 3-2-4 2021—2022 年全市降水离子当量浓度比较

（四）硫酸根和硝酸根当量浓度比值

2022 年，各区主要污染物是氮氧化物，与 2021 年相比，南京市区、浦口区、高淳区硫酸根与硝酸根比值均有不同程度的下降，可见上述地区氮氧化物对酸雨贡献有不同程度的上升，江宁区与 2021 年持平，六合区和溧水区较 2021 年有所上升。

降水酸性物质受大气污染物排放影响。2022年各地降水中硫酸根与硝酸根当量浓度比值小于1，表明氮氧化物对酸雨的贡献较大，这与近年来南京市机动车保有量不断增加有着密不可分的联系。

四、pH值和酸雨频率年际变化趋势

2016—2022年pH均值范围在5.53～5.87。从整体来看，pH均值呈上升趋势，酸性呈减弱趋势，其中2017年pH均值（5.26）最低，酸性最强。pH值年际变化趋势见图3-2-5。2016—2022年酸雨频率范围在9.9%～22.1%。从整体来看，酸雨频率呈下降趋势，其中2022年酸雨频率（9.9%）最低。酸雨频率年际变化趋势见图3-2-6。

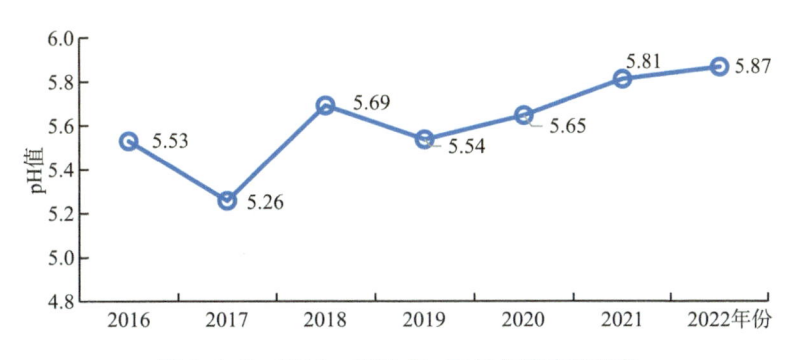

图 3-2-5 2016—2022年pH值年际变化趋势

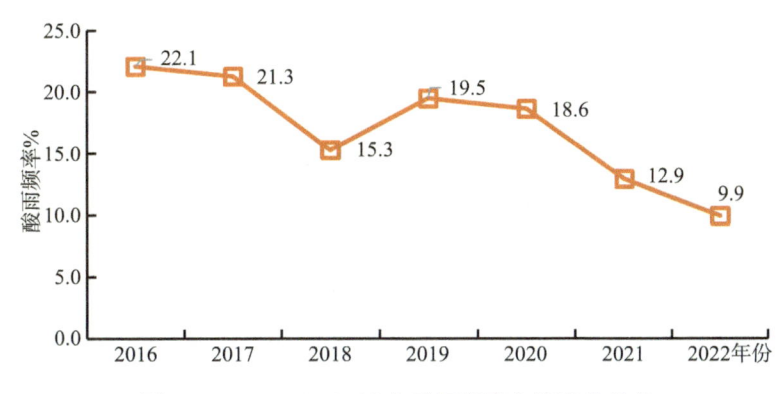

图 3-2-6 2016—2022年酸雨频率年际变化趋势

五、小结及原因分析

（一）2022年酸雨污染现状

（1）2022年，南京市各区降水pH年均值范围在5.56～7.30，全市降水pH年均值为 5.87，高于酸雨临界值 5.6，属于非酸雨区。从 2022 年南京市各区酸雨频率变化来看，与 2021 年相比，南京市酸雨污染程度稍有减轻。2022 年全市酸雨频率为 9.9%，较 2021 年下降 3.0 个百分点。2016—2022 年南京降水中 pH 年均值呈上升趋势，酸性呈减弱趋势，酸雨频率呈下降趋势。

（2）从 2022 年降水离子当量浓度占比来看，影响南京市的主要因素是氮氧化物，铵离子对酸雨中和作用最大。降水中主要离子 Ca^{2+}、NH_4^+、Na^+、SO_4^{2-}、Cl^- 最高在冬季；NO_3^- 最高在秋季。从 2021 年与 2022 年南京市降水离子当量浓度变化情况来看，Cl^-、F^-、Ca^{2+}、K^+、Na^+、Mg^{2+} 离子当量浓度均有不同程度上升，SO_4^{2-}、NO_3^-、NH_4^+ 及 H^+ 离子当量浓度均有不同程度的下降。

（二）原因分析

从酸雨形成的机理来看，致酸前体物的大量排放是酸雨形成的根本原因。近年来，南京市积极推进工业脱硫、脱硝和污染物深度减排，落实减排责任。环境空气中 SO_2 年均浓度由 2016 年 17 $\mu g/m^3$ 下降至 2022 年的 5 $\mu g/m^3$，降幅达 70.6%，降水中的 SO_4^{2-} 浓度也随之下降，这是南京市酸雨污染逐渐好转的重要原因。虽然南京市积极推进节能减排，工业排放的 NO_x 受到了控制，但是环境空气 NO_2 年均浓度变化只下降了 34.1%，由 2016 年的 41 $\mu g/m^3$ 下降至 2022 年的 27 $\mu g/m^3$，这是由于机动车保有量持续快速增加，机动车尾气 NO_x 的排放量大幅增加，因此 NO_3^- 对降水酸化的贡献也越来越显著。

第三节　地表水环境质量

2022 年，南京市地表水环境质量总体保持良好状况，其中长江南京段干支流、滁河干流、秦淮河干流、秦淮新河、胥河、水阳江及固城湖、金牛湖、中山水库、方便水库和赵村水库水质状况为优。水体底质环境质量总体良好。

一、监测概况

根据《2022 年南京市生态环境监测工作实施方案》，2022 年南京市共设置 112 个地表水考核断面，包括 10 个国考断面、42 个省考断面，其中 102 个断面用于水生态环境质量评价。地表水监测点位分布见图 3-3-1。

2022 年，南京市地表水总体水质状况为良好，主要定类指标为总磷、氨氮、生化需氧量。参与评价的 102 个地表水断面（点位）中，Ⅱ 类水质断面（点位）38 个，占 37.3%；Ⅲ 类 45 个，占 44.1%；Ⅳ 类 15 个，占 14.7%；Ⅴ 类 4 个，占 3.9%；无劣 Ⅴ 类断面。地表水水质类别比例见图 3-3-2，主要水体水质现状见图 3-3-3。31 个水体底质环境质量总体

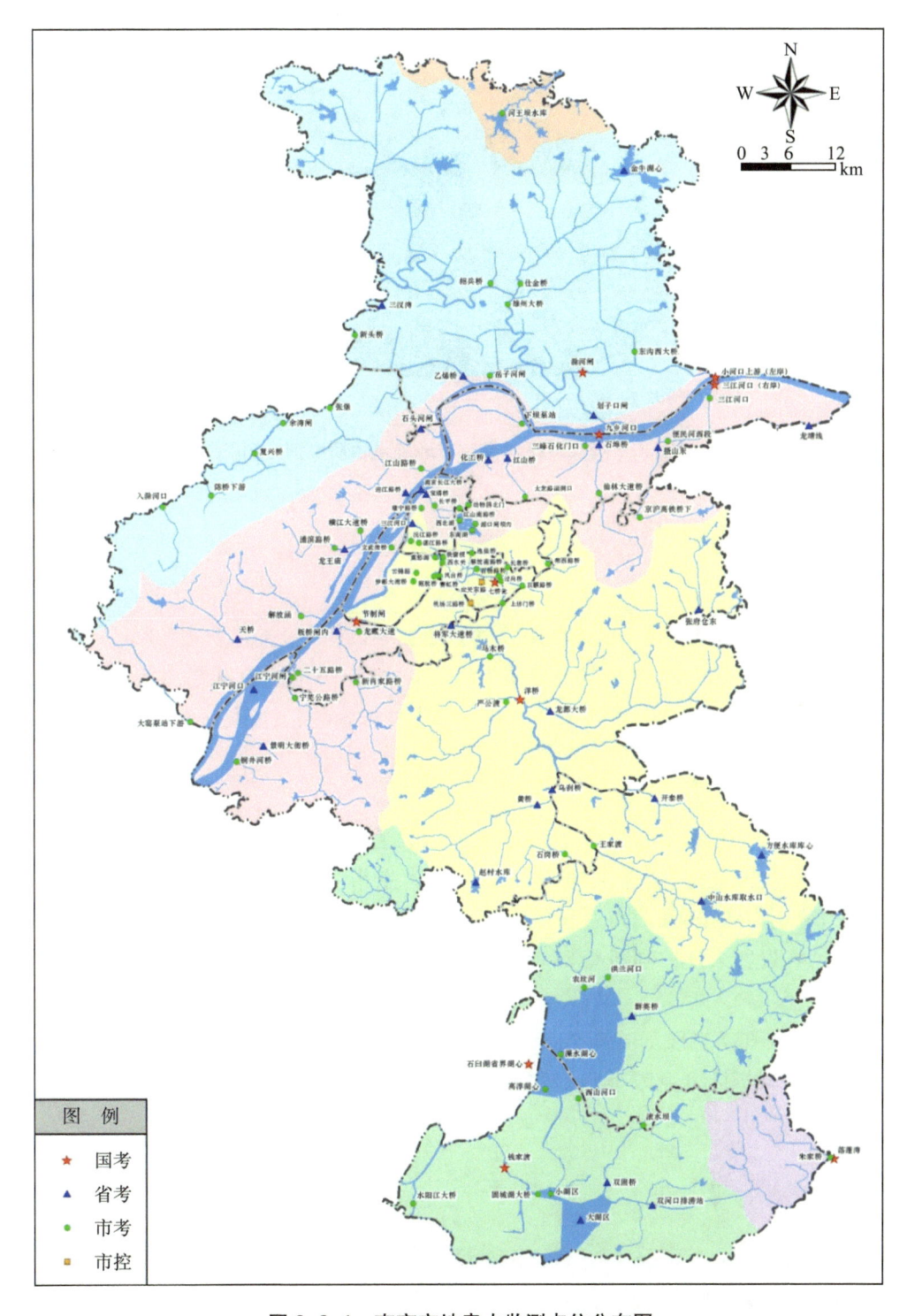

图 3-3-1　南京市地表水监测点位分布图

良好,未超过农用地土壤污染风险筛选值断面(点位)比例达83.9%。较2021年,全市地表水环境质量总体保持良好,无明显变化。

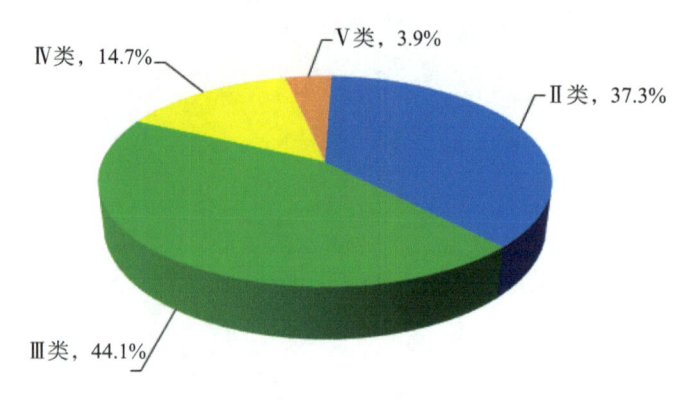

图3-3-2 2022年南京市地表水水质类别比例

二、主要河流

2022年,南京市共监测64条河流87个断面,其中Ⅰ~Ⅲ类水质占83.9%,Ⅳ~Ⅴ类占16.1%,无劣Ⅴ类断面,水质状况整体为良好,主要定类指标为氨氮、生化需氧量、高锰酸盐指数。较2021年,全市整体水环境状况均为良好,无明显变化。

(一)长江南京段

长江南京段上起江宁区和尚港、下迄江宁区大道河口,全长98 km,平均水深超过15米,江面宽阔,支流众多,被誉为"黄金水道",是南京市主要的饮用水水源地。设置干流断面5个,分别为江宁河口、南京长江大桥、九乡河口、三江河口和小河口上游。主要入江支流28条,设置入江控制断面28个。2022年水质状况整体为良好。

1. 干流水质

2022年,长江南京段干流5个断面水质均为Ⅱ类,Ⅰ~Ⅲ类水质占100%,水质状况为优。主要监测指标氨氮浓度沿程先升后降,总磷浓度沿程波动较小,趋于稳定,见图3-3-4。

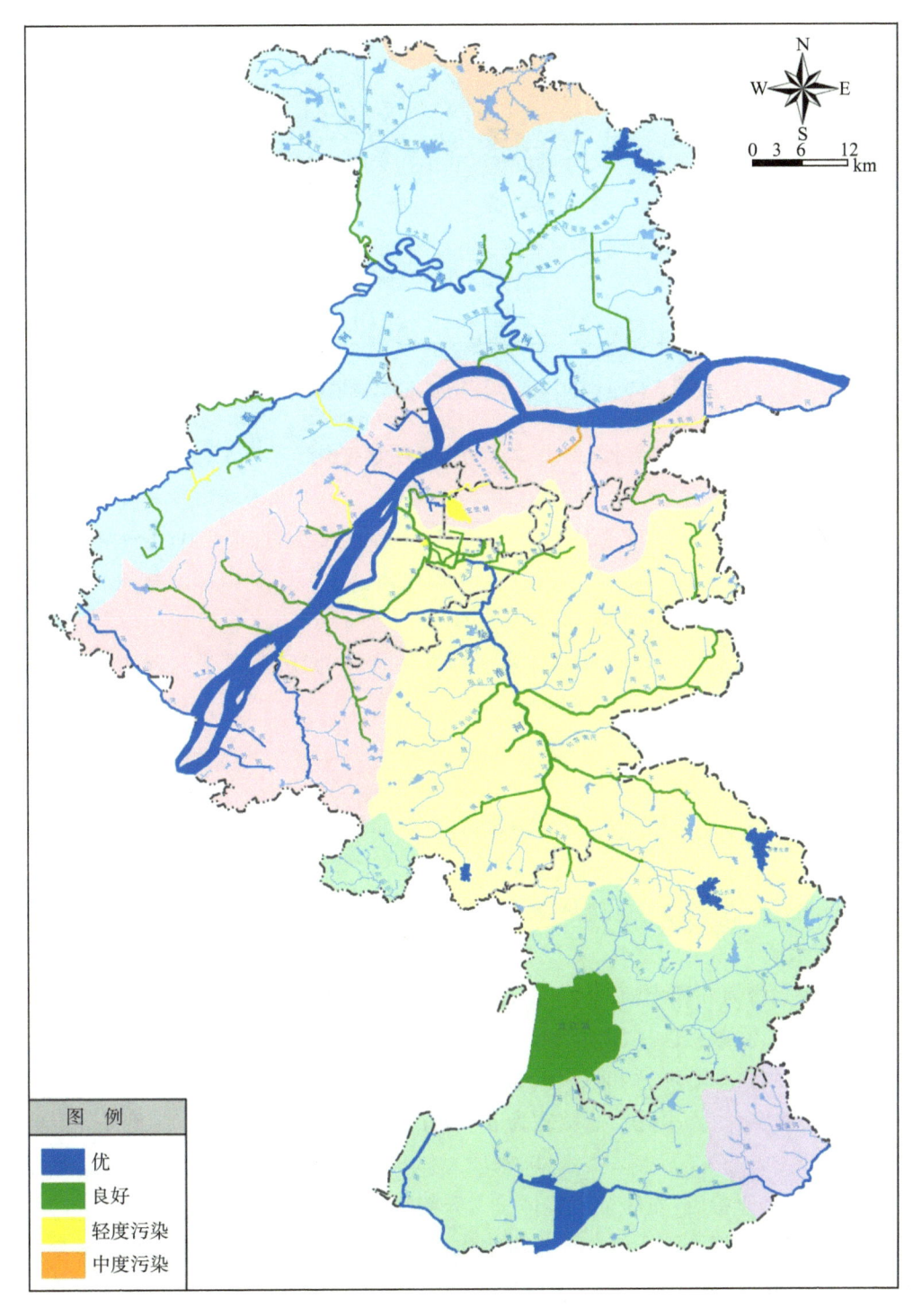

图 3-3-3　南京市主要水体水质现状

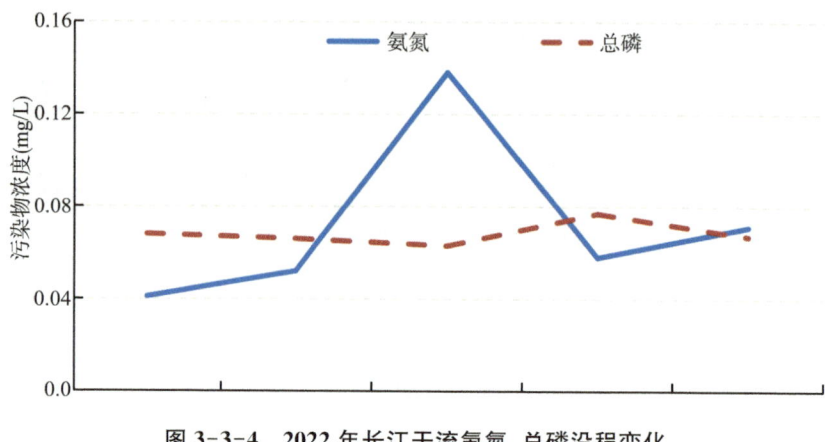

图 3-3-4 2022 年长江干流氨氮、总磷沿程变化

与上年度相比,长江干流水质状况均为优,无明显变化。

2. 主要支流水质

2022 年,南京市入江支流总体水质为良好,28 条主要入江河流中,Ⅰ～Ⅲ类水质占 82.1%,Ⅳ类占 14.3%,Ⅴ类占 3.6%,无劣Ⅴ类水体。主要污染指标为氨氮、氟化物,年均值超Ⅲ类标准断面比率分别为 14.3%、3.6%。

与上年度相比,长江主要支流总体水质状况由优转为良好,水质状况有所下降。主要污染指标氨氮年均值超Ⅲ类标准断面比率有所升高。

(二) 秦淮河

秦淮河水系位于南京市主城区东南部,长江南京段右岸,跨镇江、南京两市,流经南京市溧水、江宁、雨花台、建邺、栖霞、秦淮、玄武、鼓楼 8 个区。2022 年共监测 26 个断面,其中Ⅰ～Ⅲ类水质占 92.3%,无劣Ⅴ类水体,水质总体状况为优。

1. 干流水质

秦淮河由句容河和溧水河两源在江宁区方山街道西北村汇合后成为秦淮河干流,流向自东南向西北,在鼓楼区三汊河汇入长江南京段。共设置 6 个监测断面,即洋桥、上坊门桥、七桥瓮、凤台桥、石城桥和三汊河口。

2022 年,秦淮河上坊门桥、七桥瓮为Ⅱ类,洋桥、凤台桥、石城桥和三汊河口为Ⅲ类。Ⅰ～Ⅲ类水质占 100%,无劣Ⅴ类水体,水质总体状况为优。氨氮和总磷沿程变化:总磷浓度波动较小,趋于稳定;氨氮浓度整体呈上升趋势,见图 3-3-5。

与上年度相比,秦淮河干流Ⅰ～Ⅲ类水质比例不变,水质状况均为优,无明显变化。

2. 主要支流水质

秦淮河共监测 14 条主要支流,设 18 个监测断面,分别为一干河王家渡、三干河石岗桥、横溪河黄桥、二干河开太桥、溧水河乌刹桥、句容河龙都大桥、汤水河张府仓东、云台山河严公渡、牛首山河马木桥、运粮河过兵桥和双麒路桥、南河赛虹桥和拖板桥、内秦淮河西水关和铁窗棂、友谊河长巷桥和石杨路桥、东南护城河解放南路桥。

图 3-3-5　2022 年秦淮河干流氨氮、总磷沿程变化

2022年,秦淮河主要支流的18个监测断面中,Ⅰ~Ⅲ类水质占88.9%,无劣Ⅴ类水体,水质总体状况为良好。主要污染指标为氨氮,超Ⅲ类标准断面比率为11.1%。

与上年度相比,秦淮河主要支流的监测断面Ⅰ~Ⅲ类水质比例上升33.3%,由轻度污染转为良好,水质状况有所好转。

3. 分洪河道

秦淮新河起自江宁区东山街道河定桥,止至雨花台区金胜村,为秦淮河分洪河道。共设2个监测断面,即节制闸和将军大道桥。

2022年,秦淮新河节制闸、将军大道桥水质为Ⅱ类,全河平均水质为Ⅱ类,水质状况为优。

与上年相比,秦淮新河水质状况均为优,无明显变化。

(三) 滁河

滁河水系位于长江南京段左岸,北部与淮河水系毗邻,南部与沿江水系接壤。滁河南京段全长142 km,流经浦口区、江北新区和六合区,由大河口汇入长江。2022年,共监测16个断面,其中Ⅰ~Ⅲ类水质占87.5%,Ⅳ~Ⅴ类水质占12.5%,无劣Ⅴ类水体。水质总体状况为良好。

1. 干流水质

滁河干流共设置7个监测断面,分别为陈浅、余湾闸、汊河大桥下游3.3 km、新头桥、三汊湾、雄州大桥、滁河闸。

2022年,滁河滁河闸水质为Ⅱ类,其余6个断面水质均为Ⅲ类,Ⅰ~Ⅲ类水质占100%,水质总体状况为优。主要监测指标高锰酸盐指数和化学需氧量沿程变化较为平稳,滁河中段与安徽共界处略有升高,而后浓度逐渐下降,见图3-3-6。

与上年度相比,滁河干流Ⅰ~Ⅲ类水质比例不变,水质状况均为优,无明显变化。

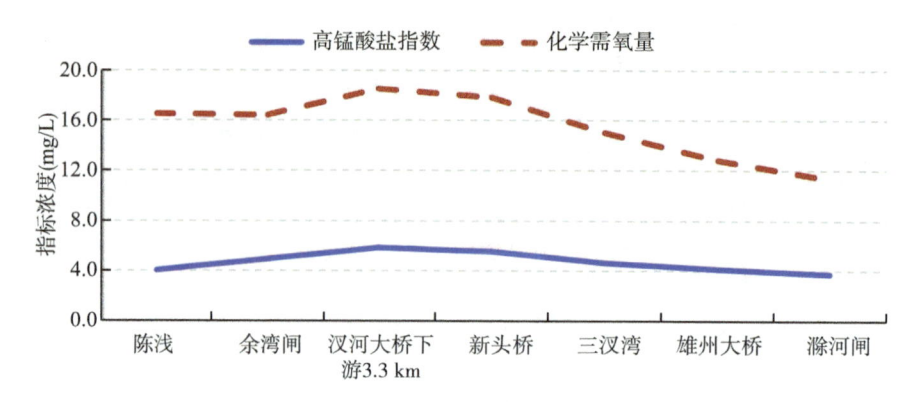

图 3-3-6　2022 年滁河干流高锰酸盐指数和化学需氧量沿程变化

2. 主要支流水质

2022 年滁河共监测 9 条主要支流，设 9 个监测断面，即万寿河入滁河口、陈桥河陈桥下游、永宁河复兴桥、清流河清流河口、朱家山河张堡、皂河石子圩、招兵河招兵桥、八百河仕金桥、新禹河青芦线桥。

2022 年，滁河 9 条主要支流中Ⅰ～Ⅲ类水质占 77.8%，Ⅳ类水质占 22.2%，无劣Ⅴ类水体，水质总体状况为良好。主要污染指标为氨氮，超Ⅲ类标准断面比率为 22.2%。

与上年度相比，滁河支流Ⅰ～Ⅲ类水质比例上升，水质由轻度污染好转为良好，水质状况有所改善。

（四）其他河流

1. 胥河水质

南京市境内的太湖水系骨干河道胥河，起自下坝船闸，止于高淳区桠溪镇朱家桥。胥河共设 2 个监测断面，分别为落蓬湾和双河口排涝站。

2022 年，胥河整体水质为Ⅱ类，水质状况为优。其中落蓬湾水质为Ⅲ类，双河口排涝站为Ⅱ类。与上年度相比胥河整体及各断面水质类别均相同，水质状况无明显变化。

2. 水阳江水质

水阳江水系位于南京市南部，长江安徽省马鞍山段右岸，跨苏皖两省，流经南京市高淳区、溧水区，河段共设 2 个监测断面，即水阳江大桥和水碧桥。

2022 年，水阳江 2 个监测断面水质均为Ⅱ类，总体水质为优。与上年度相比水阳江水质类别均为Ⅱ类，水质状况无明显变化。

3. 城区其他河道水质

南京市城区共监测 7 条河道，设 8 个监测断面，即西北护城河建宁路桥、南十里长沟红山南路桥和动物园北门、里圩河湛江路桥、中保河沅江路桥、怡康河云锦路桥、沙洲西河梦都大街桥和穿洲中河文武街桥。

2022 年，城区河道 8 个监测断面中Ⅰ～Ⅲ类水质占 37.5%，Ⅳ～Ⅴ类水质占 62.5%，无劣Ⅴ类水体，水质总体状况为轻度污染。主要污染指标为氨氮，超Ⅲ类标准断面比率为 62.5%。

与上年相比,Ⅰ~Ⅲ类水质比例有所上升,水质均为轻度污染,水质状况无明显变化。

三、主要湖库

2022年,南京市对境内玄武湖、固城湖、石臼湖、金牛山水库等8个主要湖库的15个监测点位开展水质监测。

2022年,8个主要湖库中,水质为优的湖库有5个,占62.5%;水质良好的有1个,占12.5%;水质轻度污染的有2个,占25.0%,分别为玄武湖和莫愁湖,均为城市景观水体,主要污染指标为总磷。按营养状态分布,处于中营养状态的有6个,占75.0%;处于轻度富营养状态的有2个,分别为玄武湖和石臼湖,占25.0%。具体见图3-3-7。

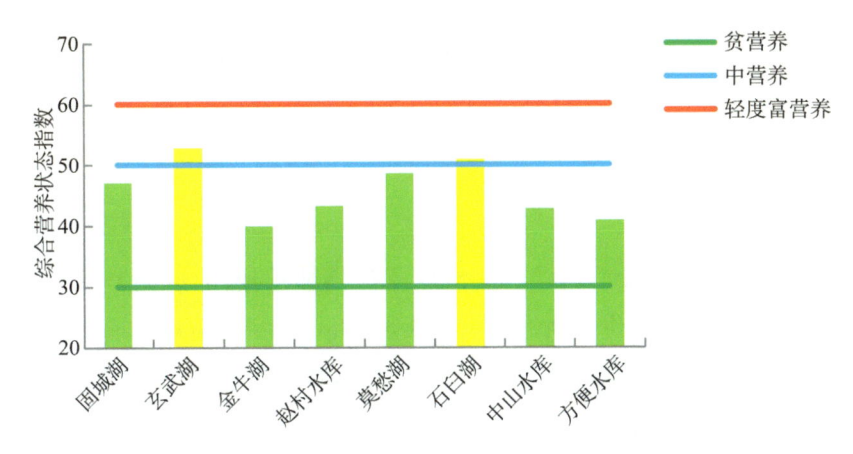

图3-3-7 2022年南京市8个主要湖库综合营养状态指数状况

(一)玄武湖

玄武湖地处南京市玄武区,是南京市重要景观湖泊。共设置4个监测点位,即东北湖、西北湖、东南湖、西南湖。

2022年玄武湖水质为Ⅳ类,水质状况为轻度污染,总氮浓度为1.20 mg/L。主要污染指标为总磷。营养状态处于轻度富营养水平。各湖区水质均为Ⅳ类,无明显差异,综合营养状态指数52.5~53.4,各湖区均处于轻度富营养水平。湖区水质状况见表3-3-1。

与上年度相比,玄武湖水质状况和营养程度均无变化。

表3-3-1 2022年玄武湖湖区水质状况

监测断面	水质现状	主要污染指标 (超Ⅲ类标准倍数)	水质状况	总氮浓度(mg/L)	营养状态
东北湖	Ⅳ类	总磷(0.36)	轻度污染	1.20	轻度富营养
西北湖	Ⅳ类	总磷(0.36)	轻度污染	1.29	轻度富营养

续表

监测断面	水质现状	主要污染指标（超Ⅲ类标准倍数）	水质状况	总氮浓度(mg/L)	营养状态
西南湖	Ⅳ类	总磷(0.44)	轻度污染	1.09	轻度富营养
东南湖	Ⅳ类	总磷(0.40)	轻度污染	1.22	轻度富营养
全湖	Ⅳ类	总磷(0.39)	轻度污染	1.20	轻度富营养

（二）固城湖

固城湖地处南京市高淳区，水体功能为饮用、养殖及工农业综合用水等。共设置3个监测点位，即大湖区、大湖区水厂和小湖区。

2022年固城湖水质为Ⅲ类，水质状况为良好，总氮浓度为1.14 mg/L。营养状态处于中营养水平。各湖区水质均为Ⅲ类，无明显差异，综合营养状态指数46.8～47.5，各湖区均处于中营养水平。

与上年度相比，固城湖水质状况和营养程度均无变化。

（三）石臼湖

石臼湖南京市辖区地处溧水区和高淳区，水体功能集饮用、养殖及工农业综合用水于一体。共设置3个监测点位，即省界湖心、溧水湖心和高淳湖心。

2022年石臼湖水质为Ⅲ类，水质状况为良好，总氮浓度为1.12 mg/L。营养状态处于轻度富营养水平。各湖区水质均为Ⅲ类，无明显差异，综合营养状态指数49.4～51.9。其中，溧水湖心为中营养水平，省界湖心和高淳湖心处于轻度富营养水平。

与上年度相比，石臼湖水质状况和营养程度均无变化。

（四）金牛湖

金牛湖地处南京市六合区，水体功能为饮用、养殖及工农业综合用水等。湖心设置1个监测点位。

2022年金牛湖水质为Ⅱ类，水质状况为优，总氮浓度为0.60 mg/L。综合营养状态指数为40.0，营养状态处于中营养水平。

与上年度相比，金牛湖水质状况和营养程度均无变化。

（五）其他湖库

莫愁湖地处南京市建邺区，是南京市重要景观湖泊；赵村水库地处江宁区；中山水库、方便水库地处溧水区，水体功能均为饮用、工农业综合用水等。每个湖库均设置1个监测点位。

2022年莫愁湖、赵村水库、中山水库、方便水库水质分别为Ⅳ类、Ⅱ类、Ⅱ类、Ⅱ类，总氮浓度分别为0.82 mg/L、0.77 mg/L、0.62 mg/L、0.61 mg/L，营养状态均处于中营养水平。

与上年度相比，莫愁湖、中山水库、方便水库、赵村水库水质状况无明显变化。水体情况见表3-3-2。

表 3-3-2　2022 年主要湖库水体情况统计

湖库	水质现状	水质变化	水质状况	主要污染指标（超Ⅲ类标准倍数）	总氮浓度（mg/L）
玄武湖	Ⅳ类	持平	轻度污染	总磷(0.40)	1.20
固城湖	Ⅲ类	持平	良好	—	1.14
石臼湖	Ⅲ类	持平	良好	—	1.12
金牛湖	Ⅱ类	持平	优	—	0.60
莫愁湖	Ⅳ类	持平	轻度污染	总磷(0.06)	0.82
中山水库	Ⅱ类	持平	优	—	0.62
方便水库	Ⅱ类	持平	优	—	0.61
赵村水库	Ⅱ类	持平	优	—	0.77

四、水质自动监测预警

2022年，南京市水质自动监测网不断完善。全市行政区内投入运行的国、省、市控水质自动监测站（以下简称水站）31个，行政区外考核南京市的水站2个，国、省考断面水站覆盖率达到85.7%。

（一）站点概况

国控水站9个，分别为外秦淮河七桥瓮、秦淮新河节制闸、官溪河钱家渡、石臼湖省界湖心、长江小河口上游、胥河落蓬湾、滁河陈浅、二干河开泰桥（长江经济带）、句容河土桥（长江经济带）。

省控水站17个，长江林山、固城湖大湖区、胥河双河口排涝站、金牛湖湖心、溧水河乌刹桥、新桥河群英桥、秦淮河干流洋桥、横溪河黄桥、赵村水库、秦淮新河将军大道桥、北十里长沟西支化工桥、北十里长沟东支红山桥、金川河宝塔桥、外秦淮河三汊河口、城南河龙王庙、滁河滁河闸、滁河三汊湾。

市控水站7个，包括城南水厂、远古水厂、大胜关、中山水库、滨江水厂、外秦淮河上坊门桥、外秦淮河石头城。自动监测站点位见图3-3-8。

（二）断面预警

2022年报送水质自动监测预警快报81期，涉及16个断面的溶解氧、高锰酸盐指数、氨氮、总磷4项指标。

从断面分布看，国考断面5期，包括句容河土桥（镇江入境）断面2期、胥河落蓬湾断面1期、滁河滁河闸断面1期、秦淮河干流洋桥断面1期；省考断面76期，包括北十里长沟东支红山桥断面26期、北十里长沟西支化工桥断面12期、金川河宝塔桥断面10期、外秦淮河三汊河口断面7期、横溪河黄桥断面5期，其他断面16期。水质自动预警断面统计见图3-3-9。

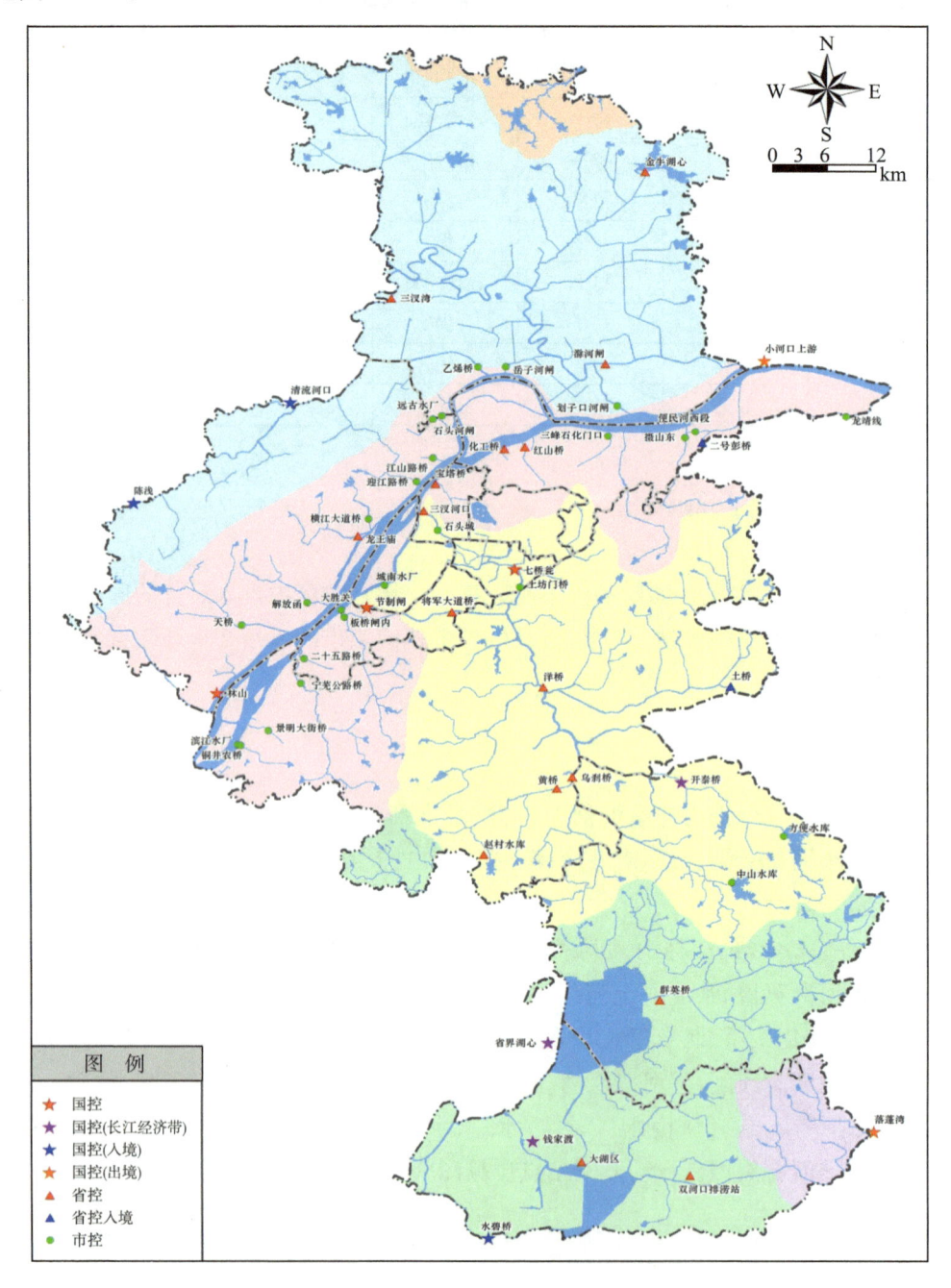

图 3-3-8　南京市水质自动监测站点位图

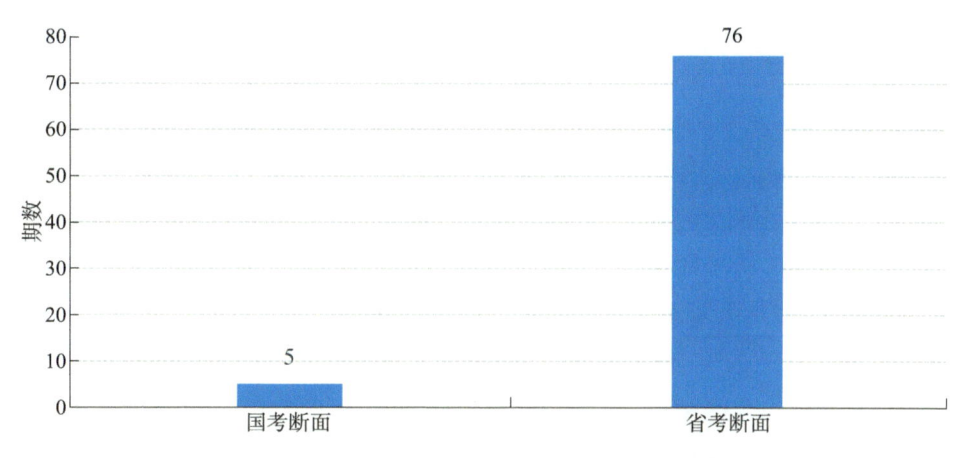

图 3-3-9　2022 年南京市水质自动预警断面统计

从监测指标看,涉及溶解氧指标 13 期、高锰酸盐指数 7 期、氨氮指标 55 期、总磷 16 期,其中溶解氧预警时段主要为汛期(7—9 月),见图 3-3-10。

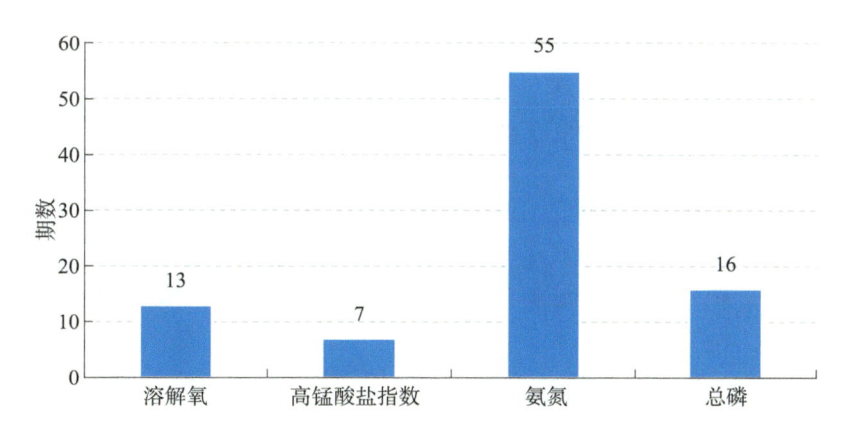

图 3-3-10　2022 年南京市水质自动预警指标统计

五、底质

2022 年,南京市水体底质环境质量总体良好,未超过农用地土壤污染风险筛选值断面(点位)比例达 83.9%;个别水体底质重金属含量偏高,主要污染因子为镉、砷、锌和铜。

(一)监测概况

2022 年,南京市共设置底质监测断面(点位)31 个,主要分布在长江干流、支流,秦淮河,主要湖库及通湖河道。监测项目:pH 值、有机质、镉、汞、砷、铜、铅、铬、锌、硫化物、化学需氧量、总磷、总氮及水分。监测频次:每年测一次,湖库加测总磷和 pH 值一次。

（二）监测结果

1. 长江南京段

长江南京段监测断面包括3个干流断面（江宁河口、九乡河口、三江河口）和12个主要入江支流控制断面（石碛河天桥、朱家山河迎江路桥、石头河石头河闸、马汊河乙烯桥、划子口河划子口河闸、牧龙河景明大街桥、板桥河板桥闸内、九乡河石埠桥、七乡河摄山东、大道河龙靖线、驷马山河大窑泵站下游、滁河滁河闸）。

2022年，长江南京段15个监测断面中，干流九乡河口、三江河口，支流板桥闸内、龙靖线镉含量，石头河石头河闸镉含量、砷、铜、锌含量超过风险筛选值，但未超过管控值，其余断面重金属含量均未超过风险筛选值。

2. 秦淮河

秦淮河共设置8个监测断面，分别为节制闸、七桥瓮、洋桥、三汊河口、乌刹桥、开泰桥、龙都大桥、张府仓东。

2022年，秦淮河8个监测断面重金属含量均未超过风险筛选值。

3. 主要湖库

主要湖库共设置5个监测点位，分别为金牛湖湖心、石臼湖省界湖心、方便水库库心、中山水库库心、固城湖大湖区。

2022年，主要湖库5个监测点位重金属含量均未超过风险筛选值。

4. 通湖河道

通湖河道共设置3个监测断面，分别为新桥河群英桥、官溪河钱家渡、漆桥河双固桥。

2022年，通湖河道3个监测断面重金属含量均未超过风险筛选值。

（三）与上年度相比

较2021年，南京市31个底质监测断面中，超过风险筛选值断面数均为5个，无明显变化。主要污染因子由5项减少至4项。

六、小结及原因分析

（一）2022年地表水质量小结

（1）2022年，全市参与评价的地表水环境断面（点位）102个，其中Ⅰ～Ⅲ类水体占所监测断面的81.4%，较2021年上升5.9个百分点，整体水环境状况保持良好。

（2）长江南京段干流、秦淮河干流、主要支流、分洪河道、滁河干流、胥河和水阳江水质状况均为优；长江南京段主要支流及滁河主要支流为良好；城区其他河道水质状况整体为轻度污染，主要污染指标为氨氮。与上年度相比，秦淮河主要支流、滁河主要支流水质有所好转,长江南京段主要支流水质有所下降。

(3) 南京市 8 个主要湖库中,水质状况为优的占 62.5%,良好占 12.5%,轻度污染占 25.0%。与上年度相比,固城湖水质状况由良好转为优,其余湖库水质无明显变化,其中城市景观水体玄武湖和莫愁湖水质状况为轻度污染,主要污染指标为总磷。按营养状态分布,处于中营养状态的有 6 个,占 75.0%;处于轻度富营养状态的有 2 个(分别为玄武湖、石臼湖),占 25.0%。

(4) 2022 年,南京市正常运行的国、省、市控水质自动监测站共 31 个,国、省考断面水站覆盖率达到 85.7%。全年共报送水质自动监测预警快报 81 期,涉及 16 个断面的溶解氧、高锰酸盐指数、氨氮、总磷 4 项指标;31 个水体底质环境质量总体良好,未超过农用地土壤污染风险筛选值断面(点位)比例达 83.9%。

(二) 原因分析

2022 年南京市整体水环境状况保持良好,优Ⅲ比例较 2021 年有所上升。一是重点断面水质得到有力保障。定期开展水质跟踪监测和河道调查监测,针对水质波动断面深入开展溯源排查和问题整改。全年汇缴重点断面水环境区域补偿资金 6 018 万元。二是水污染防治深入实施。推进 69 项水污染防治重点工程,深入实施工业园区水污染物整治专项行动。开展池塘水产养殖尾水污染排查治理,完成 2.2 万亩池塘生态化改造。三是水生态修复稳步推进。启动秦淮河、滁河、石臼湖水生态调查评估工作,在莫愁湖、月牙湖等水体打造"草型清水态"生态自净系统。四是排污口整治成效明显。2 226 个长江入河排污口上报完成整治 2152 个,227 个太湖流域入河排污口上报完成整治 212 个,45 个内河整治类排污口完成整治 28 个。五是饮用水水源地保障安全。加强对水源地保护区的风险隐患排查,夹江水源地保护区整治任务基本完成,华能燃机、华能金陵温排口迁移工程已建成。

跨界水系入境支流来水水质不稳定、雨后部分断面水质波动明显等问题仍制约地表水水质的持续改善。一是农业径流、生活污水等面源污染对水环境质量的影响仍未消除。尤其在汛期,秦淮河水系、入江支流、滁河水系的重点断面氨氮、高锰酸盐指数、总磷等指标易波动,一定程度上说明农业径流、生活污水等面源污染对水环境质量的影响仍未消除。二是跨界水系入境支流来水水质不稳定。跨界水体水资源管理难度大,同时所处地区多为郊区,技术水平低,产业结构不合理,导致入境来水水质不稳定。三是受水文、气象、雨后溢流等因素影响易引起水质波动。部分入江支流降雨时段水质下滑明显,北十里长沟、金川河、秦淮河沿线虽利用截流管沟、泵站前池等保障了晴天水质,但降雨期间溢流污染对河道水质冲击较大。

【专栏六】
南京市国省考断面降雨强度监测分析

为落实生态环境部对地表水断面汛期污染强度通报考核要求,推动解决我省旱季"藏污纳垢"、雨季"零存整取"等突出问题,根据江苏省生态环境厅《关于开展降水过程污染强度分析工作的通知》(苏环办〔2022〕45号),南京中心2022年7—12月对南京地区国省考断面降水过程污染强度进行了测算分析。

一、分析测算范围

南京地区共有国、省考断面42个,有自动监测数据的34个断面参与分析测算,其中纳入全省降水污染强度排名的断面共有20个,国考断面7个,省考断面13个(表3-3-3)。

表3-3-3 南京市参与降水污染强度分析测算断面逆序排名表

	序号	断面属性	所在地区	断面名称	污染强度
纳入全省排名的20个断面	1	国考	江宁区	洋桥	1.56
	2		高淳区	钱家渡	1.03
	3		六合区	滁河闸	—
	4		雨花台区/建邺区	节制闸	—
	5		秦淮区	七桥瓮	—
	6		高淳区	落蓬湾	—
	7		栖霞区/六合区	小河口上游(左岸)	—
	8	省考	栖霞区	红山桥	5.7
	9		栖霞区	化工桥	5.18
	10		鼓楼区	三汊河口	4.71
	11		鼓楼区	宝塔桥	2.83
	12		溧水区	乌刹桥	2.64
	13		江宁区	横溪河黄桥	1.85
	14		浦口区	龙王庙	1.57
	15		江宁区/雨花台区	将军大道桥	1.44
	16		溧水区	群英桥	1.24
	17		六合区	三汊湾	1.04
	18		溧水区	开泰桥	—
	19		浦口区/江宁区	江宁河口—林山下游	—
	20		高淳区	双河口排涝站	—

续表

序号	断面属性	所在地区	断面名称	污染强度
1	国考	马鞍山市	石臼湖省界湖心	—
2	省考	雨花台区	板桥闸内	3.75
3	省考	江北新区	石头河闸	3.01
4	省考	江北新区	迎江路桥	2.73
5	省考	栖霞区	摄山东	2.22
6	省考	浦口区	天桥	1.04
7	省考	栖霞区	龙靖线	2.62
8	省考	六合区、江北新区	划子口河闸	—
9	省考	高淳区	大湖区	—
10	省考	溧水区	方便水库库心	—
11	省考	溧水区	中山水库取水口	—
12	省考	江宁区	赵村水库	—
13	省考	六合区	金牛湖心	—
14	省考	江宁区	景明大街桥	—

（未纳入全省排名的14个断面）

二、降水过程污染强度计算原则

根据《地表水汛期污染强度监测技术指南（试行）》，污染强度＝某断面首要污染物浓度/该断面该项指标Ⅲ类标准浓度限值。

水质数据来源：地表水水质自动站高锰酸盐指数、氨氮、总磷自动监测有效小时数据；气象信息来源：气象部门统计信息。

三、全年国省考断面降雨强度监测分析

根据气象部门统计信息，南京地区2022年7—12月共有18场降水。

南京市纳入省厅考核的断面均为河流型国省考断面，数据来源于国家平台，共20个断面。根据省厅通报的2022年全年污染强度排名，南京市共有3个断面在全省排名前20，数量上排名全省第三，仅次于连云港市（5个）和徐州市（4个）。全年降水过程污染强度排在全省前20的3个断面分别为北十里长沟东支红山桥（栖霞区）、北十里长沟西支化工桥（栖霞区）、外秦淮河三汊河口（鼓楼区），首要污染物均为氨氮，全年最大污染强度分别达到Ⅲ类标准值的5.7倍、5.18倍、4.71倍，分别位列全省第10、15、20名。

未纳入省厅排名的共有14个断面，根据全年监测数据统计，降水过程污染强度排在前3的断面分别为板桥河板桥闸内（雨花台区）、石头河石头河闸（江北新区）、朱家山河迎江路桥（江北新区），首要污染物均为氨氮，全年最大污染强度分别达到Ⅲ类标准值的3.75倍、3.01倍、2.73倍。

四、工作建议

一是紧盯污染来源，做好末端管理。对于在全省和全市排名靠前、雨后水质频繁波动、下滑明显的断面，建议地方做好末端管理，对雨污管网定期开展排查与修缮，对出现问题的排口、泵站开展溯源与治理，进一步削减雨天溢流污染对河道水质带来的影响。

二是聚力源头治理，实现减污扩容。对于雨天溢流污染严重的重点断面所在板块，建议开展生活污水处理设施能力调查评估。人口相对密集的主城区，需要评估现有污水处理能力是否满足现状需求；处于建设开发中的新城区，要科学评估现有能力与规划发展的差距，优化城镇生活污水处理设施建设布局，确保生活污水收集处理设施与城市发展同步规划，同步建设。

三是提升数据质量，强化监测预警。部分建有自动监测站点的省考断面，由各区自建自管，监测数据有效性与完成上收的国省考站点存在一定差距。建议地方参照国家和江苏省的管理模式，对该部分自动站点上收后统一管理，提升数据质量。此外，对于雨后易发生波动的国省考断面，需要完善监测预警工作机制，在相应站点触发超标预警后，属地责任部门应有应急处理预案和管控措施，避免持续超标影响考核断面月度和年度水质目标的完成。

第四节 饮用水水源地

2022年，南京市所测15个水源地水质达标率为93.3%。所测水源地取水量为103 340.33万t，取水量达标率为99.95%。其中，南京市地级水源地10个，水源地水质和水量达标率均为100%。

一、监测概况

根据《2022年南京市生态环境监测工作实施方案》，2022年监测15个饮用水水源地，包括10个地级以上水源地、2个备用水源地、3个乡镇级水源地。南京市主要饮用水水源地点位见图3-4-1。

地级水源地监测频次每月1次，2个备用水源地1月和6月各1次，监测项目包括《地表水环境质量标准》(GB 3838—2002)表1、表2和表3的优选特定项目，共计62项；河流型加测电导率和浊度，加测取水量，湖库型加测电导率、浊度、透明度和叶绿素a，加测取水量；6月份对照《地表水环境质量标准》(GB 3838—2002)进行一次全指标监测。

乡镇级水源地为每年4次，地表水型监测项目为《地表水环境质量标准》(GB 3838—2002)表1和表2的29项，加测取水量。

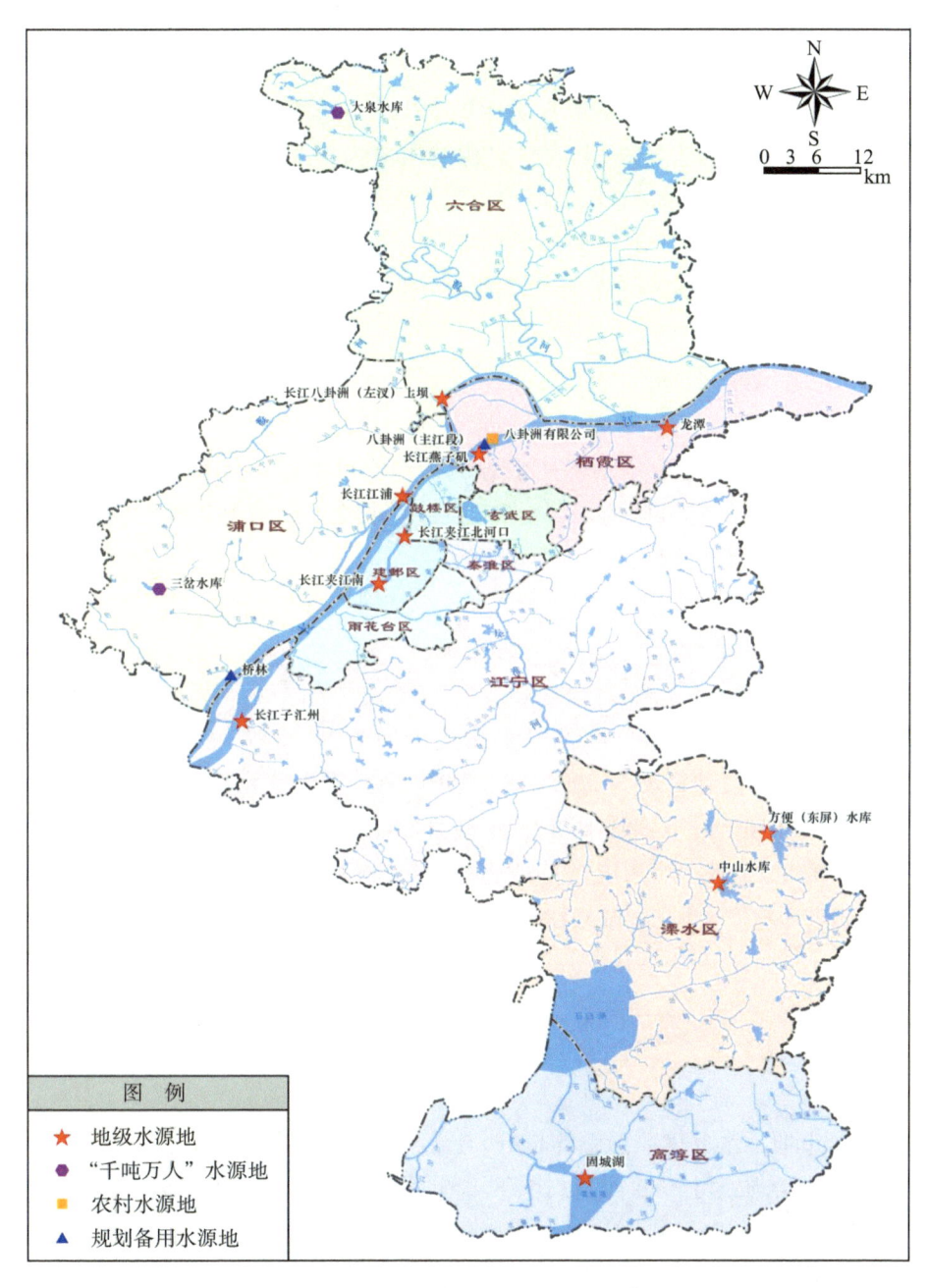

图 3-4-1　南京市主要饮用水水源地点位图

二、水质状况

2022 年南京市监测水源地 15 个,水质Ⅱ类 11 个、Ⅲ类 3 个、Ⅳ类 1 个,水质达标水源地 14 个,水源地达标率为 93.3%。所测水源地取水量为 103 340.33 万 t,取水量达标率为 99.95%。

南京市地级水源地 10 个，水质Ⅱ类 9 个、Ⅲ类 1 个，水源地达标率为 100％。水源地取水量为 103 210 万 t，取水量达标率为 100％。与上年度相比，取水量略有增加；2 个规划备用水源地水质均为Ⅱ类，水源地水质达标率 100％，2022 年备用水源地未取水；2 个"千吨万人"水源地水质为Ⅲ类，1 个农村水源地水质为Ⅳ类，乡镇级水源地水质达标率 66.7％。

与上年度相比 15 个水源地水质达标率下降 6.7 个百分点（2022 年农村水源地长江八卦洲水源地未达标），总取水量上升 2.7 个百分点，取水量达标率下降 0.05 个百分点。

三、特定污染物分析

2022 年，在地级水源地和规划备用水源地特定项目中除钼、钴、硼、锑、镍、钡、钒、钛有检出，且检出值远低于标准限值，其他特定项目均未检出。与上年度相比，检出项目减少铍、铊 2 项，检出率有所降低。

四、小结及原因分析

2022 年，南京市所测 15 个水源地水质达标率为 93.3％。所测水源地取水量为 103 340.33 万 t，取水量达标率为 99.95％。其中，南京市地级水源地 10 个，水源地水质和水量达标率均为 100％。对照"十四五"水质目标，南京市地级水源地水质能稳定达标。但仍需关注汛期农业面源污染引起的水质波动以及兼具航运等功能的河流水源地船舶运输等带来的水环境安全风险，做好饮用水水源地风险隐患排查，保障水源地水质安全。

第五节　地下水环境质量

2022 年全市地下水环境质量总体较好，与上年度相比总体保持稳定，监测的 19 个地下水点位中 15 个水质为Ⅰ～Ⅳ类，占比 78.9％，主要污染物为氨氮、锰。

一、监测概况

2022 年，南京市开展监测的地下水点位共计 19 个，包含 9 个国考点位、5 个省控点位和 5 个市控点位，地下水监测点位见图 3-5-1。国考点位枯、平、丰水期监测 3 次；省控和市控点位上、下半年各监测 1 次。

地下水评价项目为《地下水质量标准》（GB/T 14848—2017）表 1 常规指标中的 29 项，包括 pH 值、硫酸盐、氯化物、铁、锰、铜、锌、铝、挥发性酚类、阴离子表面活性剂、耗

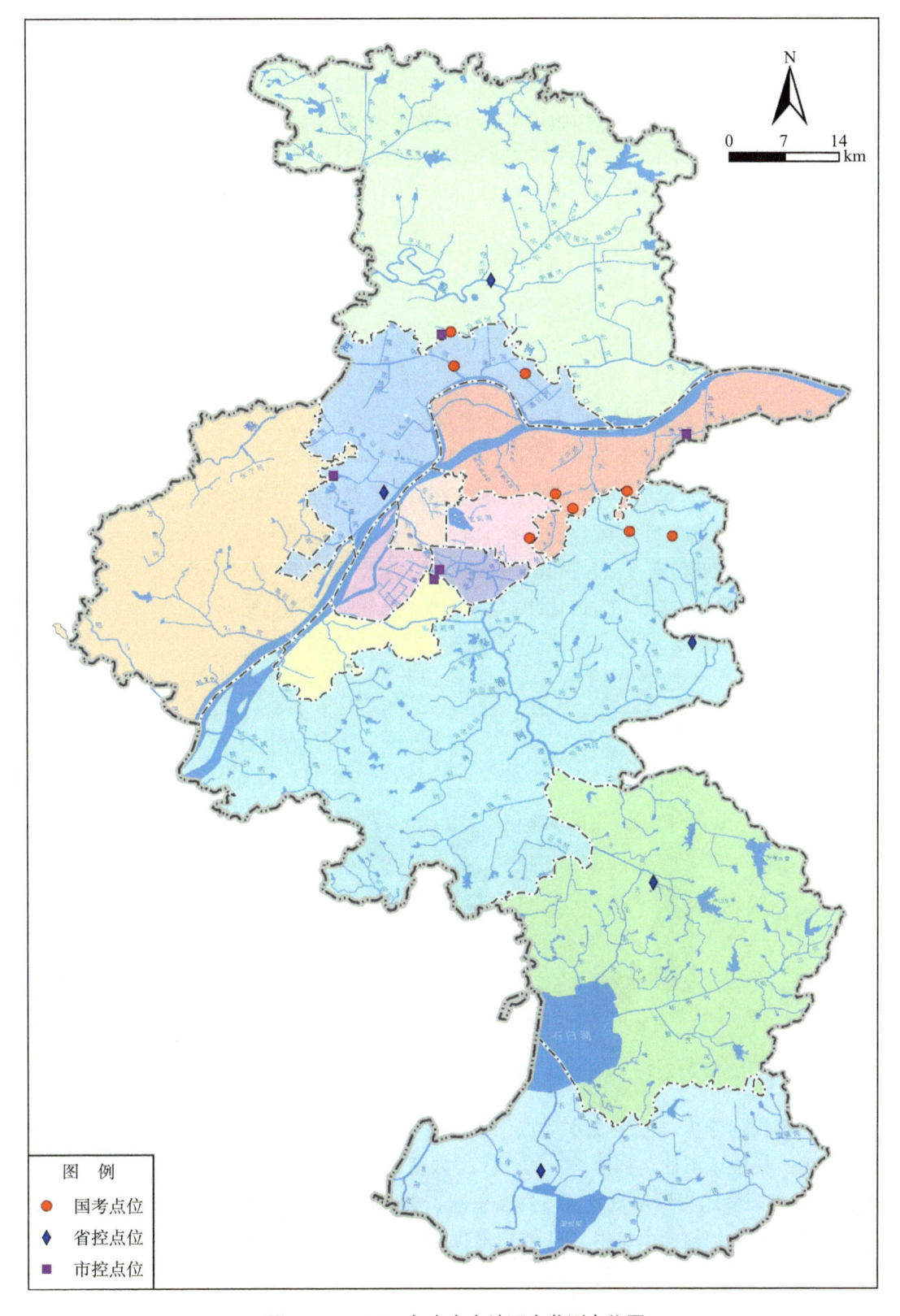

图 3-5-1　2022年南京市地下水监测点位图

氧量（COD$_{Mn}$法）、氨氮、硫化物、钠、亚硝酸盐、硝酸盐、氰化物、氟化物、碘化物、汞、砷、硒、镉、铬（六价）、铅、三氯甲烷、四氯化碳、苯、甲苯及表 2 中部分非常规指标。

地下水水质评价执行《地下水质量标准》（GB/T 14848—2017）。地下水质量单指标评价：按指标值所在的限值范围确定地下水质量类别，指标限值相同时，从优不从劣。地下水质量综合评价：按单指标评价结果最差的类别确定，劣于Ⅳ类标准时，指出超Ⅳ类指标，以Ⅳ类标准限值为基准计算超标倍数，pH 值不计算超标倍数。

二、监测结果及评价

（一）水质评价

2022 年南京市开展监测的 19 个地下水点位中，水质综合类别为Ⅱ类的点位有 3 个，占比 15.8%；Ⅲ类的点位有 6 个，占比 31.6%；Ⅳ类的点位有 6 个，占比 31.6%；Ⅴ类的点位有 4 个，占比 21.0%。从监测井级别分析，国考点Ⅰ~Ⅳ类水质点位有 8 个，占比 88.9%；Ⅴ类水质点位有 1 个，占比 11.1%。省控点Ⅰ~Ⅳ类水质点位有 4 个，占比 80.0%；Ⅴ类水质点位有 1 个，占比 20.0%。市控点Ⅰ~Ⅳ类水质点位有 3 个，占比 60.0%；Ⅴ类水质点位有 2 个，占比 40.0%。地下水水质类别见图 3-5-2。

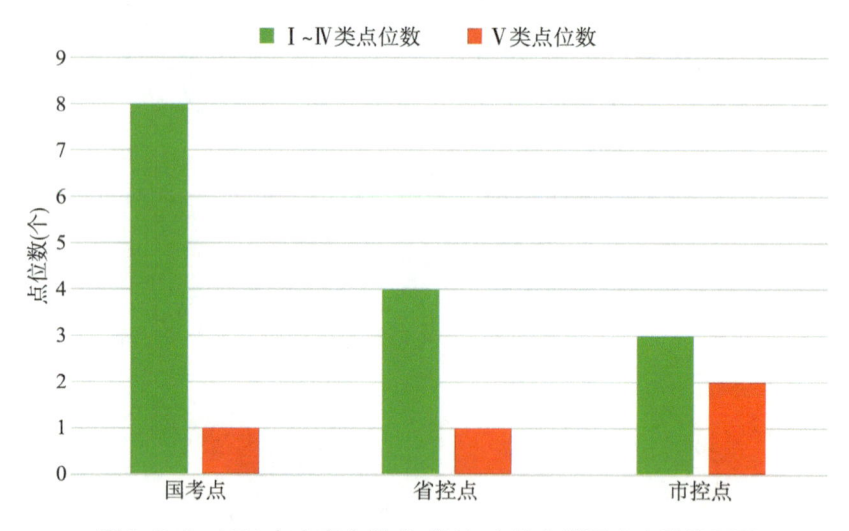

图 3-5-2　2022 年南京市国考、省控、市控点地下水水质类别图

从污染指标分析，4 个Ⅴ类水质点位分别是栖霞区汇仙路、浦铁一村、雨花西路 90 号和高岗里。栖霞区汇仙路和浦铁一村超Ⅳ类限值的指标分别是 pH 值和氨氮；雨花西路 90 号超Ⅳ类限值的指标是氨氮、锰；高岗里超Ⅳ类限值的指标是氨氮、锰和六价铬。在南京市主要Ⅴ类点位超标项目中，pH 值超出Ⅳ类限值 0.6，氨氮超标倍数 0.8~6.2 倍，锰超标倍数在 0.9~1.0 倍，六价铬超标 0.4 倍。Ⅴ类点位超标情况见图 3-5-3。

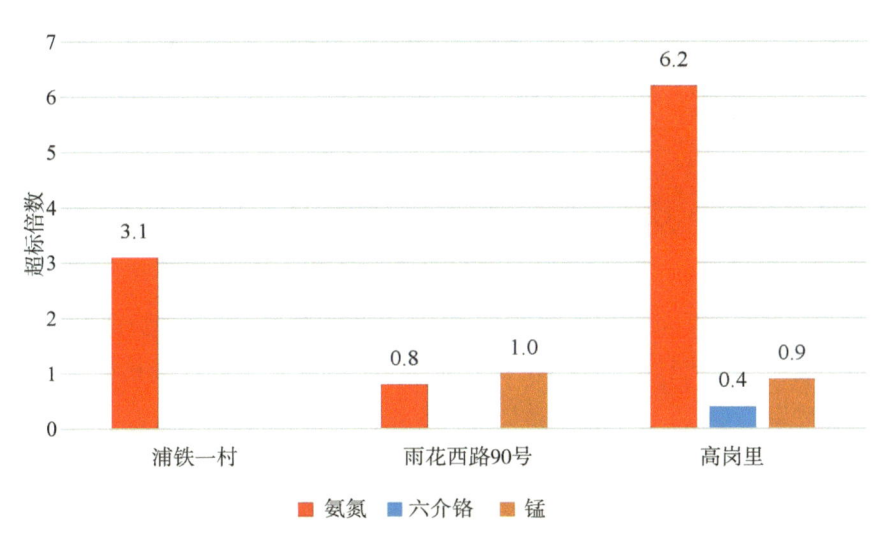

图 3-5-3　南京市主要Ⅴ类点位超标程度

（二）年度对比分析

与上年度相比，南京市地下水水质总体保持稳定，Ⅴ类水质点位占比持平，Ⅱ类、Ⅲ类和Ⅳ类水质点位占比互有升降，详见图 3-5-4。其中，11 个地下水点位水质持平，5 个地下水点位水质有所好转，南京仙林大学城杨梅山部队点、南京江北新材料科技园西 2 号点和江北站井点由Ⅲ类好转到Ⅱ类；长江路 90 号点水质由Ⅳ类上升为Ⅲ类，南京江北新材料科技园东 3 号点水质由Ⅴ类上升为Ⅳ类。3 个地下水点位水质有所下降，新兴社区点和栖凤井点由Ⅲ类下降为Ⅳ类，下降指标分别为碘化物、锰；雨花西路 90 号点水质由Ⅲ类下降为Ⅴ类，超Ⅳ类指标为氨氮、锰和六价铬。

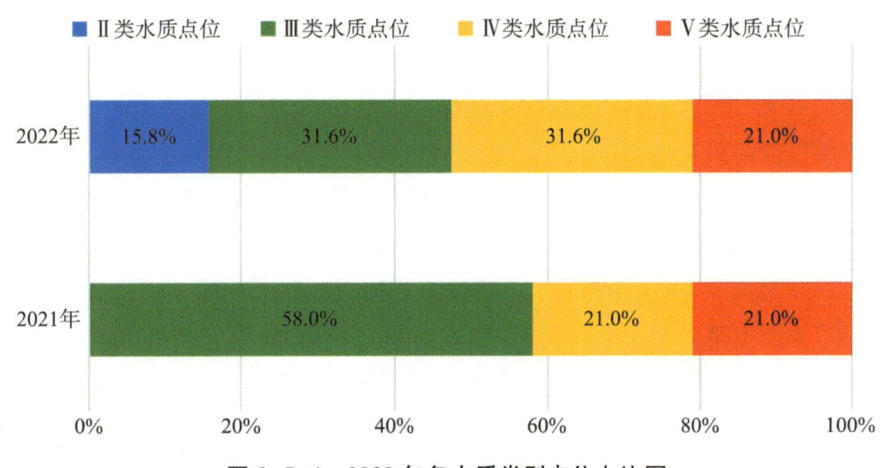

图 3-5-4　2022 年各水质类别点位占比图

连续两年为Ⅴ类水质的 3 个点位中，栖霞区汇仙路超Ⅳ类指标依然是 pH 值一项；浦铁一村超Ⅳ类指标由氨氮、锰两项减少为氨氮一项，氨氮超标倍数由 5.0 降到 3.1；高岗里超Ⅳ类指标在氨氮和锰的基础上又增加了六价铬,锰超标倍数由 0.6 上升到 0.9,但氨氮的浓度水平有下降趋势,超标倍数由 11.3 降到 6.2。2022 年新增的Ⅴ类水质点位雨花西路 90 号,超标项目有氨氮(0.8 倍)、锰(1.0 倍)。

三、小结及原因分析

2022 年,南京市地下水点位监测结果表明,水质综合评价为Ⅱ类、Ⅲ类、Ⅳ类和Ⅴ类的点位比例分别为 15.8％、31.6％、31.6％和 21.0％。超Ⅳ类限值的指标为 pH 值、六价铬、锰和氨氮。

南京市地下水类型主要为潜水和承压水,由降水经地表水补给和土壤地层渗透而形成,受到污染的原因较复杂。通过调查分析,初步判断地下水污染可能与生产污水、生活污水的排放有关。栖霞区汇仙路点位的监测井深度为 200.2 米,仅 pH 值一项超Ⅳ类限值,目前已对该点位及周边水库进行初步溯源调查,监测结果显示该点位东南的大普塘水库 pH 值范围在 8~11,另在水库东南角发现一排污管道接入水库,排放污水的 pH 值范围在 11.2~11.6。浦铁一村、高岗里、雨花西路 90 号 3 个点均位于居民区内,周边有生活污水收集管道和沟渠,且监测井以砖构筑、防渗性不佳,生活污水中的含氮物质和洗涤剂等污染物易下渗到地下水中。同时因水质不佳无人使用,锰和六价铬在井中存在累积隐患。

【专栏七】
南京市省控地下水监测网络优化调整

为科学反映南京市地下水环境质量状况和污染风险,推进全市地下水环境质量改善,支撑地下水污染防治工作,依据《江苏省"十四五"省控地下水环境质量监测点位优化调整技术指南》的要求,遵循继承发展、全面覆盖、科学合理、重点突出的基本原则,开展南京市地下水省控点位优化调整工作。

南京市原省控地下水区域点位有 6 个,均为民用井,分布于玄武、江宁、浦口、六合、溧水和高淳 6 区,存在覆盖不全、分布不均、类型单一、点位不规范以及不具备监测条件等问题。所以需对南京市省控地下水环境质量监测点位进行优化调整,以满足深入打好"净土保卫战"的新形势、新要求。

经过收集水文地质等基础资料、现场选点、钻井建井等过程,本次优化调整后,最终南京市共有省控地下水监测点位 17 个(表 1),其中区域点位 12 个,污染风险监测监控点位 5 个。新增区域点位 6 个,其中浦口区 1 个、栖霞区 3 个、江宁区 2 个。新增污染风险监测监控点位 5 个,其中江北新区新材料科技园 3 个、山景尾矿库下游 1 个、梅山钢铁下游 1 个。

此次优化调整后的点位覆盖了南京市所有的水文地质单元(西南低山丘陵水文地质

亚区)和9个行政区(鼓楼、建邺、秦淮除外),并对原5个省控点(民用井)进行重建,建成环保专用监测井,调整了浅层地下水监测井和中深层地下水监测井的比例,浅层地下水监测井11个,占比64.7%;中深层地下水监测井6个,占比35.3%。同时也突出了重点工业园区等重点区域,5个污染风险监测监控点位,涵盖了1个化工园、1个涉重类企业和1个尾矿库,占比29.4%。详见表3-5-1。

表3-5-1 调整后南京市省控地下水点位信息汇总表

序号	点位名称	行政区	点位类型	地下水力类型	监测井类型	备注
1	新兴社区	江宁区	区域	潜水	环保专用监测井	重建
2	凤凰山公园	六合区	区域	潜水	环保专用监测井	重建
3	浦铁一村	江北新区	区域	潜水	环保专用监测井	重建
4	栖凤井	溧水区	区域	承压水	环保专用监测井	重建
5	高淳生态环境局	高淳区	区域	潜水	环保专用监测井	重建
6	中山陵新果园	玄武区	区域	承压水	民井	原省控点
7	浦口华光社区	浦口区	区域	潜水	环保专用监测井	新增
8	栖霞区汇仙路	栖霞区	区域	承压水	自然资源专用井	原国考点
9	南京汤山镇混凝土搅拌站	江宁区	区域	承压水	民井	原国考点
10	南京仙林大学城杨梅山部队	栖霞区	区域	承压水	民井	原国考点
11	南京直立人化石遗址博物馆	江宁区	区域	承压水	自然资源专用井	原国考点
12	西岗联营牛奶厂西北	栖霞区	区域	承压水	自然资源专用井	原国考点
13	南京江北新材料科技园北1号	江北新区	污染风险监控	潜水	环保专用监测井	原国考点
14	南京江北新材料科技园西2号	江北新区	污染风险监控	潜水	环保专用监测井	原国考点
15	南京江北新材料科技园东3号	江北新区	污染风险监控	潜水	环保专用监测井	原国考点
16	梅山钢铁	雨花台区	污染风险监控	潜水	环保专用监测井	新增
17	山景尾矿库	江宁区	污染风险监控	潜水	环保专用监测井	新增

第六节 声环境质量

2022年,南京市声环境质量总体稳定。城市区域声环境处于"较好"水平;声环境功能区达标率与上年相比基本持平;城市交通噪声处于"好"水平。

一、监测概况

（一）区域声环境

2022年，南京市溧水区和高淳区按500米×500米网格布点，其他连片建成区按1 500米×1 500米网格布点。城区共165个点，其中秦淮区4个点施工未监测，实际监测161个点，较2021年增加1个点，覆盖面积362.2 km³；郊区网格点数为374个，覆盖面积423.5 km³。昼间区域声环境监测1次。

（二）功能区声环境

全市设功能区声环境监测点28个，其中城区16个，郊区12个。所有功能区声环境每年每季度监测一次，每年的2月、5月、8月、11月监测，连续监测24小时。

（三）道路交通声环境

全市设道路交通声环境监测点247个，其中城区168个，郊区79个，昼间道路交通声环境监测1次。

二、声源构成

2022年城市区域声环境声源仍以社会生活噪声为主，比例占50.1%，较2021年下降0.1个百分点；交通噪声占34.0%，较2021年下降0.1个百分点；工业噪声占13.1%，同2021年持平；建筑施工噪声占2.8%，较2021年上升0.2个百分点。社会生活源和交通源是城市区域声环境的主要声源。

2022年，各类别区域声环境声级值与2021年相比有升有降，声级值升降幅度均在1.0 dB(A)以内，各类噪声源的声级值总体变化幅度较小。

三、监测结果及评价

（一）区域声环境

2022年城区区域声环境均值53.8 dB(A)，处于"较好"水平，较2021年下降0.1分贝。处于"较好"及以上等级的区域覆盖面积占比为69.6%，较2021年上升4.6个百分点。2022年城区区域环境噪声级与上年的比较见图3-6-1。城区区域环境网格分布见图3-6-2。

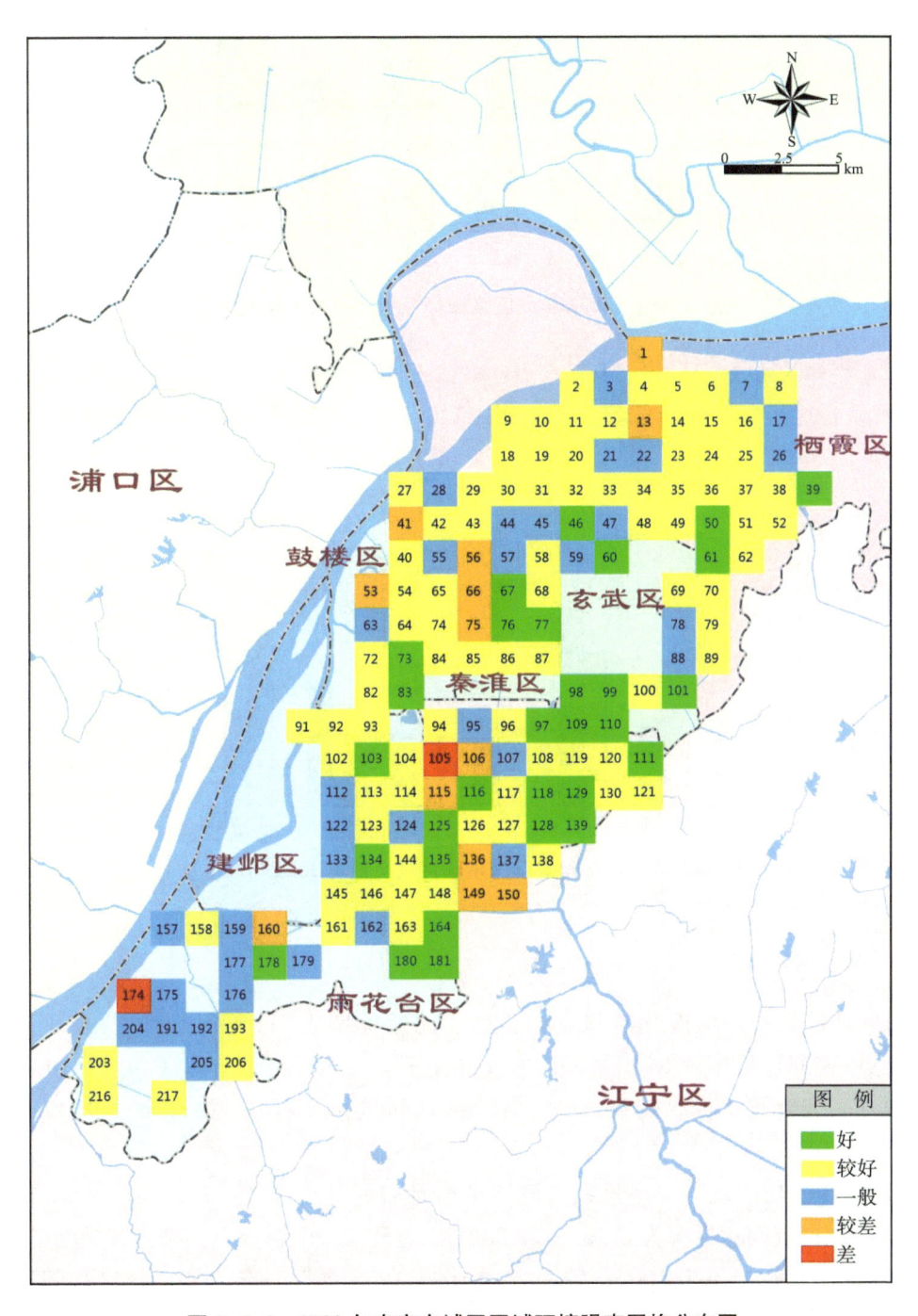

图 3-6-2　2022 年南京市城区区域环境噪声网格分布图

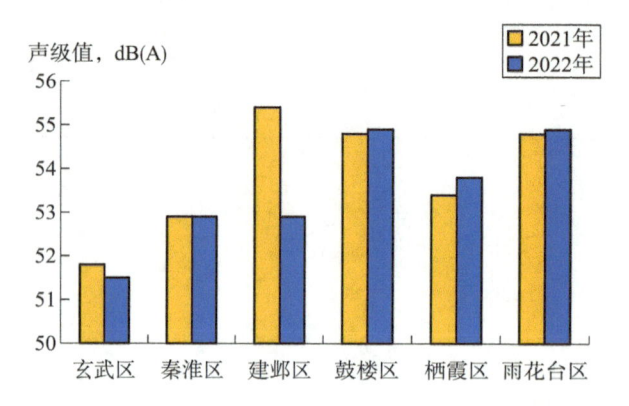

图 3-6-1　2022 年城区区域环境噪声级与上年的比较

2022 年郊区区域声环境均值 52.5 dB(A)，处于"较好"水平，较 2021 年上升 0.3 dB(A)。郊区中，六合区声环境值最低，为 50.0 dB(A)。2022 年郊区区域环境噪声级与 2021 年的比较见图 3-6-3。

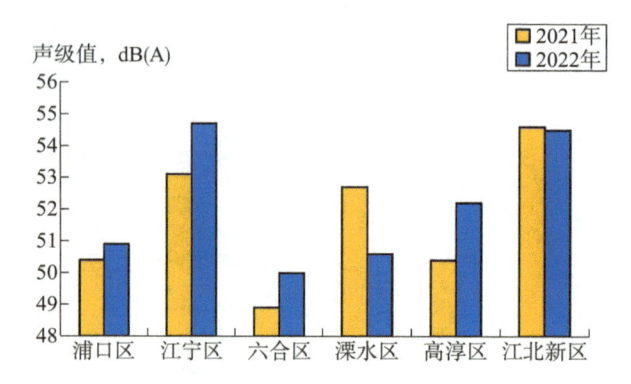

图 3-6-3　2022 年郊区区域环境噪声级与 2021 年的比较

（二）功能区声环境

城区功能区声环境连续监测点的合计昼间达标率为 96.8%，较 2021 年下降 0.1 个百分点；夜间达标率为 87.3%，较 2021 年上升 3.3 个百分点；郊区功能区声环境监测点的昼间和夜间达标率均为 100%，昼间和夜间达标率均较 2021 年上升 2.1 个百分点。

城区 16 个功能区声环境连续监测点的合计昼间达标率为 96.8%，较 2021 年下降 0.1 个百分点；夜间达标率为 87.3%，较 2021 年上升 3.3 个百分点。城区各类功能区中，1 类功能区昼间达标率为 100%，较 2021 年上升 12.5 个百分点；2 类功能区昼间达标率为 94.9%，较 2021 年达标率下降 2.6 个百分点；4a 类功能区昼间达标率为 100%，与 2021 年持平。1 类功能区夜间达标率为 75%，较 2021 年下降 12.5 个百分点；2 类功能区夜间达标率为 89.7%，较 2021 年下降 2.8 个百分点；4a 类功能区昼间达标率为 87.5%，与 2021 年持平。2022 年各监测点位昼夜间达标率情况见图 3-6-4。

12个郊区功能区声环境监测点的昼间和夜间达标率均为100%,昼间和夜间达标率均较2021年上升2.1个百分点。其中,1类功能区昼间和夜间达标率均上升12.5个百分点,其他类型功能区昼间达标率均与2021年持平。2022年郊区功能区声环境达标情况见图3-6-5。

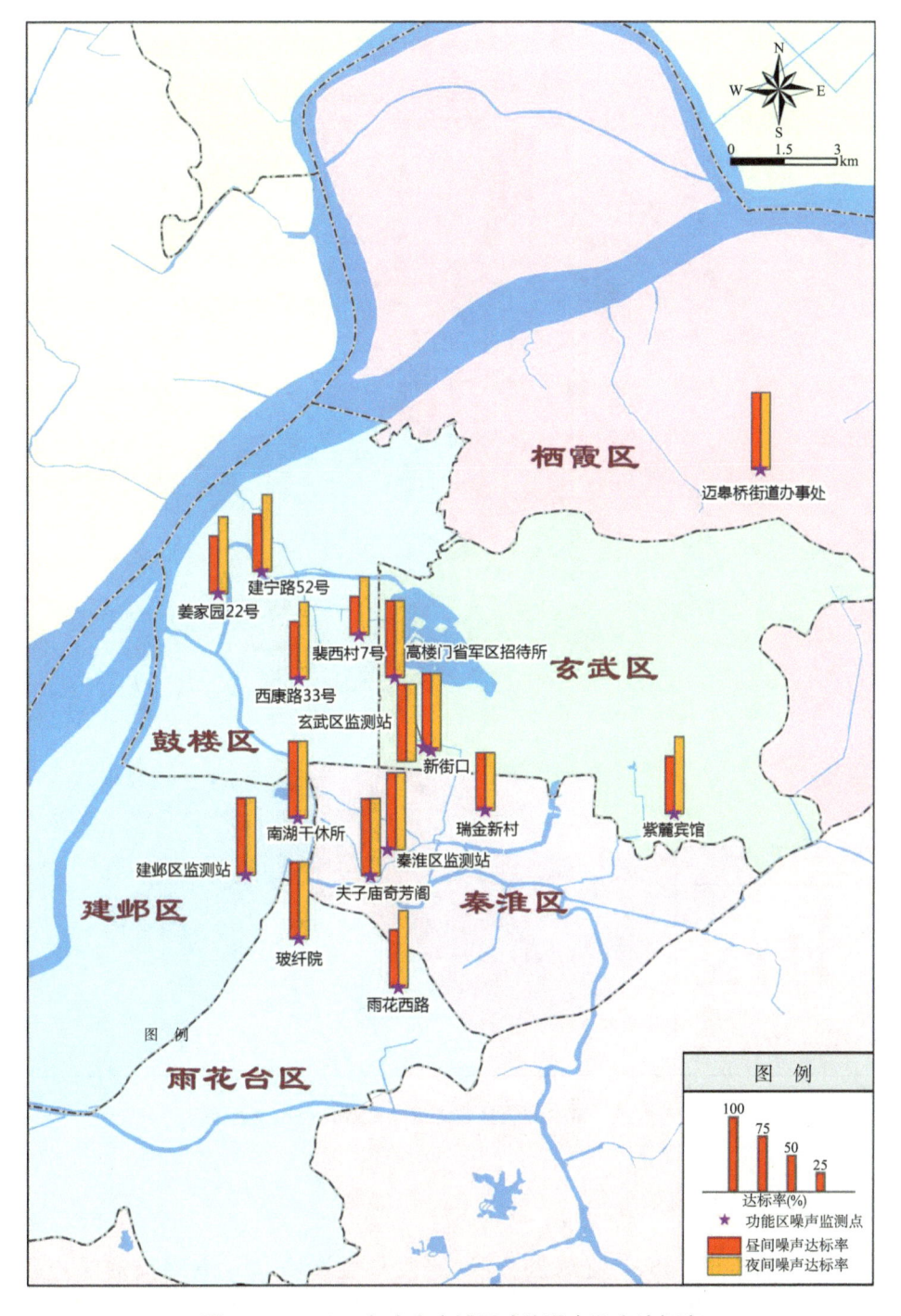

图 3-6-4　2022年南京市城区功能噪声昼夜达标率

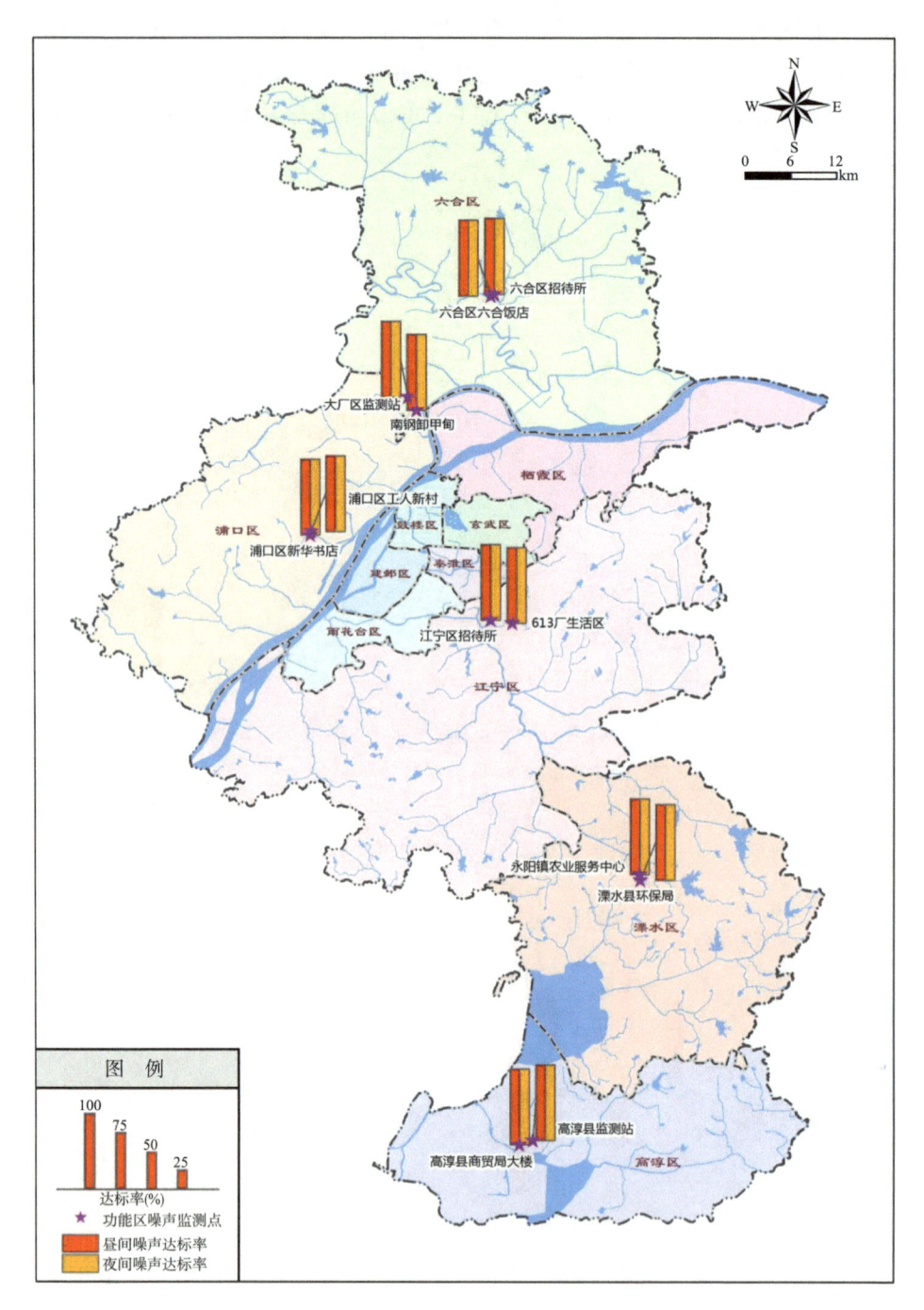

图 3-6-5　2022 年南京市郊区功能噪声昼夜达标率

(三) 道路交通声环境

2022 年城区布设 168 个监测点,监测路段长度 186 km,道路交通噪声强度为 67.4 dB(A),较 2021 年下降 0.2 dB(A),处于"好"水平。2022 年城区平均车流量为

2 115 辆/小时,较 2021 年上升 9.3 个百分点。2022 年城区达标路段占比 88.0%,较 2021 年上升 3.1 个百分点。

2022 年南京市城区主要交通干道声环境监测点位分布见图 3-6-6。

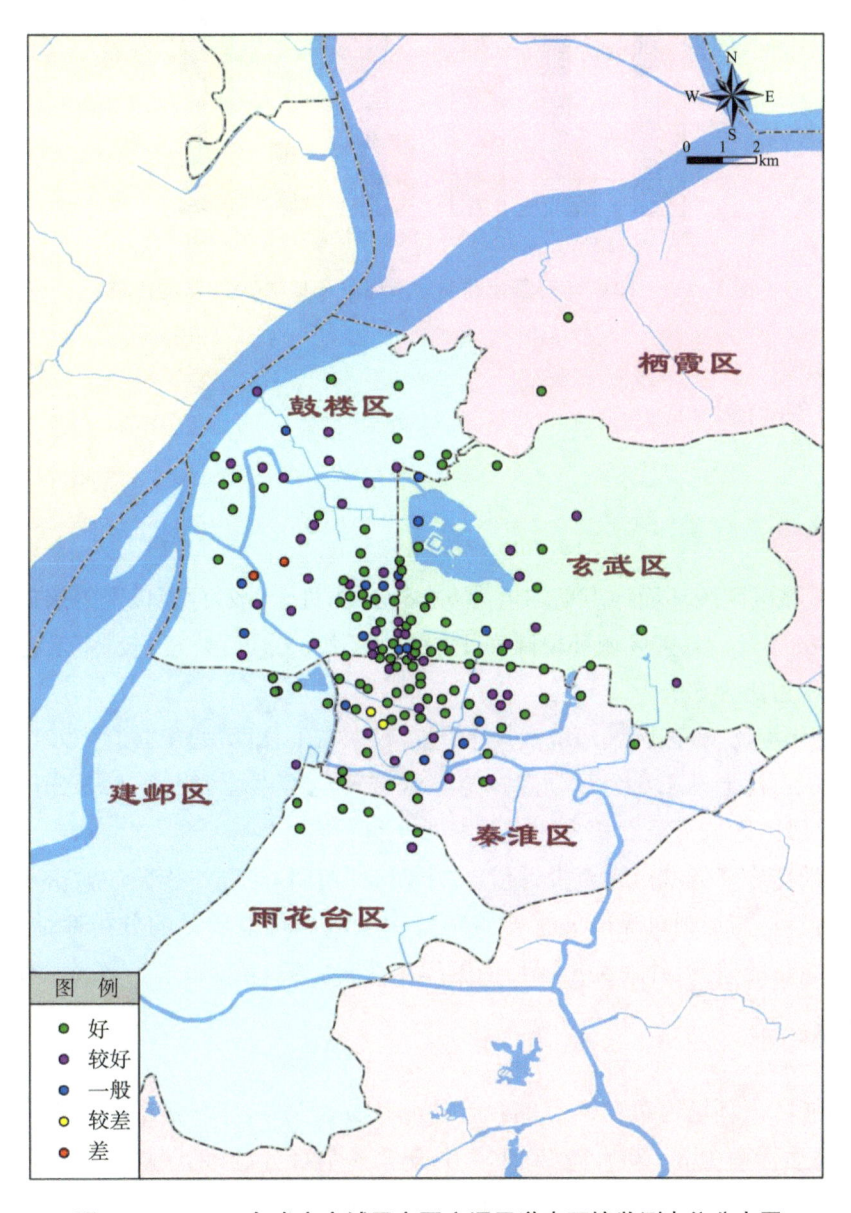

图 3-6-6　2022 年南京市城区主要交通干道声环境监测点位分布图

2022 年郊区所测的 79 条路段交通声环境均值为 66.5 dB(A),较 2021 年上升 0.7 dB(A),处于"好"水平。2022 年郊区平均车流量为 990 辆/小时,较 2021 年下降 35.3 个百分点。郊区达标路段占比 98.3%,较 2021 年下降 1.7 个百分点。

2022 年郊区道路交通声环境及其与上年度的比较见图 3-6-7。

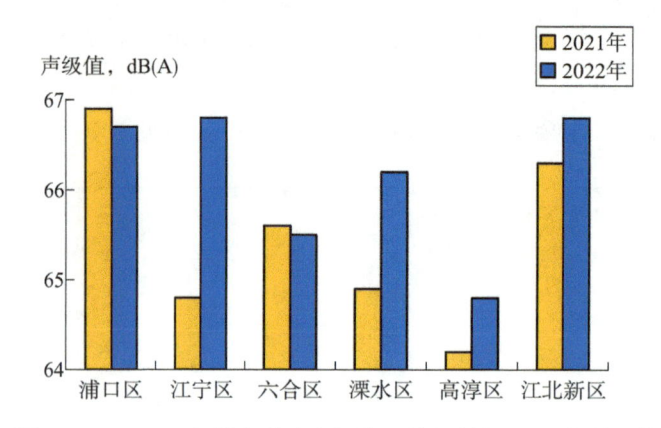

图 3-6-7 2022 年郊区道路交通声环境及其与 2021 年的比较

四、小结与分析

（一）区域声环境

2022 年，城区区域环境噪声平均值为 53.8 分贝，处于"较好"及以上等级的区域覆盖面积占比为 69.6%。郊区区域环境噪声平均值为 52.5 分贝，处于"较好"及以上等级的区域覆盖面积占比为 83.4%。

与 2021 年相比，城区区域环境噪声平均值下降 0.1 分贝，处于"较好"及以上等级的区域覆盖面积占比上升 4.6 个百分点。郊区区域环境噪声均值上升 0.3 分贝，处于"较好"及以上等级的区域覆盖面积占比上升 9.4 个百分点。

采取有效措施降低城市噪声投诉量。"十四五"期间，需进一步关注城市重点区域市民对噪声的投诉，需加强对噪声敏感建筑物集中区域声环境质量的分析评估，强化对该区域声环境质量的监测，针对突出噪声问题提出改善方案，切实改善声环境质量。

（二）功能区声环境

城区功能区声环境连续监测点的合计昼间达标率为 96.8%，较 2021 年下降 0.1 个百分点；夜间达标率为 87.3%，较 2021 年上升 3.3 个百分点；郊区功能区声环境监测点的昼间和夜间达标率均为 100%，昼间和夜间达标率均较 2021 年上升 2.1 个百分点。

功能区噪声夜间达标率需进一步提升。"十四五"期间，需根据城市功能区声环境现状调整功能区声环境监测点位，确保点位布设的科学性、规范性，确保监测数据真、准、全。

（三）道路交通声环境

2022 年，城区道路交通噪声平均值为 67.4 分贝，处于"较好"及以上等级的路段为

164 km，占总监测路段的 88.0%。郊区道路交通噪声平均值为 66.5 分贝，处于"较好"及以上等级的路段为 122 km，占总监测路段的 98.3%。

与上年度相比，城区道路交通噪声平均值下降 0.2 分贝，处于"较好"及以上等级的路段占比上升 3.1 个百分点；郊区道路交通噪声平均值上升 0.7 分贝，处于"较好"及以上等级的路段占比下降 1.7 个百分点。

交通噪声监测点位需及时调整。"十四五"期间，随着城市的进一步发展，原有点位代表性、科学性、规范性已不能满足城市发展现状，不能真实反映城市道路交通声环境质量状况，需及时调整城市道路交通声环境监测点位。

【专栏八】
南京市功能区噪声自动监测运行评估

新实施的《中华人民共和国噪声污染防治法》首次提出实行噪声污染防治目标责任制和考核评价制度。《中共中央国务院深入打好污染防治攻坚战的意见》，中共江苏省委、江苏省人民政府《关于深入打好污染防治攻坚战的实施意见》明确提出，"到 2025 年，城市建成区全面实现功能区声环境质量自动监测，夜间达标率达到 85% 以上"。近期生态环境部相继出台了《"十四五"噪声污染防治行动计划》（环大气〔2023〕1 号）和《关于加强噪声监测工作的意见》（环办监测〔2023〕2 号），明确提出"加强声环境质量监测站点管理"及"完善声环境质量监测网络"的要求。为切实做到掌握底数、提前谋划，南京中心对南京市功能区声环境质量自动监测结果进行评估分析。

一、功能区监测点位情况

目前，南京市共有 28 个功能区声环境质量监测点位，点位数量符合相关标准规范要求。

从行政区域来看，28 个功能区监测点覆盖全市所有行政区域，其中鼓楼区、秦淮区数量最多均为 4 个，其次是玄武区 3 个，栖霞区只有 1 个，其他区均为 2 个。

从功能区类别来看，28 个功能区监测点中，1 类区有 4 个、2 类区有 16 个、3 类区有 1 个、4a 类区有 7 个。

二、功能区自动监测建设情况

南京市功能区声环境质量自动监测站点于 2009 年开始建设，2012 年、2014 年、2015 年分四期建设完成。目前，28 个功能区声环境质量自动监测站点，除秦淮区"新街口"站点外，其余 27 个站点均已安装自动监测设备，覆盖了市辖区各板块。各区分布情况如表 3-6-1 所示。

表 3-6-1 南京市各行政区噪声自动监测设备统计表

鼓楼区	玄武区	建邺区	秦淮区	雨花台区	栖霞区
4套	3套	2套	3套	2套	1套
江宁区	浦口区	高淳区	溧水区	六合区	江北新区
2套	2套	2套	2套	2套	2套

三、自动监测达标情况

（一）2022年达标情况

2022年度南京市27个功能区自动监测站点，全年数据平均昼间达标率为86.7%，夜间达标率为62.9%。

从行政区域来看，各区昼间达标率范围为54.9%~99%，夜间达标率范围为3.2%~92.2%。城区昼间达标率最高为雨花台区97.4%，最低为鼓楼区86.0%；夜间达标率最高为秦淮区87.6%，最低为鼓楼区49.0%。郊区昼间达标率最高为溧水区99.0%，最低为江北新区54.9%；夜间达标率最高为六合区92.2%，最低为江北新区3.2%。

从功能区类别来看，1类功能区昼间平均达标率为54.7%，夜间平均达标率为15.1%；2类功能区昼间平均达标率为88.8%，夜间平均达标率为73.2%；3类功能区昼间平均达标率为97.7%，夜间平均达标率为6.4%；4a类功能区昼间平均达标率为99.0%，夜间平均达标率为76.5%。

（二）近5年达标情况

2018—2022年，全市27个功能区自动监测站点监测数据年平均昼间达标率范围为77.9%~91.0%，2019年达标率最高，2021年达标率最低；夜间达标率范围为51.9%~62.9%，2022年达标率最高，2018年达标率最低。

从行政区域来看，各区昼间达标率范围为45.7%~99.0%，夜间达标率范围为0.4%~94.3%，其中江北新区、栖霞区、高淳区昼间达标率常年低于全市平均值，江北新区、雨花台区、鼓楼区、建邺区、栖霞区夜间达标率常年低于全市平均值。

从功能区类别来看，1类功能区昼间达标率范围为41.0%~76.5%，夜间达标率范围为15.1%~28.8%；2类功能区昼间达标率范围为80.8%~90.7%，夜间达标率范围为59.4%~73.2%；3类功能区昼间达标率范围为89.6%~99.2%，夜间达标率范围为0.8%~14.3%；4a类功能区昼间达标率范围为91.1%~99.6%，夜间达标率范围为56.6%~76.5%。

四、存在问题

（一）声环境功能区划分及时性不满足要求

声环境功能区划分是开展声环境质量监测工作的基础，按照相关规定，每 5 年应当进行一次声环境功能区的调整，目前南京市声环境功能区划分方案为 2014 年版，随着城市的发展，部分功能区规划建设状况、土地利用类型、道路交通建设状况、敏感建筑物建设状况等均发生了变化，现有功能区类别及声环境质量执行标准值已不符合客观实际状况。

（二）监测点位设置规范性不满足要求

随着城市的发展建设，部分现有功能区声环境自动监测点位已不符合点位设置规范要求，如部分监测点位置不符合规范要求、站点周边存在固定噪声源、传声器反射距离不满足要求等，不能准确反映声环境情况。

（三）自动监测设施技术性能不满足要求

南京市部分自动监测设施已经运行 10 年以上，部分设备性能已不符合国家最新规范要求，同时存在设备老化严重、性能下降、功能不完善等问题，监测数据质量得不到有效保障。

五、对策建议

（一）更新南京声环境功能区划分方案

结合城市发展建设，严格按照标准规范，重新开展声环境功能区划分，明确各区域声环境质量标准要求。及时开展声环境质量监测点位的调整，确保监测点位布设的科学性、代表性和规范性。

（二）完善声环境质量自动监测设备管理

对老旧设备进行更新，按照最新要求，完善自动监测设施、设备，加强监测设备运行维护管理，保障监测数据质量。

（三）强化噪声污染防治措施落实

提高认识，针对噪声污染严重的区域、时段开展深入研究，针对噪声污染源，科学制订噪声污染防治计划，严格实施污染防治措施，定期开展治理效果评估，解决突出声环境质量问题，切实改善区域声环境质量。

第七节　土壤环境质量

2022年,南京市开展了国家网土壤风险监控点例行监测,风险监控区域土壤环境质量总体稳定,未超农用地土壤污染风险筛选值点位比例为41.2%,局部地区土壤重金属含量偏高,主要污染因子为铜、镉和汞。

一、监测概况

根据省环境监测中心《关于印发〈2022年江苏省土壤环境监测工作技术要求〉的通知》(苏环监〔2022〕10号)要求,南京市对辖区内国家网17个风险监控点开展了监测工作,土壤环境质量监测点位分布见图3-7-1。样品采集、制备、流转和保存执行《土壤样品采集技术规定》(总站土字〔2018〕407号);分析测试执行中国环境监测总站《关于印发〈2022年土壤风险监控点监测工作技术要求〉的通知》(总站土字〔2022〕82号)等相关要求。

所有点位采集0～20 cm表层土壤样品,监测项目包括3大类,分别为理化指标土壤pH值、阳离子交换量和有机质含量,无机污染物镉、汞、砷、铅、铬、铜、锌、镍的全量,有机污染物六六六、滴滴涕和除萘外的15种多环芳烃。

评价标准执行《土壤环境质量 农用地土壤污染风险管控标准(试行)》(GB 15618—2018)中的风险筛选值和风险管制值。

二、监测结果及评价

(一)理化指标

开展监测的17个点位土壤pH值范围在4.53～7.35,平均值为6.17,整体呈酸性。土壤pH值处于酸性(pH值5.5～6.5)、中性(pH值6.5～7.5)和强酸性(pH值4.5～5.5)的点位比例分别为58.8%、29.4%和11.8%。最高点位于南京东瑞水电工程有限公司,最低点位于远洋山水营销示范区。土壤酸碱度构成比例见图3-7-2。

土壤有机质含量范围在11.4～32.8 g/kg,平均值为23.4 g/kg;最高点位于南京雅堡铁艺工程公司和南京贞元机械制造有限公司,最低点位于南京贞元机械制造有限公司。

土壤阳离子交换量范围在6.80～26.3 cmol$^+$/kg,平均值为18.4 cmol$^+$/kg,最高点位于江宁湖熟晶明社区,最低点位于远洋山水营销示范区和南京云台山硫铁矿有限公司。

图 3-7-1　2022 年南京市土壤环境质量监测点位分布图

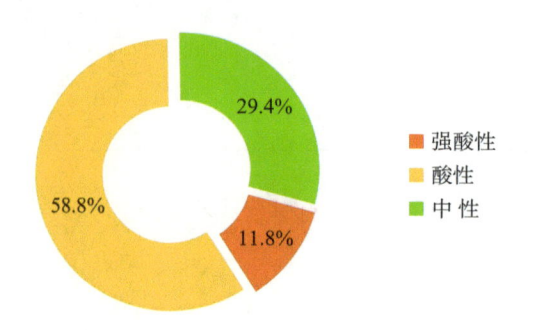

图 3-7-2　2022 年南京市土壤环境质量监测点酸碱度构成比例

（二）风险筛选因子

总体来看，开展监测的 17 个点位中，污染物含量均低于风险筛选值的点位有 7 个，占比 41.2%；超风险筛选值但不超风险管制值的点位有 10 个，占比 58.8%，无超风险管制值点位。

从单项污染物来看，超风险筛选值因子为铜、镉、汞、铅和锌，超标比例分别为 29.4%、23.5%、23.5%、17.6% 和 5.9%，超标倍数在 0.03～2.77 倍。六六六、滴滴涕和苯并[a]芘含量均未超风险筛选值。

三、小结及分析

（一）结论

2022 年南京市监测区域内 17 个风险监控点位中，污染物含量均低于风险筛选值的点位有 7 个，占比 41.2%；超风险筛选值但不超风险管制值的点位有 10 个，占比 58.8%，无超风险管制值点位。主要污染因子为铜、镉、铅、汞和锌。

（二）原因分析

超风险筛选值区域中，有 2 个区域位于金属矿采选企业周边，其中，南京九华山铜矿（废弃）和仙人桥矿业有限公司位于江宁区汤山街道，远洋山水营销示范区位于江宁区谷里街道，涉及的企业均已停产关闭，监测点位重金属超标可能与区域自然地质背景和历史矿产开发有关。

江宁湖熟晶明社区和南京贞元机械制造有限公司位于江宁区湖熟街道，现周边均为农田，监测点位重金属超标可能与该区域历史企业生产排放有关。

（三）变化趋势分析

与上年度相比，南京市 11 个重点风险监控点土壤环境质量略有好转，未超农用地土壤污染风险筛选值点位比例由18.2%提升至27.3%,主要污染因子仍为铜、镉、铅、汞和锌。6个一般风险监控点为首次监测,未超农用地土壤污染风险筛选值点位比例为66.7%,主要污染因子为汞。

第八节　生物环境

2022年南京市重点流域各点位底栖动物生物多样性均为良好及以上等级;着生藻类生物多样性除城北水厂和远古水厂为中等等级外,其他点位均为良好及以上等级。霉菌总数、细菌总数以及植物叶片中含氟量为清洁水平,植物叶片中含硫量为轻度污染水平。各个主要湖库未发生明显水华现象,综合营养状态指数也基本保持稳定。饮用水水源地水质均无急性毒性,水质稳定。

一、监测概况

2022年南京市对主要湖库、饮用水水源地、重点流域及省控城市空气生物监测点位等开展了生物监测工作。开展的监测项目包括底栖动物、着生藻类、浮游植物、水质急性毒性、空气微生物(细菌总数、霉菌总数)、植物叶片中的含硫量和含氟量。

(一)重点流域水生生物

监测点位:外秦淮河七桥瓮、秦淮新河节制闸、滁河陈浅、长江九乡河口、城南水厂取水口、城北水厂取水口、远古水厂取水口;监测项目为底栖动物和着生藻类;监测频率为每年2次,点位见图3-8-1。

(二)空气质量生物

空气质量生物监测点位参照大气自动监测站点,共11个。监测项目为空气中细菌总数、霉菌总数,植物叶片中含硫量、含氟量。监测频次每年2次,点位见图3-8-2。

(三)湖库蓝藻水华预警

监测4个湖库:玄武湖、固城湖、石臼湖、金牛山水库,监测项目为水温、透明度、溶解氧、pH值、高锰酸盐指数、总氮、总磷、叶绿素a、浮游植物,监测频率为每年5月至10月,每月1次。如发生水华现象,则增加监测频率。

(四)水质急性毒性监测

设置3个监测点位:城南水厂取水口、城北水厂取水口和远古水厂取水口,监测项目为发光菌急性毒性,监测频次为每年2次。

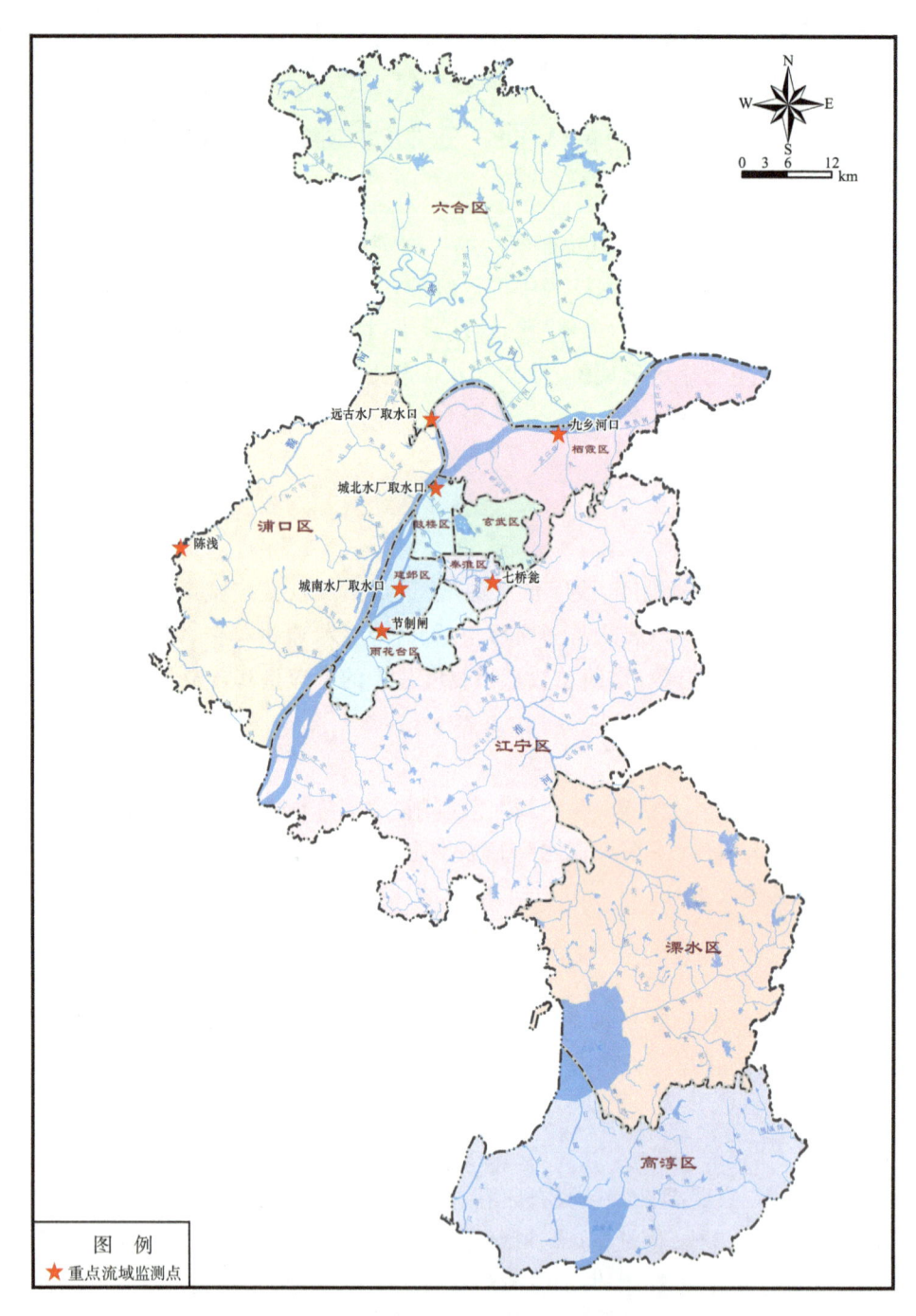

图 3-8-1 南京市重点流域水生生物监测点位分布图

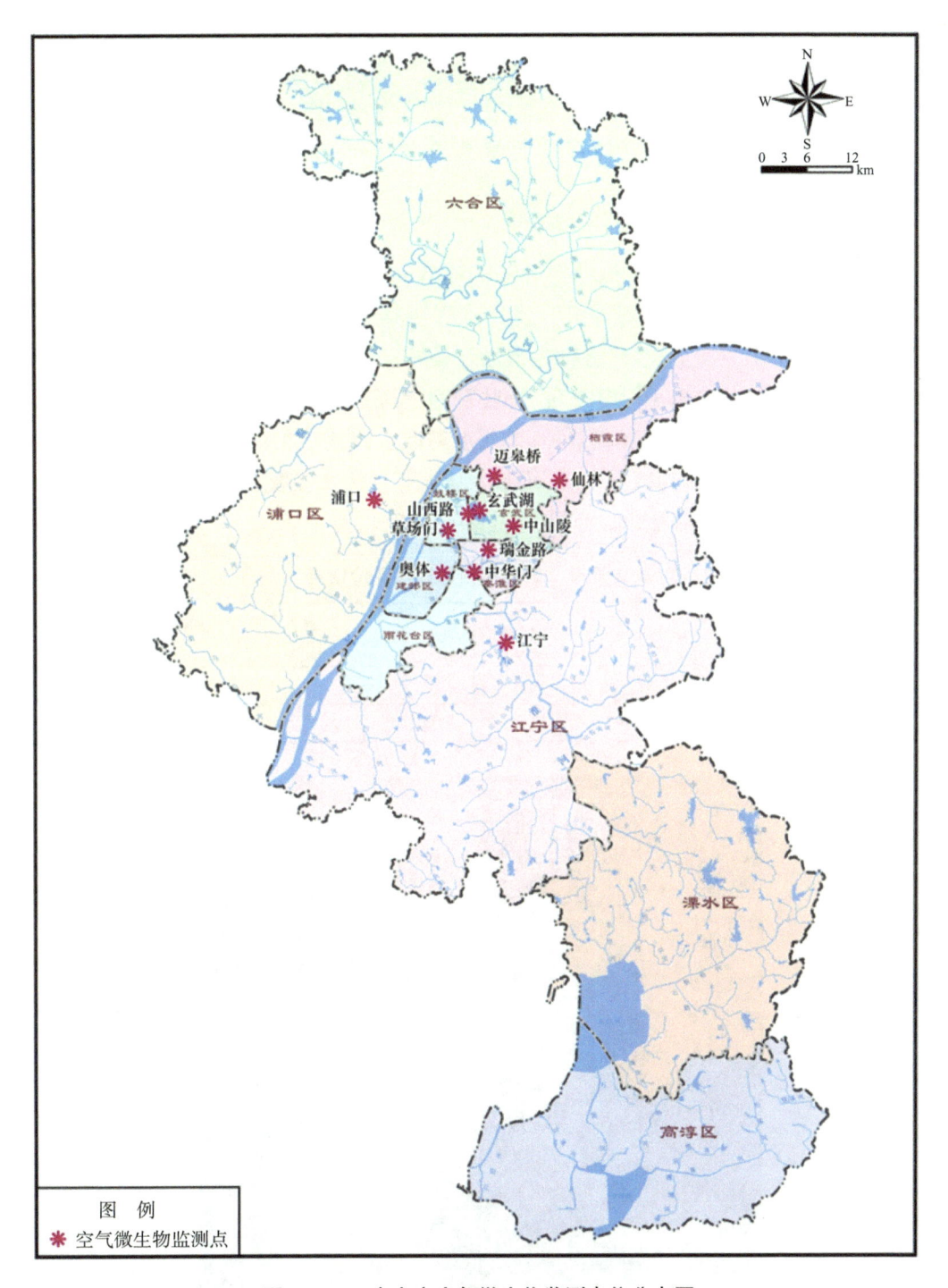

图 3-8-2 南京市空气微生物监测点位分布图

二、监测结果与评价

(一)重点流域水生生物

底栖动物、着生藻类的生物多样性状况采用 Shannon-Wiener 多样性指数(H)评价。

1. 底栖动物

2022 年重点流域各点位底栖动物 Shannon-Wiener 多样性指数在 2.3~3.6 之间,均为良好及以上等级,其中节制闸等级为优秀。陈浅共检出 10 属 13 种,优势种为梨形环棱螺;七桥瓮共检出 5 属 7 种,优势种为梨形环棱螺;节制闸共检出 13 属 15 种,优势种为苍白摇蚊;九乡河口共检出 10 属 10 种,优势种为齿斑摇蚊属某种;城南水厂取水口共检出 11 属 12 种,优势种为螺蠃蜚属某种;城北水厂取水口共检出 8 属 8 种,优势种为螺蠃蜚属某种;远古水厂取水口共检出 11 属 11 种,优势种为大鳌蜚属某种。底栖动物多样性评价结果见表 3-8-1,底栖动物优势种图见图 3-8-3。

表 3-8-1 底栖动物多样性评价结果

监测点位	陈浅	七桥瓮	节制闸	九乡河口	城南水厂取水口	城北水厂取水口	远古水厂取水口
多样性指数(H)	3.0	2.3	3.6	2.9	2.9	2.8	2.9
等级	良好	良好	优秀	良好	良好	良好	良好

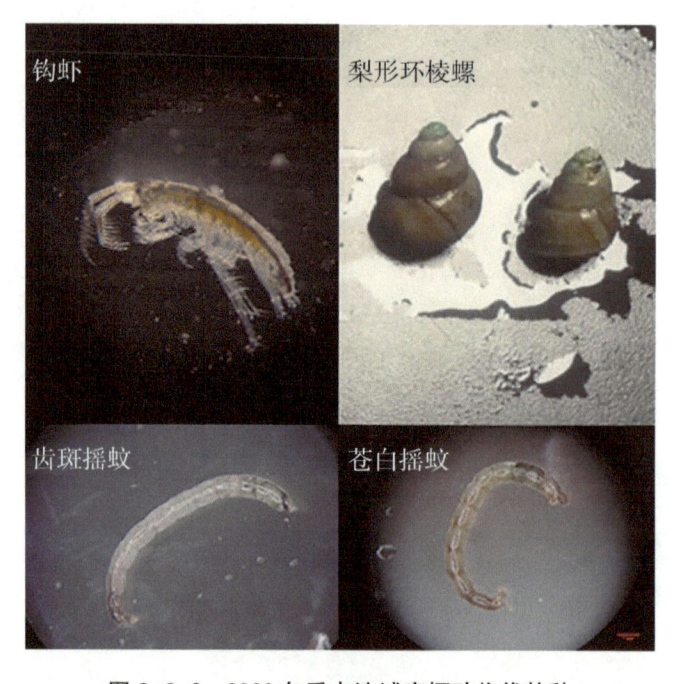

图 3-8-3 2022 年重点流域底栖动物优势种

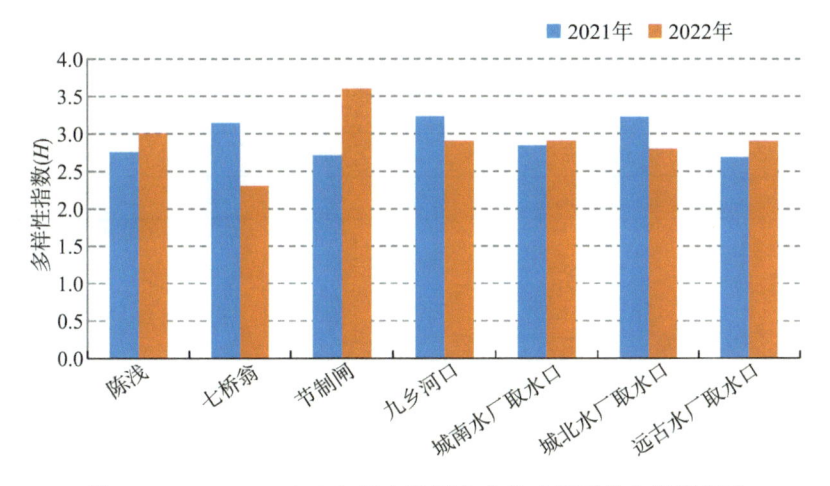

图 3-8-4　2021—2022 年重点流域各点位底栖动物多样性指数

与上年度相比,2022 年多样性指数均值保持不变,均为良好等级,底栖动物多样性水平保持稳定(图 3-8-4)。

2. 着生藻类

2022 年重点流域各点位着生藻类 Shannon-Wiener 多样性指数范围为 1.2～4.1,其中陈浅、七桥瓮、节制闸等级为优秀,城北水厂取水口和远古水厂取水口等级为中等,其他各点位为良好。陈浅共检出 30 属 41 种,优势种为假鱼腥藻属某种;七桥瓮共检出 23 属 27 种,优势种为假鱼腥藻属某种;节制闸共检出 29 属 40 种,优势种为菱形藻属某种;九乡河口共检出 20 属 26 种,优势种为卵形藻属某种;城南水厂取水口共检出 23 属 33 种,优势种为舟形藻属某种;城北水厂取水口共检出 17 属 27 种,优势种为舟形藻属某种;远古水厂取水口共检出 24 属 37 种,优势种为舟形藻属某种。多样性评价结果见表 3-8-2。着生藻类优势种图见图 3-8-5。

(二)空气质量生物

1. 空气微生物

2022 年的空气中微生物监测结果表明,南京 11 个监测点微生物总数范围为 252～1 105 菌落形成单位/m³,均值为 533 菌落形成单位/m³;细菌总数范围为 138～418 菌落形成单位/m³,均值为 253 菌落形成单位/m³;霉菌总数范围为 115～688 菌落形成单位/m³,均值为 280 菌落形成单位/m³。

与上年度相比霉菌总数和微生物总数略有降低,细菌总数略有上升,评价均为清洁,空气质量保持稳定。2022 年各测点微生物总数(均值)依次从高到低顺序为:中华门>草场门=江宁>玄武湖>迈皋桥>仙林>中山陵>瑞金路>山西路>奥体>浦口,见图 3-8-7。细菌总数和霉菌总数均为中华门最高、浦口最低。

表 3-8-2 着生藻类多样性评价结果

监测点位	陈浅	七桥瓮	节制闸	九乡河口	城南水厂取水口	城北水厂取水口	远古水厂取水口
多样性指数(H)	3.6	3.2	4.1	2.9	2.3	1.2	1.5
等级	优秀	优秀	优秀	良好	良好	中等	中等

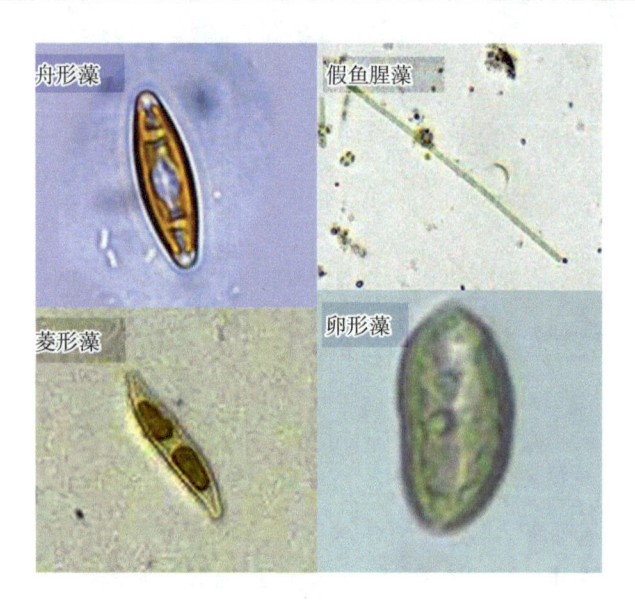

图 3-8-5 2022 年重点流域着生藻类优势种

与上年度相比,2022 年多样性指数均值由 2.4 升至 2.7,均为良好等级,着生藻类多样性水平稳中趋好(图 3-8-6)。

图 3-8-6 2021—2022 年重点流域各点位着生藻类多样性指数

图 3-8-7　2022 年南京市不同点位空气微生物数量

2. 植物叶片中含硫量和含氟量

植物叶片中硫和氟含量采用《生物监测》(周凤霞,化学工业出版社,2012 年)列出的污染指数法(IP)评价。采样时间和点位与空气微生物一致,其中中山陵为对照点位,选择的树种均为雪松。

监测结果表明:2022 年,全市各点位植物叶片中硫(S)和氟(F)含量的年均 IP 值(IPS 和 IPF)分别为 1.49 与 1.05。与上年度相比,IPF 的年均值基本不变,环境空气污染程度为清洁水平;IPS 的年均值升高,环境空气污染程度为轻度污染,但各点位含硫量均值未发生明显变化。综合 IP 值及各点位含硫量和含氟量均值来看,空气质量基本保持稳定。2022 年南京市植物叶片含硫量、含氟量 IP 值见图 3-8-8。

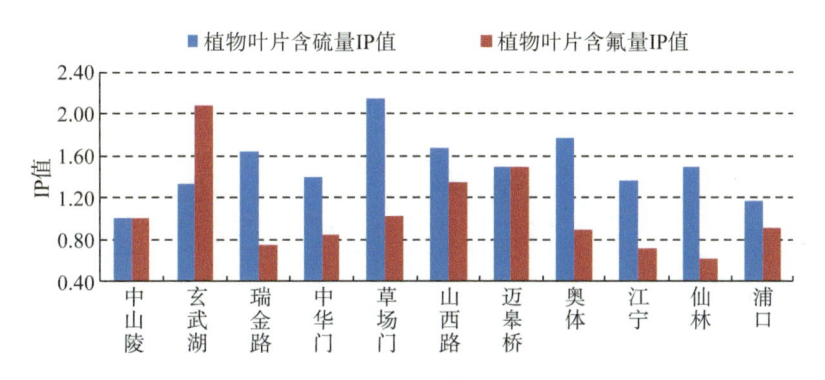

图 3-8-8　2022 年南京市植物叶片含硫量、含氟量 IP 值

(三) 湖库蓝藻水华预警

2022 年 5 月至 10 月,对玄武湖、固城湖、石臼湖、金牛山水库开展蓝藻水华预警监测,监测结果表明:4 个湖库均未发生水华现象;4 个湖库藻类密度基本在 7 月和 8 月达到最高水平,其中金牛山水库 7 月最高,藻类密度为 3.18×10^7 cells/L,其他湖泊均为 8

月密度最高,固城湖、石臼湖、玄武湖藻类密度分别为 $3.87×10^7$ cells/L、$7.02×10^7$ cells/L 和 $2.56×10^7$ cells/L。湖库综合营养状态指数(TLI)基本在 8 月至 10 月达到最高值,其中玄武湖 8 月最高,TLI 值为 60.11;固城湖 9 月最高,TLI 值为 53.57;石臼湖和金牛山水库 10 月最高,TLI 值分别为 61.32 和 46.35。2022 年各个湖库藻类密度和 TLI 指数情况见图 3-8-9 和 3-8-10。

与上年度相比,4 个湖库均未发生水华现象,藻类平均密度降低,综合营养状态指数也略有下降,湖库水华状况和富营养化状况整体向好。

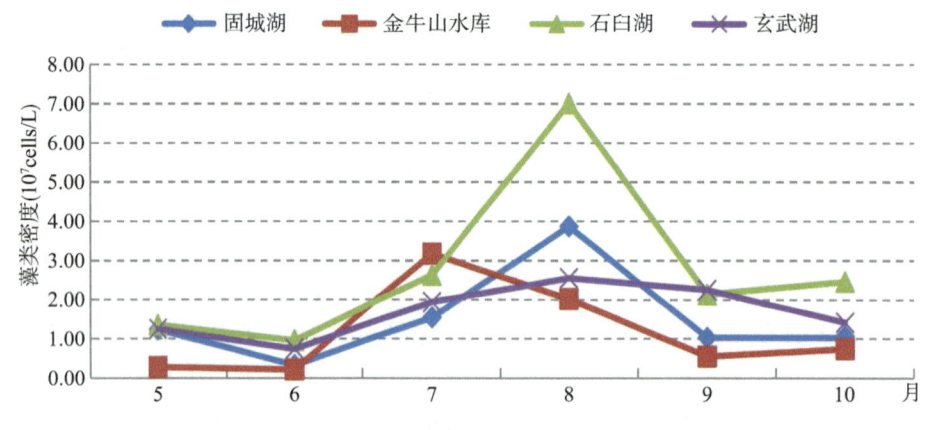

图 3-8-9　2022 年南京市各湖库 5 月至 10 月藻类密度变化情况

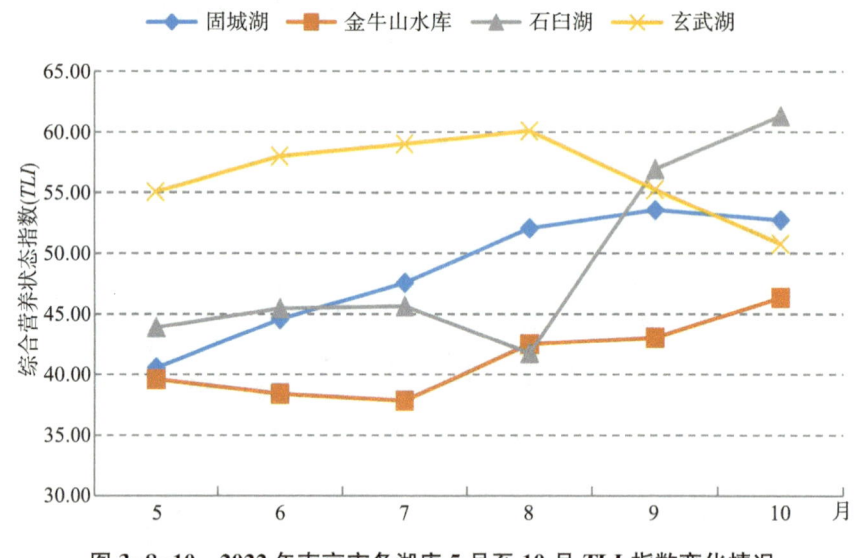

图 3-8-10　2022 年南京市各湖库 5 月至 10 月 TLI 指数变化情况

(四)水质急性毒性监测

2022 年 4 月和 9 月对城南水厂取水口、城北水厂取水口和远古水厂取水口等饮用水水源地开展水质急性毒性监测,监测结果表明,3 点位相对发光度范围 107%～129%,均无急性毒性。急性毒性监测结果见图 3-8-11。与上年度相比,无明显变化,水质稳定。

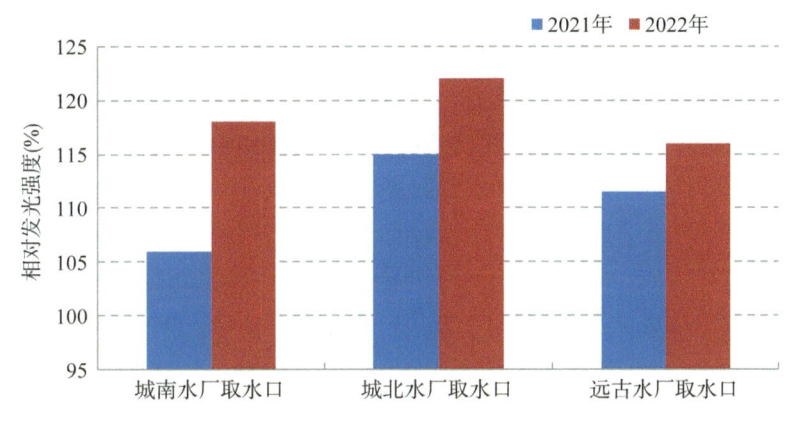

图 3-8-11　2021—2022 年水质急性毒性监测结果

三、小结及预测分析

（1）重点流域各点位底栖动物 Shannon-Wiener 多样性指数范围在 2.3～3.6,等级均为良好及以上。与上年度相比,2022 年多样性指数均值保持不变,等级均为良好,底栖动物多样性水平保持稳定。

目前,长江、秦淮河、滁河等都处于十年禁捕期间,河流沿岸生态环境均得到良好保护,预计"十四五"期间重点流域各点位优势种将保持稳定,蜉蝣目、毛翅目、襀翅目等清洁物种出现频率将会增加,多样性水平将维持在良好状态。

（2）重点流域各点位着生藻类 Shannon-Wiener 多样性指数范围在 1.2～4.1,与上年度相比,2022 年多样性指数均值由 2.4 升至 2.7,均为良好等级,着生藻类多样性水平稳中趋好。

由于长江干流水流速度较快,不利于着生藻类的生长,预计"十四五"期间,长江干流点位包括城南水厂、城北水厂、远古水厂、九乡河口等点位多样性指数将维持在 2.0 左右,优势种以舟形藻为主,其他点位的多样性指数将保持在 3.5 左右,着生藻类多样性水平整体将维持在良好状态。

（3）11 个监测点位细菌总数均值为 253 菌落形成单位/m^3、霉菌总数均值为 280 菌落形成单位/m^3、微生物总数均值为 533 菌落形成单位/m^3,均为清洁水平。与上年度相比霉菌总数和微生物总数略有下降,细菌总数有所上升,评价均为清洁,空气质量保持稳定。

近 10 年来,南京市空气微生物总数均未超过 1 000 菌落形成单位/m^3,均为清洁水平,预计"十四五"期间空气微生物总数均值将在 550 菌落形成单位/m^3 附近波动。

（4）2022 年植物叶片中含硫量、含氟量以中山陵为对照点,全市环境空气污染指数 IPS、IPF 年均值分别为 1.49、1.05。与上年度相比,IPF 值基本不变,环境空气污染程度为清洁水平;IPS值升高,环境空气污染程度为轻度污染。

近10年来,IPF值逐渐降低至1.0附近,含氟量降低至5.0毫克/千克附近;IPS虽然有波动,但含硫量均值已逐渐降至1 100毫克/千克附近,一般植物含硫量在0.1%至0.5%左右,随着控制二氧化硫排放工作的持续开展,含硫量均值将保持在1 000毫克/千克附近,预计"十四五"期间IPS和IPF总体将保持清洁水平。

(5) 2022年5月至10月,固城湖、石臼湖、玄武湖、金牛山水库均未发生水华现象,同时藻类密度下降,各个湖库的综合营养状态指数略有下降,湖库水华状况和富营养化状况整体向好。

随着湖库总磷、总氮整体浓度的下降,预计"十四五"期间不会发生大规模水华的情况。

(6) 2022年城南水厂取水口、城北水厂取水口和远古水厂取水口3个饮用水水源地相对发光度范围为107%～129%,均无急性毒性。与上年度相比,无明显变化,水质稳定。

3个水源地均自长江取水,在当前长江环境保护力度下,预计"十四五"期间水源地将均无急性毒性。

【专栏九】
南京市 2022 年水生态监测专项报告

根据省厅生态环境监测方案,南京中心开展了南京市2022年水生生物监测工作。初步结论为:和上年度相比,2022年水生态监测点位生境状况、水质指标和底栖动物多样性水平保持稳定,着生藻类多样性水平稳中有升。滁河、秦淮河以及长江南京段水生态环境质量综合评价指数均值由4.1升至4.2,处于良好等级,水生态环境质量状况整体稳中趋好。

一、监测与评价方法

(一) 监测方法

1. 监测点位

南京市水生态监测共设置7个监测点位,分别为:位于长江的城南水厂取水口、城北水厂取水口、远古水厂取水口和九乡河口;位于滁河的陈浅;位于秦淮河的七桥瓮和位于秦淮新河的节制闸。点位分布见图3-8-12。

2. 监测频次

水质每月监测一次;水生生物每年监测2次,分别在5月和9月进行。

3. 监测项目

水质指标:水质监测项目为国控点要求的《地表水环境质量标准》(GB 3838—2002)

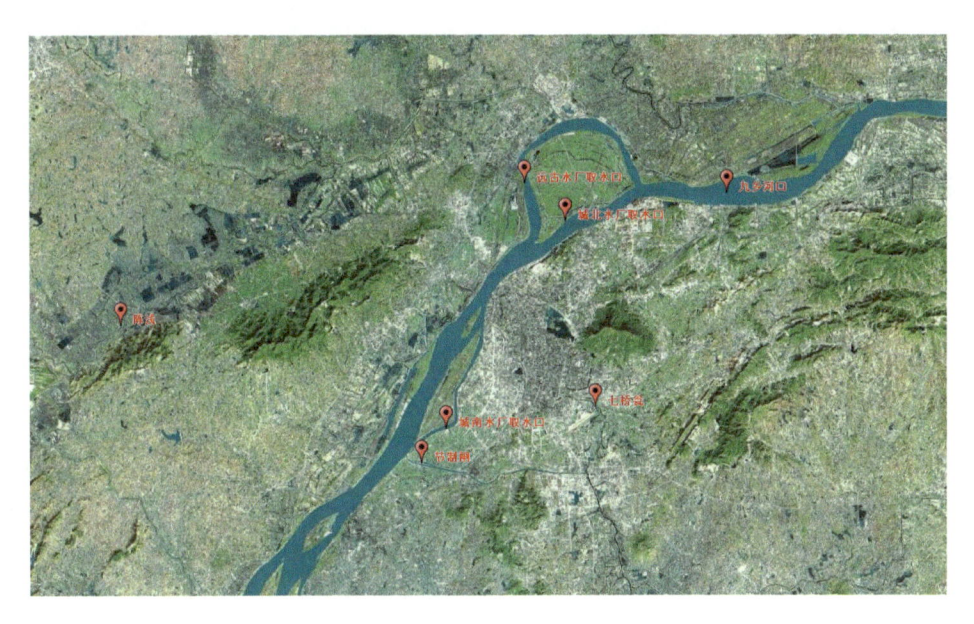

图 3-8-12　南京市水生态监测采样点位分布图

的表 1 中 24 项。

生境指标:按照《河流水生态环境质量监测与评价技术指南》生境评价数据表进行。

生物指标:底栖动物、着生藻类。

(二)评价方法

根据《河流水生态环境质量监测与评价技术指南》,通过水化学指标、水生生物指标和生境指标加权求和,计算河流水生态环境质量综合评价指数($WEQI_{river}$),用以评价水环境整体的质量状况,详见附录。

二、监测结果

(一)水质指标

2022 年,除陈浅点位水质为Ⅲ类外,其他点位均为Ⅱ类水质水平。和上年度相比,七桥瓮点位由Ⅲ类水质升至Ⅱ类水质,其他点位水质类别保持不变,南京水生态监测断面水质稳定向好。水质评价结果见表 3-8-3。

表 3-8-3　2021—2022 年南京水生态监测点位水质评价结果

年份	城南水厂取水口	城北水厂取水口	远古水厂取水口	九乡河口	陈浅	七桥瓮	节制闸
2021	Ⅱ类	Ⅱ类	Ⅱ类	Ⅱ类	Ⅲ类	Ⅲ类	Ⅱ类
2022	Ⅱ类	Ⅱ类	Ⅱ类	Ⅱ类	Ⅲ类	Ⅱ类	Ⅱ类

(二)生境指标

2022年,南京水生态监测点位生境状况总体保持良好,和上年度相比,七桥瓮、节制闸和长江南京段点位生境保持稳定,陈浅点位有所降低。各点位生境得分见表3-8-4。

表3-8-4　2021—2022年南京水生态监测点位生境得分

年份	城南水厂取水口	城北水厂取水口	远古水厂取水口	九乡河口	陈浅	七桥瓮	节制闸
2021	143	140	136	125	164	150	111
2022	135	144	139	121	136	144	96

(三)生物指标

1. 底栖动物

2022年,南京水生态监测点位底栖动物种类数共检出30种,主要优势种为环棱螺、钩虾和摇蚊。其中,长江南京段共检出17种,优势种为钩虾,多样性指数为2.9。和上年度相比,种类数和多样性指数均略有下降,蜉蝣目、蜻蜓目等水生昆虫未检出,可能是2022年下半年长江流域降水量少致水位偏低,以及气温高致水中溶解氧含量偏低所致。

滁河陈浅点位共检出13种底栖动物,优势种为环棱螺,多样性指数为3.0。和上年度相比,新检出丽蚌、矛蚌、圆顶珠蚌等软体动物,种类数和多样性指数均升高。

秦淮河七桥瓮点位共检出7种底栖动物,优势种为环棱螺,多样性指数为2.3。和上年度相比,种类数和多样性指数均降低,未检出河蚬等软体动物和齿吻沙蚕等多毛类动物,可能也是受气象条件影响所致。

秦淮新河节制闸点位共检出15种底栖动物,优势种为摇蚊,多样性指数为3.6。和上年度相比,多检出河蚬和一种摇蚊,种类数和多样性指数均升高。

2022年各监测点位多样性指数均值约为2.9,较上年度持平,底栖动物多样性水平保持稳定。各点位底栖动物Shannon-Wiener多样性指数见表3-8-5。

表3-8-5　2021—2022年南京水生态监测点位底栖动物Shannon-Wiener多样性指数

年份	城南水厂取水口	城北水厂取水口	远古水厂取水口	九乡河口	陈浅	七桥瓮	节制闸
2021	2.8	3.2	2.7	3.2	2.8	3.1	2.7
2022	2.9	2.8	2.9	2.9	3.0	2.3	3.6

2. 着生藻类

2022年,南京水生态监测点位底栖动物种类数共检出77种,主要优势种为舟形藻、假鱼腥藻和直链藻。

其中,长江南京段共检出56种,主要优势种为舟形藻属和变异直链藻,多样性指数为2.0。和上年度相比,优势种保持不变,种类数增加,多样性指数略有降低。

滁河陈浅共检出 41 种,主要优势种为舟形藻属和假鱼腥藻属,多样性指数为 3.6。和上年度相比,优势种保持不变,种类数和多样性指数均升高。

秦淮河七桥瓮共检出 27 种,主要优势种为假鱼腥藻属和卵形藻属,多样性指数为 3.2。和上年度相比,优势种由舟形藻变为假鱼腥藻属,种类数减少,多样性指数升高。

秦淮新河节制闸共检出 40 种,主要优势种为菱形藻属和舟形藻属,多样性指数为 4.1。和上年度相比,优势种保持不变,种类数和多样性指数均升高。

2022 年各监测点位多样性指数均值约为 2.7,较上年度上升约 0.3,着生藻类多样性水平稳中有升。各点位着生藻类 Shannon-Wiener 多样性指数见表 3-8-6。

表 3-8-6　2021—2022 年南京水生态监测点位着生藻类 Shannon-Wiener 多样性指数

年份	城南水厂取水口	城北水厂取水口	远古水厂取水口	九乡河口	陈浅	七桥瓮	节制闸
2021	2.2	2.3	1.4	2.4	3.1	2.8	2.7
2022	2.3	1.2	1.5	2.9	3.6	3.2	4.1

(四) 水生态环境质量综合评估

2022 年,南京水生态环境质量综合评价指数整体得分为 4.2 分,其中长江南京段得分约为 4.2 分,较上年度上升约 0.1,水生态环境质量为良好等级,水生态环境质量状况稳中有升。水生态环境质量综合评价指数见表 3-8-7。

表 3-8-7　2021—2022 年南京水生态监测点位水生态环境质量综合评价指数

年份	城南水厂取水口	城北水厂取水口	远古水厂取水口	九乡河口	陈浅	七桥瓮	节制闸
2021	4.0	4.0	4.0	4.4	4.2	4.0	4.2
2022	4.4	4.0	4.0	4.4	4.0	4.4	4.6

第九节　生态环境质量

2022 年南京市生态景观格局总体保持稳定,生态质量保持在"三类"水平,与上年度相比,生态质量基本稳定。

一、生态景观状况

(一) 生态景观现状

生态景观解译以高分一号、二号、六号影像数据为数据源,经人工目视解译并结合地面核查进行。根据中国环境监测总站制定的土地利用分类体系,土地利用分成耕地、林地、草地、水域、城乡(居民、工矿)建设用地和未利用土地共计 6 大类 26 小类(南京市 17 小类),各类生态景观分布状况见图 3-9-1。通过解译,2022 年南京市土地总面积为

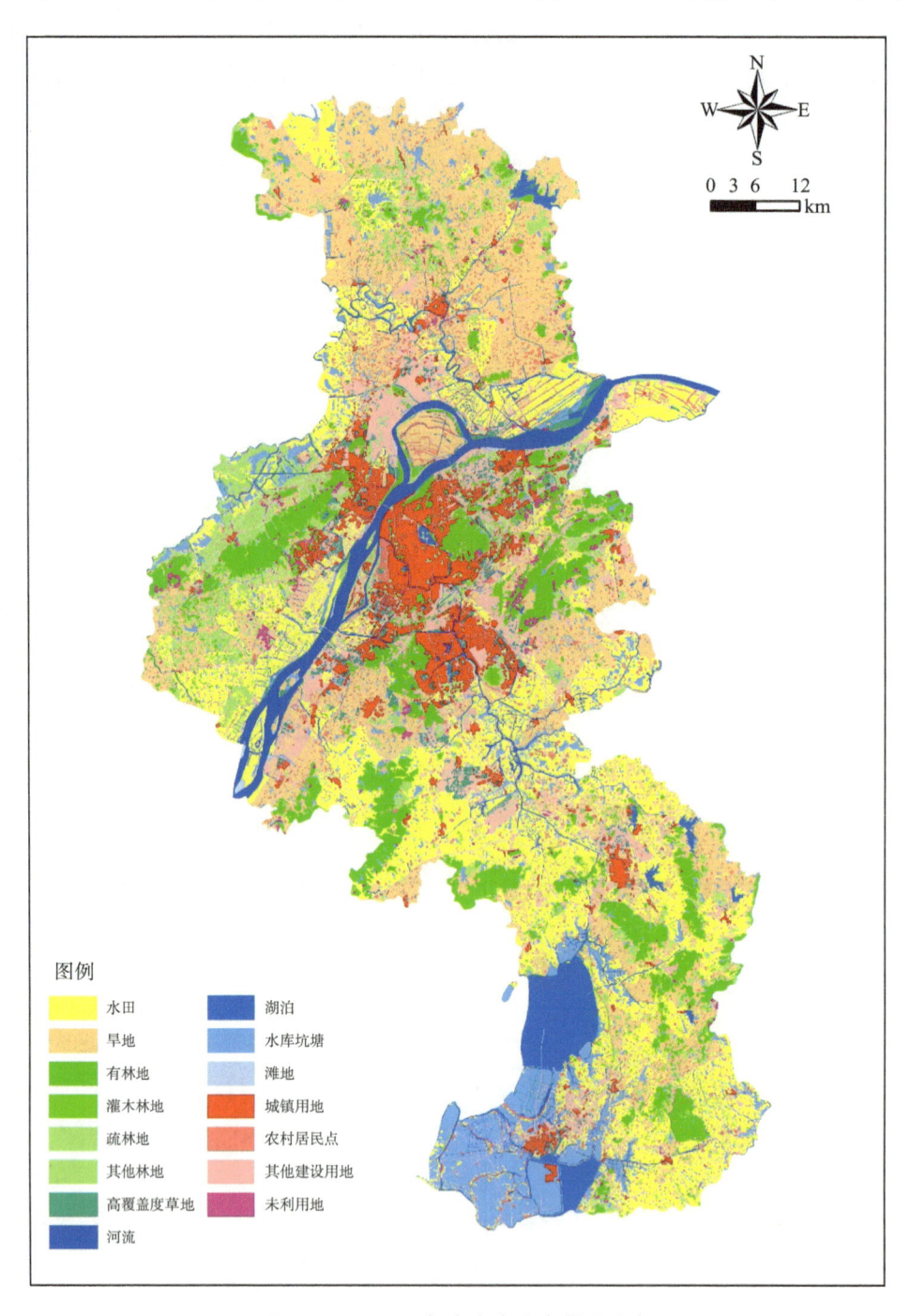

图 3-9-1　2022 年南京市生态景观分布

6 586.26 km²。其中,耕地面积 1 409.16 km²,占 21.40%;林地 1 666.12 km²,占 25.30%;草地 841.54 km²,占 12.78%;水域 1 154.26 km²,占 17.53%;建设用地 1 512.34 km²,占 22.96%;未利用土地 2.84 km²,占 0.04%,生态景观占比见图 3-9-2。可见,南京市土地利用率极高,达 99.96%,土地垦殖率达 21.40%,植被覆盖率为 38.08%(含林地、草地),城镇建设用地的比重超过农村居民用地的比重,城市化程度较高。

(二)生态景观变化分析

2022 年南京市生态景观格局总体保持稳定。与上年度相比,有 32.42 km² 的景观格局发生变化,约占南京市总面积的 0.49%。其中,草地面积减少了 16.29 km²,林地面积减少了 7.29 km²,耕地面积减少了 6.12 km²,水域面积减少了 2.72 km²;建设用地增加了 30.36 km²,裸土地增加了 2.07 km²。主要是由于城市发展,部分草地、林地、耕地及水库坑塘转化为建设用地或者裸土地。

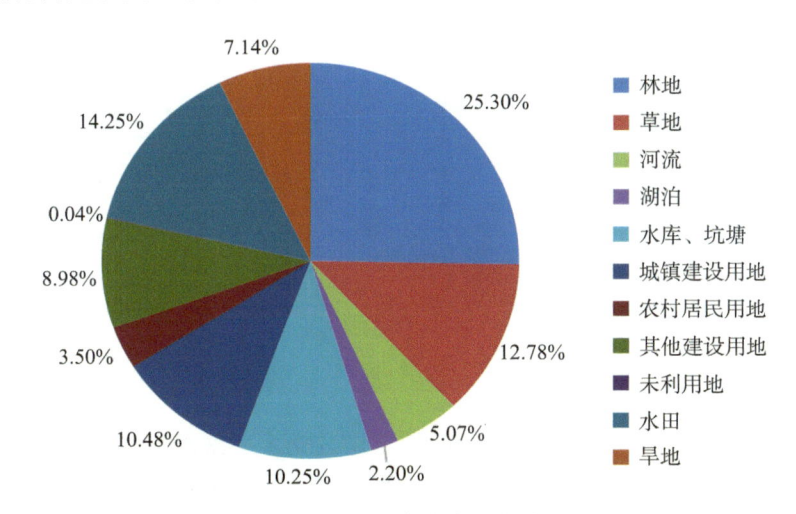

图 3-9-2 2022 年南京市生态景观占比

二、生态环境质量评价

(一)生态质量状况

根据国家生态环境部文件《区域生态质量评价办法(试行)》(环监测〔2021〕99 号),利用综合指数(生态环境质量指数,EQI)反映区域生态环境质量的整体状态,分指数包括生态格局指数、生态功能指数、生物多样性指数和生态胁迫指数。

2022 年,南京市 EQI 为 53.39,生态质量类型为三类。各区生态质量类型存在差异(图 3-9-3)。其中,玄武区、溧水区和高淳区为二类,其他各区均为三类。

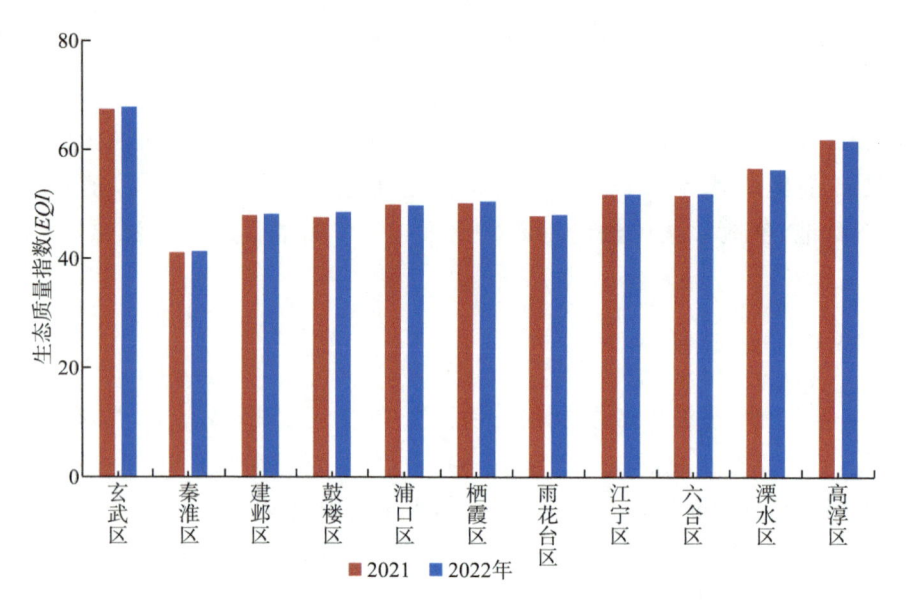

图 3-9-3　2021—2022 年南京市各区生态环境质量指数（EQI）

（二）生态质量变化

与上年度相比，2022 年南京市 EQI 上升了 0.03，生态质量基本稳定，各区生态质量均基本稳定。

三、小结

（1）南京市生态景观格局总体稳定

2022 年南京市生态景观格局总体保持稳定。各类生态景观类型中，耕地和建设用地分别为 1 409.16 km² 和 1 512.34 km²，合计占全市国土总面积的 44.36%。与上年度相比，耕地减少了 6.12 km²，林地减少了 7.29 km²，草地减少了 16.29 km²，水域面积减少了 2.72 km²；建设用地增加了 30.36 km²，未利用地增加了 2.06 km²。主要是由于城市发展，部分耕地、林地、草地及水库坑塘变为建设用地和部分裸土地。

（2）南京市生态质量保持基本稳定

2022 年，南京市 EQI 为 53.39，生态质量类型为三类。与上年相比上升了 0.03，生态质量基本稳定。

（3）存在的问题和改进建议

南京市生态质量指数（EQI）全省排名末位，与全省平均水平有一定差距，主要失分集中在"植被覆盖指数"和"陆域开发干扰指数"两项三级指标上。

针对失分指标，提出以下改进建议：一是进一步提升南京市（主要是高淳区）植被覆盖率；二是合理控制开发强度，更加有序推进城市扩张；三是继续坚持对生态红线区的严格管控；四是着力增加重要生态空间连通度；五是继续保护水资源和水生境；六是切实提高生物多样性监测和保护力度。

第十节　农村环境质量

2022年南京市污水处理设施出水水质达标率为99.4%,"万人千吨"饮用水水源地水质良好,8家农田灌溉区水质达标率为96.9%,农田退水水质为轻度污染,池塘养殖尾水水质符合淡水受纳水域养殖尾水排放限值的要求。

一、农村例行环境质量

2022年,根据省生态环境厅关于印发《2022年全省生态环境监测工作要点和生态环境监测方案》的通知要求,对南京市1个重点监控村庄和9个一般监控村庄进行农村环境质量例行监测。

监测村庄分别为浦口区的高华社区,江宁区的江宁街道牌坊社区黄龙岘村和谷里街道周村社区世凹村,六合区的竹镇镇竹墩社区大花园村、龙池街道刘林村大路周组,溧水区的永阳街道新老屋村、东屏街道白鹿岗村,高淳区的漆桥村(重点监控村)、东坝街道游子山村王家村、砖墙镇仙圩村王家村。10个村庄中种植型、商业旅游型、养殖型各为3家,分别占比为30%,工业型1家,占比10%。监测要素包括环境空气质量(每季度一次),地表水环境质量(每季度一次),土壤环境质量(每五年一次),农村环境监测点位见图3-10-1。

(一)环境空气质量

以村庄为布设单元,在居民区布设1个监测点,每季度手工监测一次,全年四次,每次连续监测5天,每个点共计监测20天。如果周边10 km内有空气自动监测站,则引用空气自动站的全年日均值作为该村庄的空气监测数据。

监测项目为二氧化硫、二氧化氮、臭氧、一氧化碳、可吸入颗粒物(PM_{10})和细颗粒物($PM_{2.5}$)。

南京市10个村庄均采用符合要求的自动监测站数据。从村庄监测情况看,日平均 AQI 范围为22~217,其中日平均 AQI 指数在0~100的优良天数占比为85.9%,较上年度上升0.3个百分点,日平均 AQI 指数在0~50的"优"天数占比为30.0%,较上年度上升4.1个百分点,优良比最高的是高淳区的漆桥村,为92.1%,最低的为浦口区的高华社区,为79.7%。优良天数占比由高到低依次为六合区89.0%、高淳区88.6%、江宁区86.9%、溧水区80.1%和浦口区79.7%。

从污染因子分析,SO_2 的日均浓度范围在1~94 μg/m³,年均浓度7 μg/m³;NO_2 的

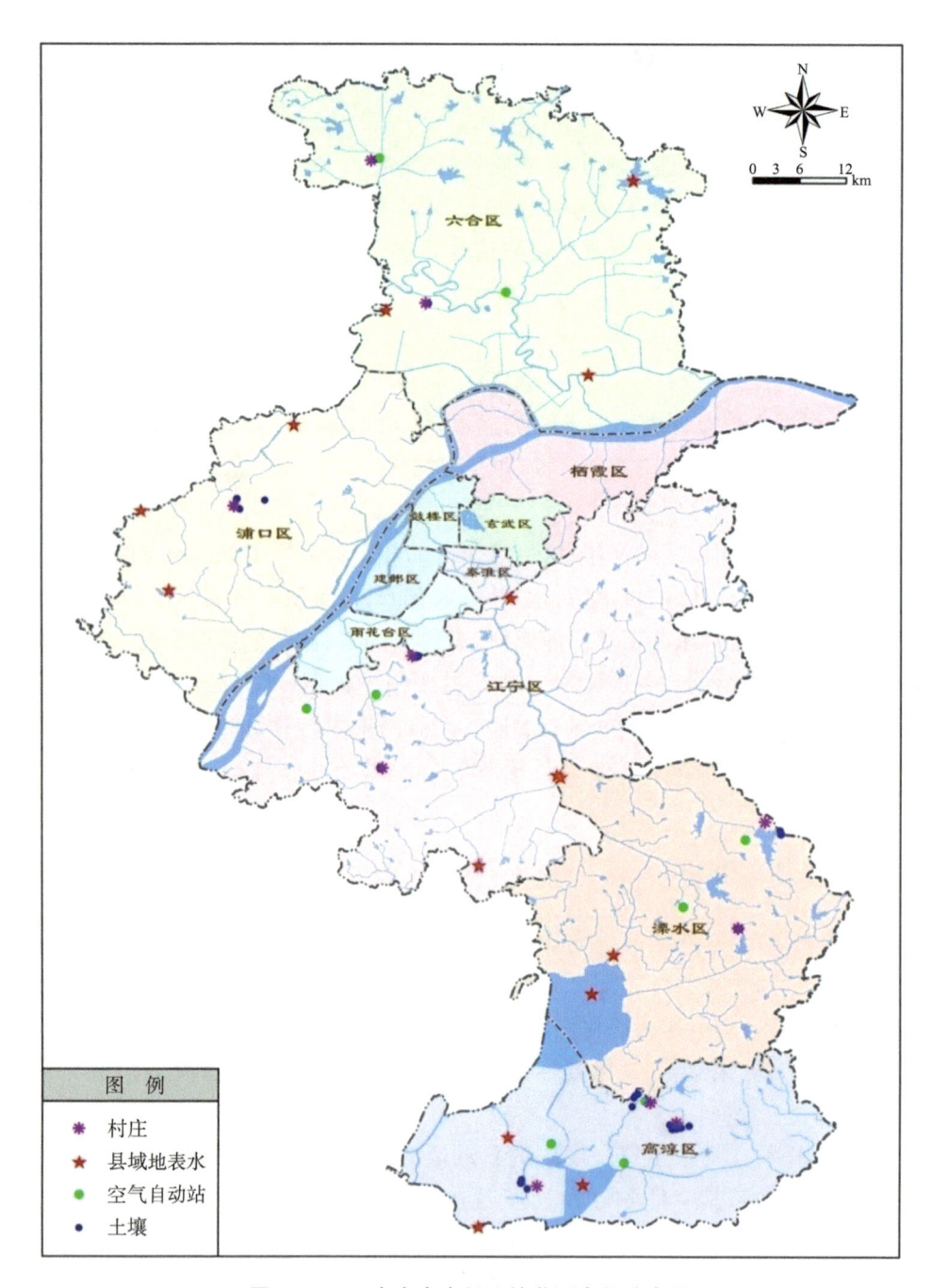

图 3-10-1　南京市农村环境监测点位分布图

日均浓度范围在 2~79 μg/m², 年均浓度 21 μg/m²; PM_{10} 日均浓度范围在 3~209 μg/m², 年均浓度 49 μg/m²; $PM_{2.5}$ 日均浓度范围在 1~167 μg/m², 年均浓度 26 μg/m²; O_3 最大 8 小时平均浓度范围在 2~277 μg/m², 年均浓度 105 μg/m²; CO 第 95 百分位数范围在 0.05~2.5 mg/m²。除 SO_2 和 NO_2 日均浓度及 CO 第 95 百分位数均达到日平均二级标准外,其他指标均存在超标现象,其中臭氧的超标率最高为 10.7%。

(二)地表水水质

以县域为点位布设单元,在县域最大河流的出、入境位置各布设 1 个监测断面,如有湖库增加布设 1 个监测点位。

2022 年,南京市县域地表水环境质量共监测 15 个断面,全年监测四次,每季度各一次。监测项目为《地表水环境质量标准》(GB 3838—2002)表 1 中基本项目。采用单因子评价法,水温、总氮和粪大肠菌群不与参评。

监测结果表明,按年均值评价,高淳的钱家渡和水阳江大桥、江宁的乌刹桥和赵村水库、六合区的金牛湖和滁河闸、浦口区的陈浅、溧水区的乌刹桥水质达Ⅱ类水平,水质优秀,其余 7 个断面均达到Ⅲ类水平,水质处于良好状态,县域地表水Ⅰ~Ⅲ类水比例为 100%,同比上升 6.7 个百分点。

2022 年按单次值评价,全年共监测 15 个断面 60 次,地表水点位水质Ⅰ~Ⅲ类占比为 100%,同比上升 13.6 个百分点,其中Ⅱ类水质占 30.0%,同比上升 3.3 个百分点。

(三)土壤环境质量

以村庄为点位布设单元,每个村庄布设 3~5 个点。在基本农田、园地、饮用水水源地周边各布设 1 个监测点位,根据村庄环境状况,在重点区域土壤中选择两类,各布设 1 个监测点位。已实现集中供水的村庄,不再设定饮用水水源地周边点位,以基本农田或园地替代。

监测频次为每五年监测一次,监测项目为:pH 值、阳离子交换量、镉、汞、砷、铅、铬、铜、镍、锌及相应的特征污染物。

2021—2022 年,南京市应对 10 个村庄的 47 块土壤进行监测,2021 年监测了 10 个村庄的 38 个土壤监测点,其中农田、居民周边、果园、菜地和污水处理厂类型分别为 9 块、6 块、5 块、4 块和 4 块。共占比 73.7%,养殖场周边、林地、其他、草地、企业周边和水源地周边土地利用类型共 10 块,占比 26.3%,2022 年监测了 4 个村庄的 9 个土壤监测点,其中园地 3 块,居民周边 2 块,林地 3 块,养殖场周边和其他各 1 块。

监测结果以《土壤环境质量 农用地土壤污染风险管控标准(试行)》(GB 15618—2018)进行评价,监测结果表明 47 个土壤监测点中,无 pH 值小于 5.5 的酸化土壤,pH 值大于 7.5 的碱性土壤为 23 块,占所测土壤的 48.9%,其余地块的 pH 值介于 5.5~7.5;所有地块监测项目均低于农用地土壤污染风险筛选值,污染等级为Ⅰ级,农用地土壤污染风险低。

二、农村生活污水处理设施出水水质

2022年,根据省生态环境厅关于印发《2022年全省生态环境监测工作要点和生态环境监测方案》的通知,对污水处理设施应测尽测的要求,对栖霞区、江北新区、浦口区、江宁区、六合区、高淳区和溧水区1 624家"日处理能力20 t及以上"的村庄生活污水处理设施出水水质开展了监测工作,其中栖霞区93家、江北新区31家、浦口区111家、江宁区712家,六合区95家,高淳区272家,溧水区310家,对329家污水处理设施进行执法监测,20 t及以上的村庄生活污水处理设施分布见图3-10-2。

根据《农村生活污水处理设施水污染物排放标准》(DB 321 3462—2020)排放分级标准,进行监测项目选取。必测项目:pH值(无量纲)、化学需氧量、悬浮物、氨氮(以N计)、总氮(以N计)、总磷(以P计)、动植物油。选测项目:悬浮物、阴离子表面活性剂、粪大肠菌群。

南京市全年应自行监测村庄污水处理设施3 248家次,其中35家次由于整改、停运等原因未监测,实际监测3 213家次,农村生活污水处理设施运行率为98.9%。按照《农村生活污水处理水污染物排放标准》(DB 321 3462—2020)二级标准进行评价,超标19家次,设施出水水质达标率99.4%,主要污染指标为氨氮和总磷。

全年应执法监测658家次,4家次由于停运未监测,执法监测的运行率为99.2%,超标8家次,水质达标率98.8%,主要污染指标为氨氮和总磷。

三、"万人千吨"饮用水水源地水质状况

南京市村庄范围内符合供水人口在10 000人或日供水1 000 t以上的饮用水水源地有2家,为浦口区的三岔水库和六合区的大泉水库。

监测项目为《地表水环境质量标准》(GB 3838—2002)表1的基本项目(22项,化学需氧量和总氮除外)、表2的补充项目(5项),共27项。每季度监测1次、全年4次。

监测结果表明,按均值评价三岔水库和大泉水库水质符合Ⅲ类标准。按单次值评价三岔水库水源地全年监测4次,均为Ⅲ类水平,大泉水库3次为Ⅲ类水平,1次Ⅱ类水平。

四、农田灌溉水质

南京市范围内灌溉规模在10万亩及以上的农田灌区有8家,分别为六合区的金牛湖灌区、新禹河灌区、山湖灌区,江宁区的江宁河灌区、横溪河灌区、汤水河灌区,高淳区的淳东灌区,溧水区的湫湖灌区,南京市10万亩及以上的农田灌区分布见图3-10-3。每个灌区在地表水取水口及与之距离最近的干渠取水口处各布设1个监测点,共计16个监测点。

第三章 生态环境质量状况

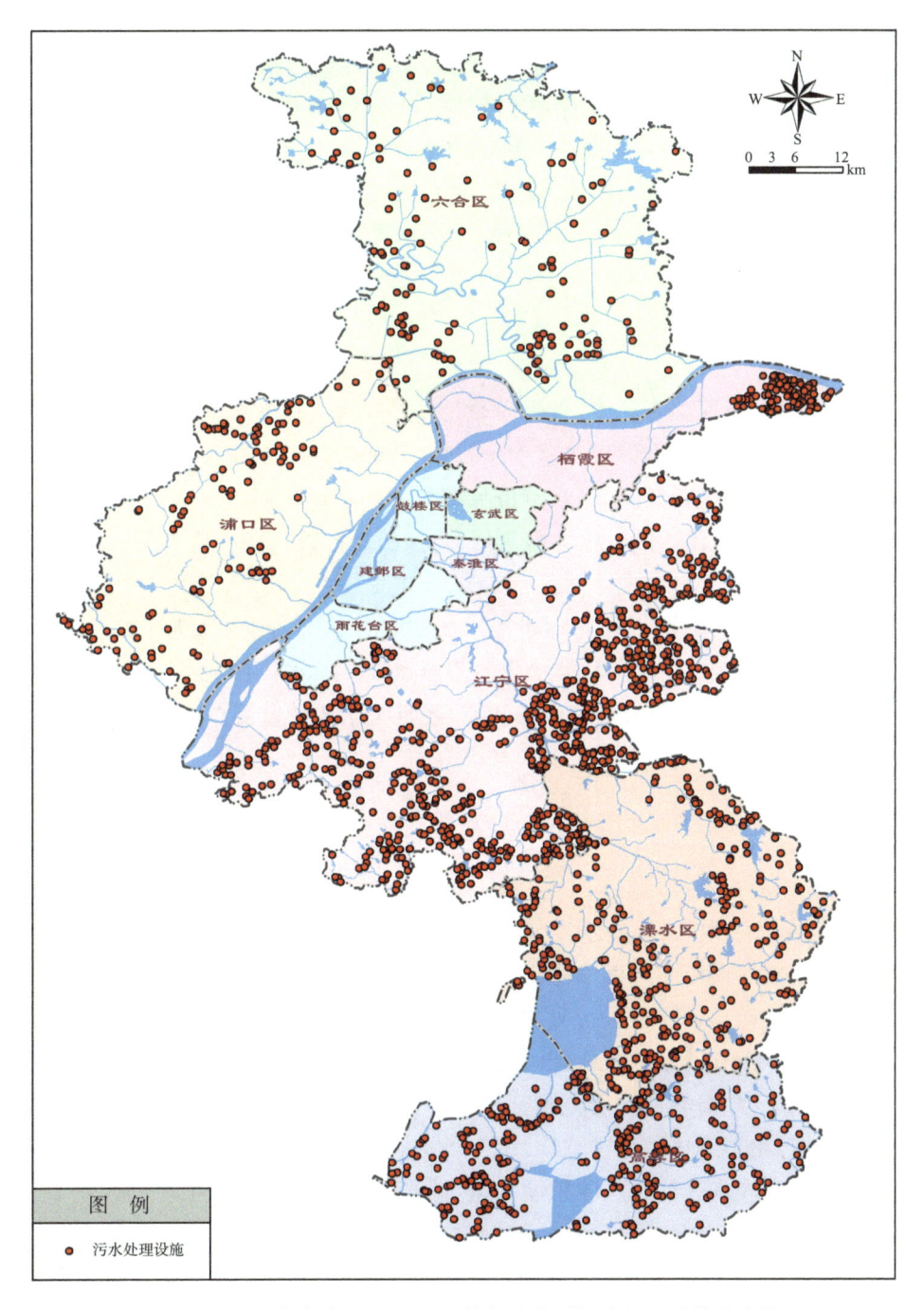

图 3-10-2 南京市 20 t 及以上的村庄生活污水处理设施分布图

监测项目为《农田灌溉水质标准》(GB 5084—2021)表 1 中基本控制项目 16 项,表 2 中的选择性控制项目为选测项。每半年监测 1 次、全年 2 次。

根据《农田灌溉水质标准》(GB 5084—2021)进行单次评价,高淳淳东灌区的胥河引河下半年 pH 值为 8.8,超标,其他灌溉的监测数据均符合控制项目限值标准。农田灌溉水质达标率为 96.9%,主要污染指标是 pH 值。

根据《地表水环境质量标准》(GB 3838—2002)对已监测项目进行单次值评价,16 个监测点上、下半年共计监测 32 次,其中Ⅰ～Ⅲ类水质的监测点 18 个,占比为 56.3%,Ⅳ类水质的监测点 11 个,占比为 34.4%,Ⅴ类水质的监测点 3 个,占比 9.4%。

五、农田退水水质

根据《省生态环境厅关于印发"首季争优"水质监测工作方案的通知》及《江苏省"十四五"地表水环境质量监测网设置方案》的要求,南京市共 8 个规模化典型农田灌溉区,对 11 个退水监控断面进行监测,退水点位见图 3-10-3。

监测项目为 pH 值、溶解氧、化学需氧量、高锰酸盐指数、氨氮、总磷、总氮、硝酸盐(以氮计)。

2022 年共监测 79 点次,其中Ⅰ～Ⅲ类水质的监测点 45 个,占比为 57.0%,Ⅳ类水质的监测点 22 个,占比为 27.8%,Ⅴ类水质的监测点 11 个,占比 13.9%,劣Ⅴ类水质的监测点 1 个,占比 1.3%。水质为轻度污染状态,超Ⅲ类水质的监测点的污染指标以高锰酸盐指数、化学需氧量和溶解氧为主。

六、池塘养殖尾水水质

2022 年全省对评为"国家级水产健康养殖和生态养殖示范区"的养殖水面 100 亩以上的连片池塘开展水质监测。南京市对江宁区江苏坤泰农业发展有限公司和高淳区和丰园生态水产养殖专业合作社进行监测。

监测项目为 pH 值、悬浮物、总氮、总磷和高锰酸盐指数,每半年监测 1 次,全年 2 次。应选择池塘排水期,如清塘期开展监测。

根据《池塘养殖尾水排放标准》(DB 32/4043—2021)进行评价,3 个监测点上、下半年的监测结果均符合淡水受纳水域养殖尾水排放限值的要求。

七、小结

(1) 2022 年农村环境空气日平均 AQI 指数为优良的天数占比为 85.9%,较上年度上升 0.3 个百分点;县域地表水水质Ⅰ～Ⅲ类占比为 100%,较上年度上升 6.7 个百分点;农村土壤所有地块监测项目均低于农用地土壤污染风险筛选值,污染等级为Ⅰ级,农用地土壤污染风险低。

（2）日处理能力 20 t 及以上的农村生活污水处理设施正常运行率为 98.9%，出水水质达标率为 99.4%；"万人千吨"饮用水水源地水质总体良好；10 万亩及以上的农田灌溉水质达标率为 96.9%，主要污染指标是 pH 值；农田退水水质Ⅰ～Ⅲ类占比 57%，劣Ⅴ类水质占比 1.5%，水质为轻度污染；池塘养殖尾水水质均符合淡水受纳水域养殖尾水排放限值的要求。

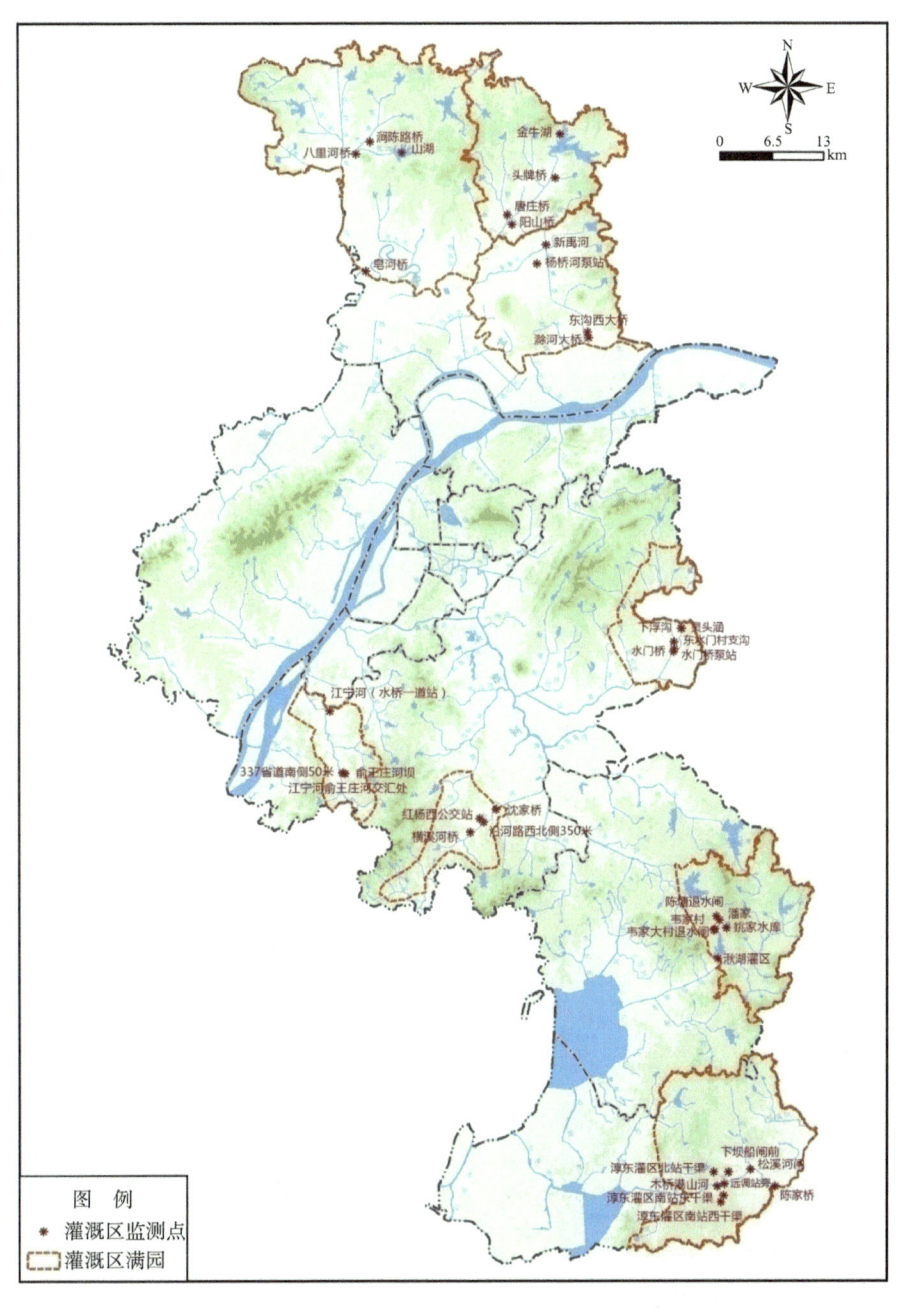

图 3-10-3　南京市 10 万亩及以上的农田灌区分布及退水点位图

第四章
生态环境质量综合分析及预测

第一节　主要污染物特征分析

主要污染物特征分析采用环境库兹涅兹曲线拟合。环境库兹涅茨曲线是指当一个国家经济发展水平较低的时候,环境污染的程度较轻,但是随着人均收入的增加,环境污染由低趋高,环境恶化程度随经济的增长而加剧;当经济发展达到一定水平后,到达某个临界点或称"拐点"以后,随着人均收入的进一步增加,环境污染又由高趋低,其环境污染的程度逐渐减缓,环境质量逐渐得到改善。

一、环境库兹涅兹曲线拟合

运用环境库兹涅兹分析(EKC)方法,对 2010—2022 年全市工业废气排放量、工业二氧化硫(SO_2)排放量、工业氮氧化物(NO_x)排放量、工业废水排放量、工业化学需氧量(COD)排放量、工业氨氮(NH_3-N)排放量的环境库兹涅兹曲线特征进行分析,其中,设定以人均 GDP 为自变量(x),环境污染物排放总量为因变量(y)进行 EKC 曲线拟合,见图 4-1-1。

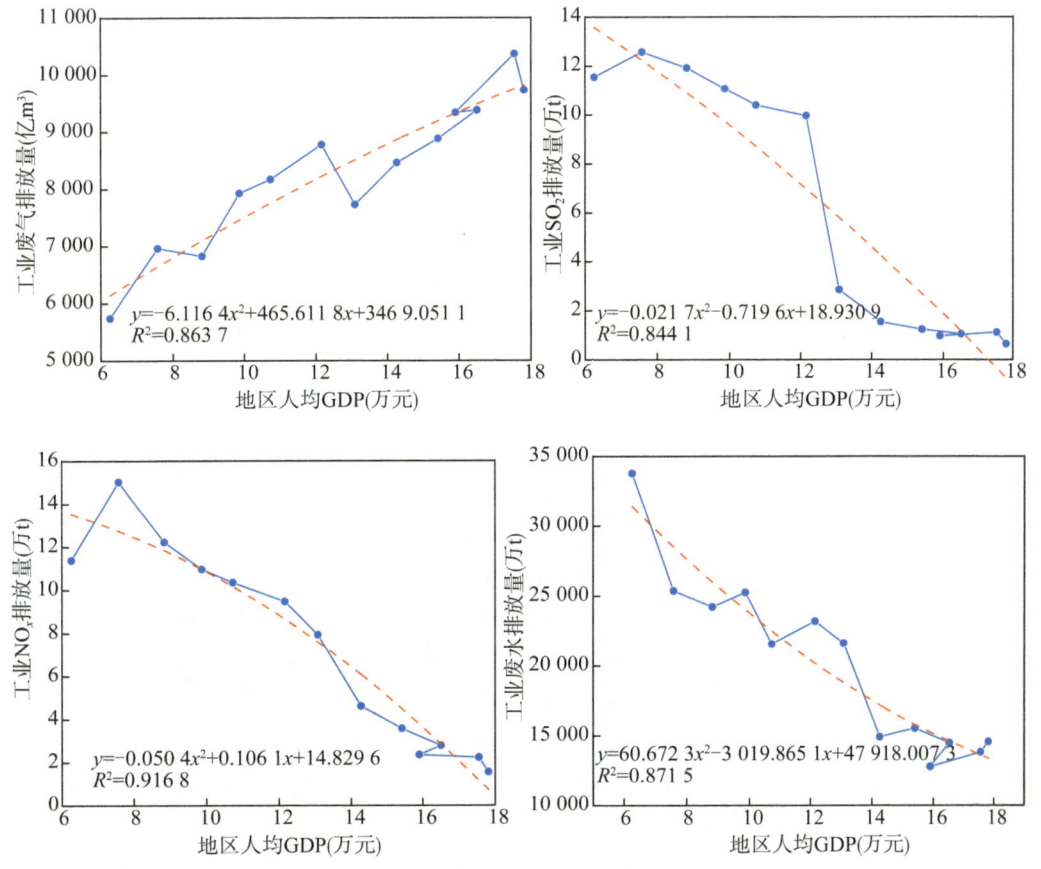

工业废气排放量拟合:
$y=-6.1164x^2+465.6118x+3469.0511$
$R^2=0.8637$

工业SO_2排放量拟合:
$y=-0.0217x^2-0.7196x+18.9309$
$R^2=0.8441$

工业NO_x排放量拟合:
$y=-0.0504x^2+0.1061x+14.8296$
$R^2=0.9168$

工业废水排放量拟合:
$y=60.6723x^2-3019.8651x+47918.0073$
$R^2=0.8715$

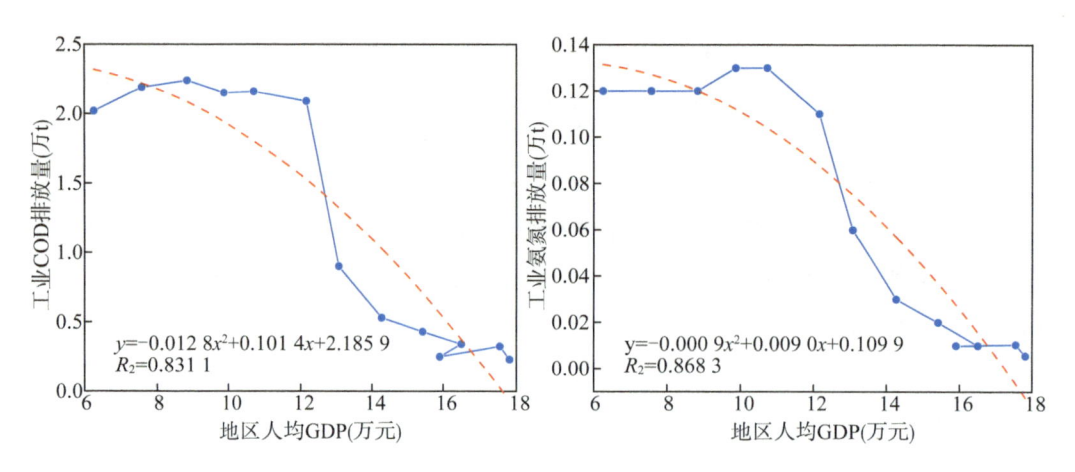

图 4-1-1　2010—2022 年南京市工业污染物总量排放与人均 GDP 的 EKC 拟合曲线

二、工业废气及主要污染物排放分析

工业废气排放量与人均 GDP 的 EKC 拟合曲线表现为正相关，工业废气排放量随经济增长而同步增加，处于倒"U"形曲线的上升阶段（左半段），见图 4-1-2 至图 4-1-4。工业 SO_2 及 NO_x 排放量与人均 GDP 的 EKC 拟合曲线表现为负相关，排放量随经济增长而同步减少。综合来看，2010—2022 年南京市工业废气排放量总体上呈缓慢上升趋势，废气中主要污染物工业 SO_2 及 NO_x 呈现波动下降趋势。一方面南京的重化工产业比值仍较大，工业废气排放量上升趋势预计还会持续一段时间，但通过减排、控煤、整治等环境保护措施的深入推进，特别是 2016 年以来，南京持续推进产业优化升级改造，工业废气排放量增长率总体呈现出波动下降的趋势。另一方面，13 年间南京工业 SO_2 及 NO_x 排放量分别下降了约 94.47%、86.18%，这表明采取的管理措施起到了一定成效，但由于重化工产业结构转型的惯性，下降速度相对较慢。目前南京正在大力推进绿色发展，环保约束愈发严格，公众对于环境的诉求日益高涨，为促进南京大气环境改善提供了保障与监督。

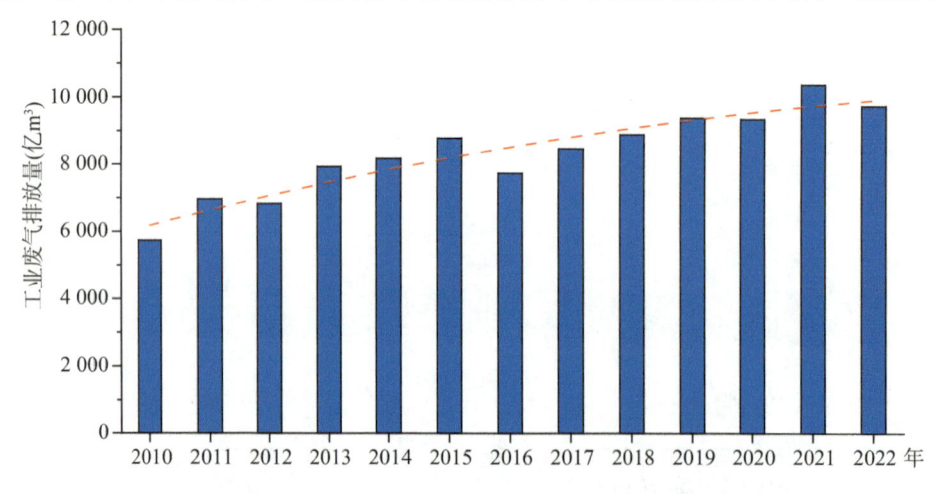

图 4-1-2　2010—2022 年南京市工业废气排放总量

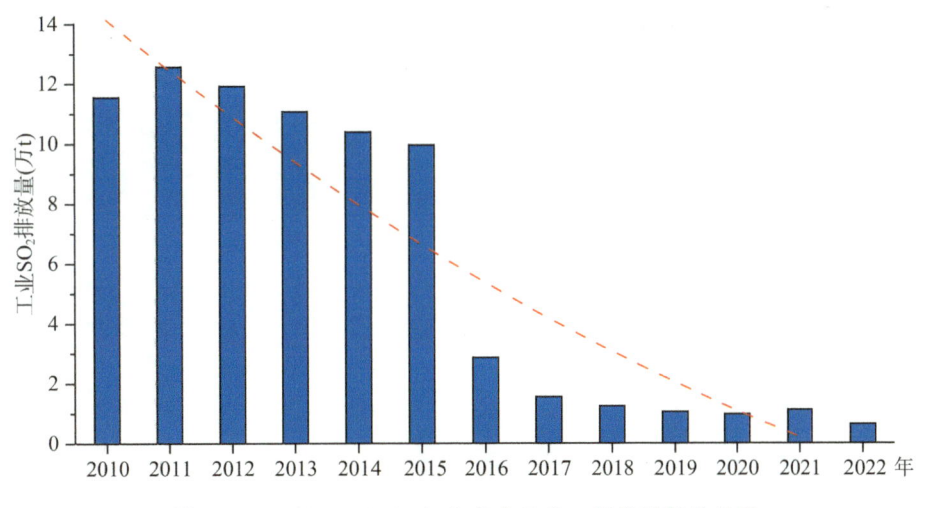

图 4-1-3　2010—2022 年南京市工业二氧化硫排放总量

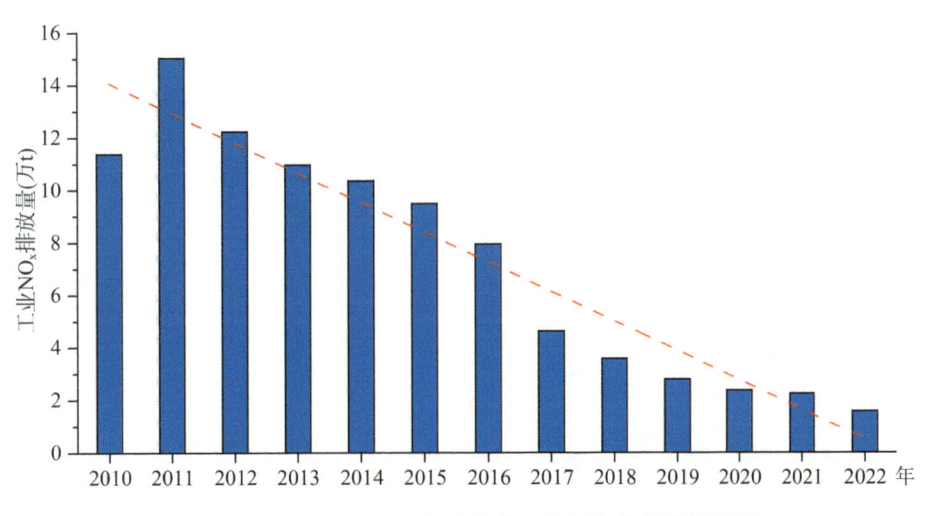

图 4-1-4　2010—2022 年南京市工业氮氧化物排放总量

三、工业废水及主要污染物排放分析

2010—2022 年南京市工业废水排放量、工业废水中的化学需氧量及氨氮排放量与经济发展水平的倒"U"形曲线均表现为负相关,见图 4-1-5 至图 4-1-7,工业废水排放量、工业废水中化学需氧量及氨氮排放量水平随经济增长而波动减小,说明工业废水和工业化学需氧量排放与人均 GDP 的关系已越过拐点,环境绩效显著。工业废水及化学需氧量排放量基本保持稳中下降,工业污水治理方面成效显著,工业废水排放量 13 年间下降了 56.88%,工业化学需氧量和氨氮 2022 年排放量与 2010 年相比分别大幅削减了 88.66%、95.40%。近 13 年三次产业增加比值呈不断下降的趋势,第一、二、三产业占比由 2010 年的 2.8∶46.5∶50.7 优化为 2022 年的 1.9∶35.9∶62.2,这说明南京已进入了产业结构的优化调整期。以上这些指标的分析充分表明随着经济的发展，政府、企业与个人的环保意识逐渐增强，技术革新与环保投资卓有成效，南京水环境友好趋势与环境绩效愈发明显，经济发展与水环境保护之间的关系逐步迈入相互协调期。

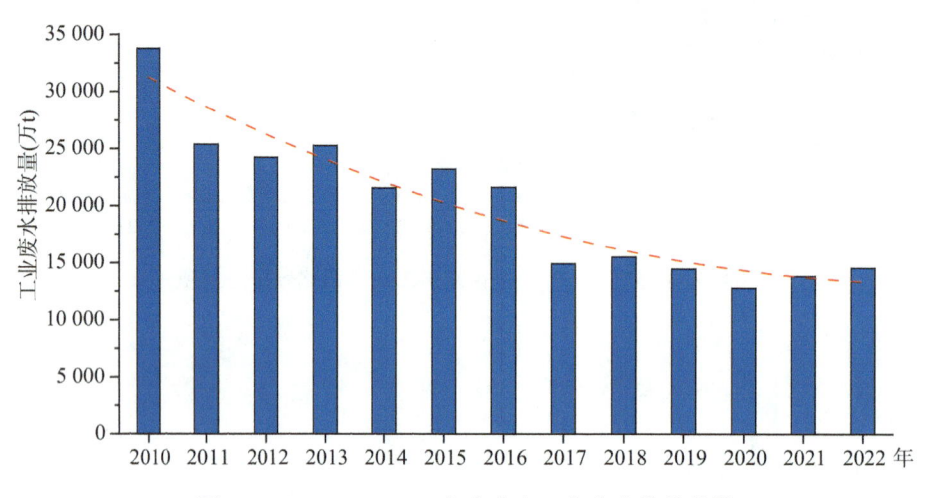

图 4-1-5　2010—2022 年南京市工业废水排放总量

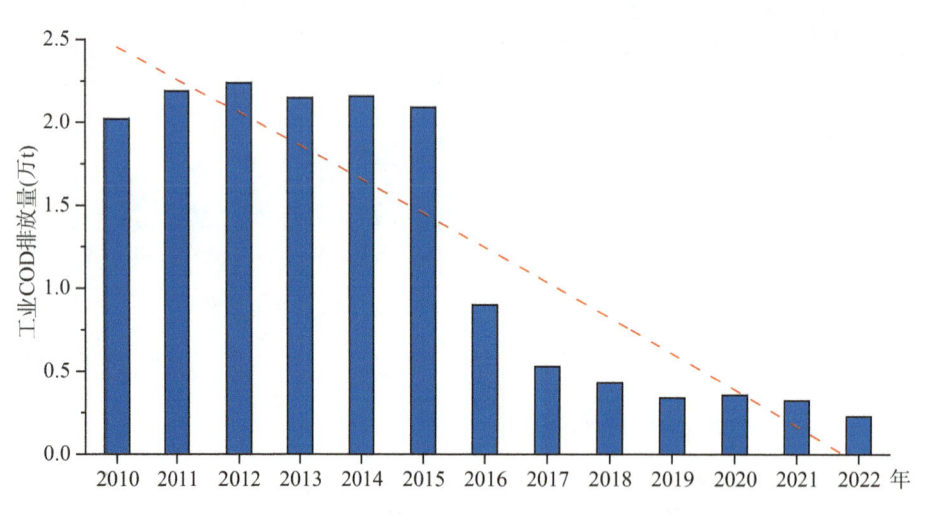

图 4-1-6　2010—2022 年南京市工业废水化学需氧量排放总量

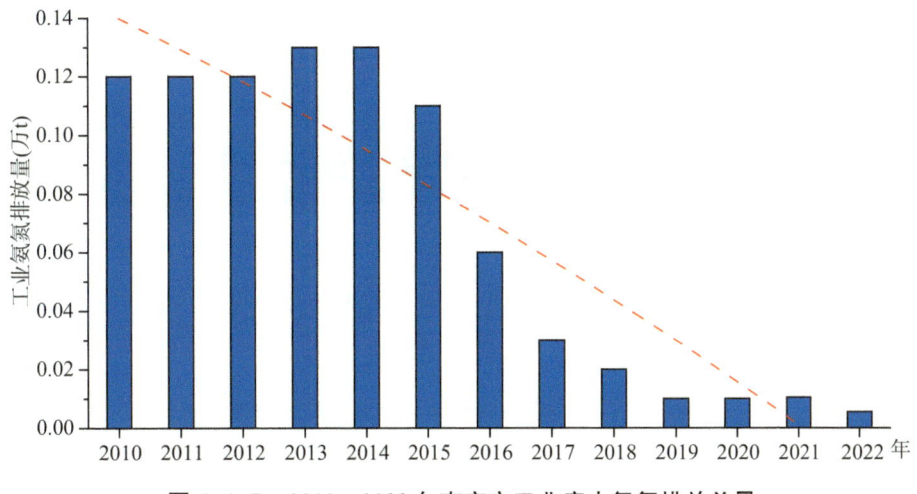

图 4-1-7　2010—2022 年南京市工业废水氨氮排放总量

第二节　与社会经济发展关联分析

社会经济发展是生态环境质量变化的基础因素。随着社会经济的发展，人民生活质量不断提高，对生态环境质量的要求越来越高，促使社会转变观念，优化经济产业结构，加大环保治理力度，推动可持续发展。

一、社会经济发展与废气、废水排放量的关系

近年来，南京市社会经济持续发展，GDP 持续增长，工业废气排放量总体呈现上升趋势，2022 年较上年小幅下降，工业废水排放量总体呈现下降趋势，近两年小幅上升，见图 4-2-1。2022 年全市 GDP 总量为 1.69 万亿元，与 2015 年相比增长了 68.8%；工业废气

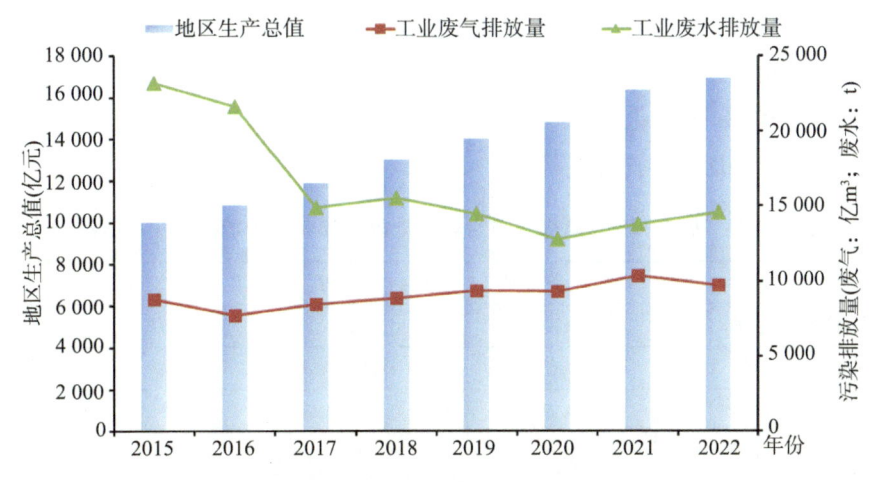

图 4-2-1　2015—2022 年南京市地区生产总值与废气、废水排放总量变化

排放量为 9 733.2 亿 m³,与 2015 年相比增长了 10.8%;工业废水排放量为 14 567.9 万 t,与 2015 年相比降低了 37.2%。

二、社会经济发展与污染物排放相关性分析

选取社会经济发展、污染物排放和环境质量相关指标,采用 2015—2022 年时间序列数据,分析南京市近几年来社会经济发展与环境状况变化相关性。利用相关系数 r 的大小可以判断变量间相关关系的密切程度,具体见表 4-2-1。

表 4-2-1　相关系数与相关关系程度对照表

相关系数值	相关程度
$|r|=0$	完全不相关
$0<|r|\leqslant 0.3$	微弱相关
$0.3<|r|\leqslant 0.5$	低度相关
$0.5<|r|\leqslant 0.8$	显著相关
$0.8<|r|\leqslant 1$	高度相关
$|r|=1$	完全相关

污染物排放与社会经济指标相关系数统计结果显示,工业化学需氧量、氨氮、二氧化硫、氮氧化物、烟(粉)尘及挥发性有机物排放量与地区生产总值、第三产业比重呈现高度负相关或显著负相关,与第一产业比重、第二产业比重呈现高度正相关或显著正相关,详见表 4-2-2。2015—2022 年,南京市工业化学需氧量、氨氮与地区生产总值呈现负相关。

从经济发展角度来看,南京市地区生产总值保持平稳上升状态,第三产业比重增加。从水资源开发利用角度来看,南京市落实最严格水资源管理和节约用水工作制度。实施节水行动,推进高水耗行业节水技改,促进工业废水处理回用,提高再生水使用比例,大力推进节水型工业体系建设,工业废水排放量主要呈现下降趋势;从水污染综合治理角度来看,南京市加强工业点源治理,实施重点企业工业废水深度治理,省级以上工业园区实现污水管网全覆盖,工业化学需氧量、氨氮在工程治理、管理减排等措施共同作用下,降幅更加显著,水污染治理成效显著。

表 4-2-2　2015—2022 年南京市污染物排放与社会经济指标相关系数统计

相关因子	地区生产总值	第一产业比重	第二产业比重	第三产业比重
工业 COD 排放量	−0.768	0.722	0.899	−0.893
工业氨氮排放量	−0.832	0.797	0.946	−0.944
工业二氧化硫排放量	−0.691	0.849	0.849	−0.838
工业氮氧化物排放量	−0.917	0.907	0.970	−0.977

续表

相关因子	地区生产总值	第一产业比重	第二产业比重	第三产业比重
工业烟(粉)尘排放量	−0.924	0.882	0.922	−0.924
工业 VOC_s 排放量	−0.558	0.615	0.740	−0.738

注：由于 VOC_s 仅有 2016—2022 年数据，根据 VOC_s 与地区生产总值、第一、第二及第三产业比重计算 2016—2022 年相关性系数。

三、城市交通污染与机动车氮氧化物排放量、氨排放量的关系

自"大气国十条"实施以来，南京市持续优化交通结构，实施限行淘汰，实现车油同步提标，深化重点行业企业深度减排。移动源是大气中氮氧化物的主要来源之一。城市交通是城市空气中二氧化氮（NO_2）和氨（NH_3）排放的重要来源。二氧化氮排放量、氨排放量与机动车保有量关系见图 4-2-2。

2015—2022 年机动车保有量呈现出逐年上升趋势，2022 年末，南京市机动车保有量达到 320.326 万辆。由于"十三五"期间，南京市推动车辆结构升级，机动车氮氧化物排放量快速上升的趋势有一定缓解，2018 年后出现首次下降，为进一步抑制机动车氮氧化物排放量上升趋势，2022 年度，南京市继续推行淘汰措施，重型柴油车"国Ⅴ"以下标准车辆减少 4 325 辆，使得二氧化氮排放量较上年减少了 1 421 t。机动车废气氨排放量 2015 年后总体呈现上升趋势，2022 年因小型载客汽油车保有量较上年减少 2.25 万辆，因此机动车废气氨排放量有所下降。

图 4-2-2　2015—2022 年南京市机动车保有量与二氧化氮、氨排放量关系图

四、污染物排放对环境质量的影响

(一) 水中污染物排放对环境质量的影响

南京市工业废水主要污染物化学需氧量、氨氮排放量总体均呈下降趋势,分别从2015年的2.09万t、0.11万t,下降至2022年的0.23万t和0.006万t。同期全市Ⅲ类以上地表水比例(地表水优Ⅲ比例)由2015年的54.4%提升至2022年的81.4%,提升了27个百分点,工业废水氨氮排放量、化学需氧量排放量的下降与全市水质好转有一定相关性,见图4-2-3。

图4-2-3　2015—2022年南京市Ⅲ类以上地表水比例与废水污染物排放总量变化

(二) 大气污染物排放对环境质量的影响

全市二氧化硫、氮氧化物和颗粒物排放总量2015年后基本呈下降趋势,空气中二氧化硫、二氧化氮、细颗粒物($PM_{2.5}$)和可吸入颗粒物(PM_{10})浓度总体有所下降,见图4-2-4至图4-2-6。社会经济指标、污染物排放与空气环境质量相关系数统计结果显示,见表4-2-3。2015—2022年南京市地区生产总值与优良天数比例呈高度正相关,与酸雨发生率、二氧化硫浓度、二氧化氮浓度、细颗粒物浓度、可吸入颗粒物浓度呈高度负相关。大气污染物排放量与优良天数比例呈显著负相关,与酸雨发生率、二氧化硫、二氧化氮、细颗粒物和可吸入颗粒物浓度呈高度正相关或显著正相关。

近年来,南京市转型升级扎实推进,不断完善污染防治机制,有效开展大气污染防治工作,出台了压减煤炭消耗总量的实施方案、高污染车辆限行措施、季节性管控方案以及大气污染防治年度实施方案等,形成大气污染防治行动、治理、监管、激励、奖惩、考核等一揽子政策措施,从源头治理和末端控制两个方面入手,推动产业、能源、交通结构优化

图 4-2-4　2015—2022 年南京市二氧化硫废气排放量与环境空气浓度变化

图 4-2-5　2015—2022 年南京市废气氮氧化物排放量与环境空气浓度变化

图 4-2-6　2015—2022 年南京市废气颗粒物排放量与环境空气浓度变化

升级,深化重点企业实施脱硫脱硝、超低排放等深度治理工作,大力实施"263"专项行动和沿江化工行业优化提升整治专项行动,持续优化交通结构,实施限行淘汰,实现车油同步提标。一系列举措的实施,使得南京市在经济发展的同时,生态环境持续优化。

表 4-2-3 2015—2022 年南京市 GDP、污染物排放与环境空气质量相关系数统计

相关性因子	地区生产总值	SO_2 排放量	NO_x 排放量	颗粒物排放量
优良天数比率	0.870	−0.600	−0.790	−0.821
酸雨发生率	−0.905	0.749	0.848	0.903
SO_2 浓度	−0.977	0.757	0.958	0.941
NO_2 浓度	−0.908	0.713	0.783	0.913
PM_{10} 浓度	−0.954	0.831	0.933	0.982
$PM_{2.5}$ 浓度	−0.928	0.834	0.914	0.966

五、声环境相关性分析

2015—2022 年,南京市城区交通噪声在 67.4~68.3 dB(A)波动,郊区交通噪声在 65.3~68.0 dB(A)之间波动。郊区交通噪声总体低于城区噪声,且交通噪声达标路段比例(路段达标率)高于城区,见图 4-2-7。总体看来,城区交通噪声、郊区交通噪声与路段达标率的相关性系数分别为−0.572、−0.870。图 4-2-7 为 2015—2022 年南京市交通噪声与达标路段比例的相关变化情况。

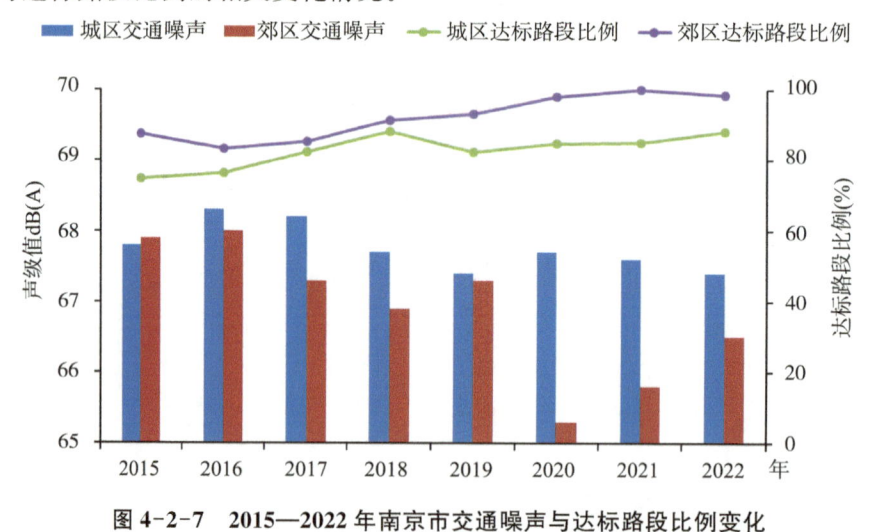

图 4-2-7 2015—2022 年南京市交通噪声与达标路段比例变化

道路交通噪声大小受道路交通量、车速、道路类型、管控措施等因素的影响。图 4-2-8 为 2015—2022 年南京市城区与郊区交通噪声与道路交通流量的相关变化情况。由图可见,南京市城区道路车流量 2017 年前呈上升趋势,2018—2022 年在 1 935 辆/小时~2 202 辆/小时波动,2022 年城区车流量为 2 115 辆/小时,较 2015 年下降了 4.47%,2022

年城区交通噪声为 67.4 dB(A),较 2015 年减少了 0.4 dB(A),交通噪声与道路车流量呈现显著正相关,相关性系数为 0.747。2022 年郊区平均车流量为 990 辆/小时,较 2021 年明显下降,下降了 35.29%,较 2015 年下降了 24.25%。郊区交通噪声与道路车流量呈现微弱正相关,相关性系数为 0.166。经分析,南京郊区特别是临近江北新区一带受建设施工影响,车流量有所下降,但重型载重车辆占比较大,因此全市郊区交通噪声水平略有提升。从长期监测结果来看,郊区交通噪声和车流量年际变化的相关性始终较弱,主要原因是随着城市发展、郊区建设进程加快,对道路通行情况和车辆类型均有较大影响,造成郊区车流量和交通噪声趋势变化差异较大,相关性弱。

图 4-2-8　2015—2022 年南京市交通噪声与道路车流量变化

第三节　与自然条件关联分析

一、环境空气影响分析

(一) 地理条件

南京市主城区三面环山一面临江,地势呈向西北开口的簸箕状,这种类似于盆地的特殊地貌地形,使得城市大气中污染物的扩散条件相对较差。

(二) 城市下垫面

随着南京城市化进程的加快,主城规模不断扩大,高大建筑物的增加,城市下垫面发生较大改变,一方面增大了地面摩擦系数,使风流经城区时明显减弱,静风现象增多,不利于大气污染物向外围扩展稀释;另一方面,使得城市气温升高,城郊温差加大,城市"热岛效应"显著,利用美国 MODIS 遥感卫星资料的反演研究,南京热岛区范围总体呈"摊饼式"扩大趋势,且热岛面积在 2005 年后快速递增。热岛效应易导致郊外大气污染物的内移,进一步加剧城市大气污染程度。

(三)气象条件

不同的天气形势下,大气扩散条件存在较大差异。影响南京的地面天气形势主要有 7 种类型,包括冷高压控制、入海高压后部、高压南侧或底部、高压或冷锋前部、低压槽、副热带高压以及台风环流。其中,对大气扩散较为不利,易造成空气污染的天气类型主要是入海高压后部、高压或冷锋前部以及冷高压控制三种,见图 4-3-1。根据地面天气形势和空气污染指数的相关分析,三种类型的天气形势下累计出现的空气污染天数占总污染天数的 90%,其中,高压入海后出现空气污染天数最多,累计占 35%～40%;高压或冷锋前部时出现空气污染天数次之,累计占 30%～35%;冷高压控制时空气污染天数比率占 25%～30%。

入海高压后部　　　　　　高压或冷锋前部　　　　　　冷高压控制

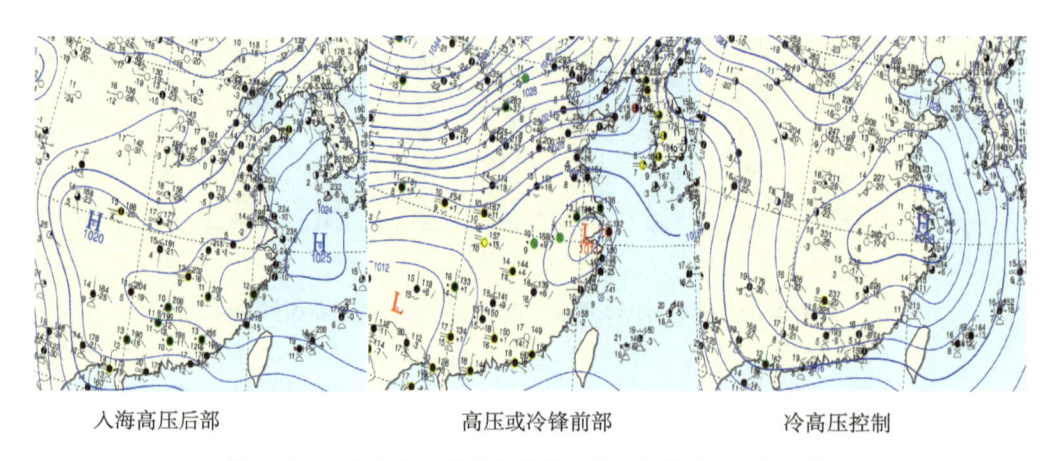

图 4-3-1　南京市三类大气扩散条件不利的地面天气形势

由于臭氧已成为影响南京市空气质量优良率的首要因子,因此以臭氧为例,分析气象要素的影响。南京臭氧小时浓度与气温和风速呈正相关,与相对湿度呈负相关,与气温和相对湿度的相关性较高,见表 4-3-1。近地面臭氧主要是在太阳辐射下由光化学反应生成,气温同样也受到太阳辐射的影响,能够较好地反应太阳辐射情况。将气温划分为 7 个不同阈值区间,可以看出当气温超过 27 ℃后,臭氧超标率增长迅速;当气温低于 33 ℃,臭氧超标率和平均浓度随气温升高而升高;当气温在 33～35 ℃时,臭氧超标率最高,超过 50%;但当气温高于 35 ℃时,边界层高度增加,垂直扩散增强,臭氧超标率随气温升高而降低,见图 4-3-2(a)。

表 4-3-1　气温、相对湿度和风速与 O_3 小时浓度的相关性

	T/℃	WS/m·s^{-1}	RH/%
相关系数	0.56	0.32	−0.51

水汽通过影响太阳紫外辐射来影响光化学反应强度，较高的湿度有利于臭氧干沉降，并且使得光化学反应中消耗臭氧的反应占主导。将相对湿度划分为5个不同区间，当相对湿度在40%~60%时，臭氧超标率最高，超过15%；当相对湿度小于40%时，臭氧超标率和平均浓度随相对湿度升高而升高；大于60%时，臭氧超标率随相对湿度的升高而降低，见图4-3-2(b)。

风向和风速对污染物的输送和清除均有重要影响。近地面风速在4~5 m/s时，臭氧平均浓度和超标率最高，见图4-3-2(c)。当风向为ES和S时，臭氧超标率明显高于其他风向。臭氧和臭氧前体物具有长距离输送特征，且东南风向为沿江产业集中区，臭氧前体物排放量大，易对南京市臭氧造成显著传输影响；风向为ES、S和WS时，臭氧平均浓度相对较高，见图4-3-2(d)。当春季和秋季风向为WS或S，风速2~6 m/s，夏季风向为ES，风速4~8 m/s时，出现臭氧小时高浓度的概率较高，冬季较少出现臭氧高浓度小时值，见图4-3-3。

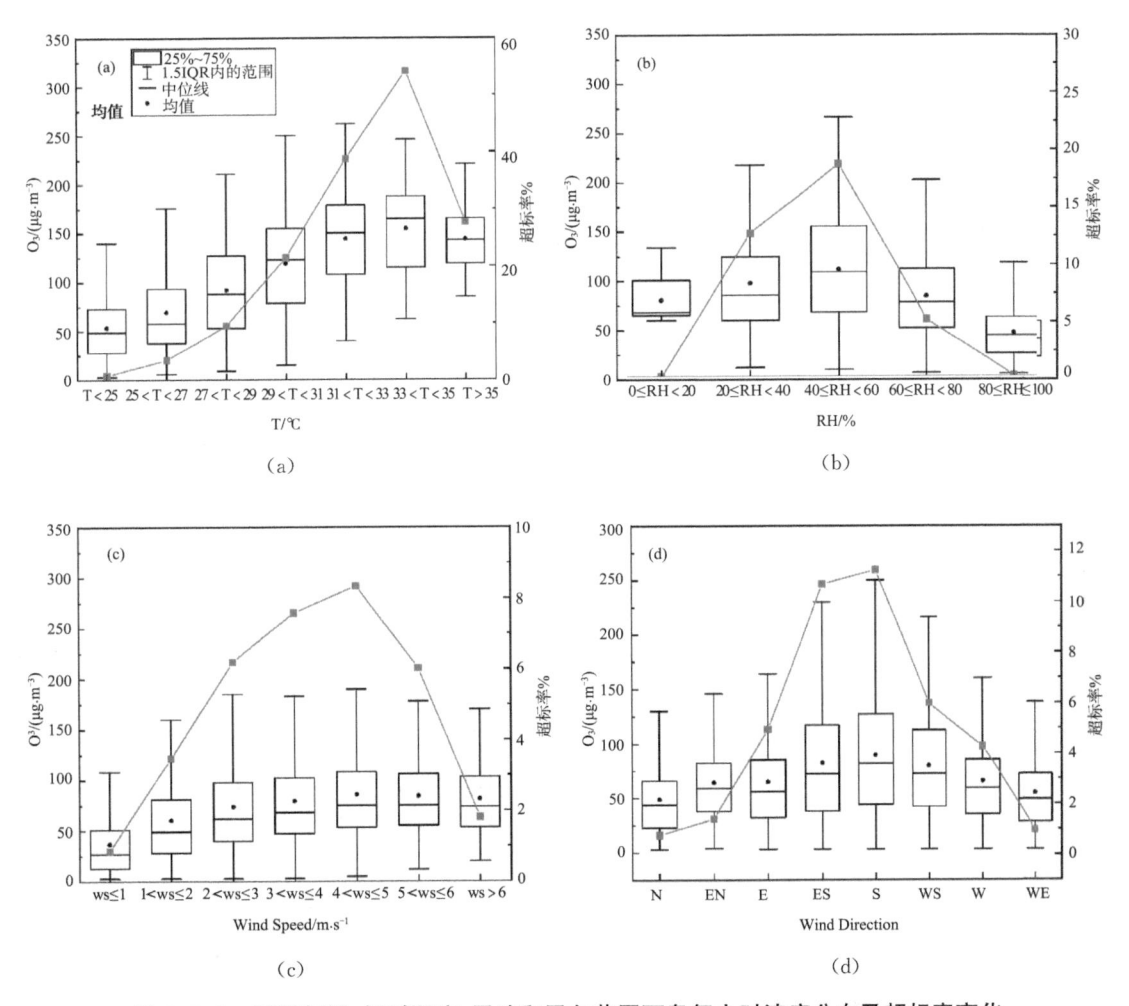

图4-3-2 不同气温、相对湿度、风速和风向范围下臭氧小时浓度分布及超标率变化

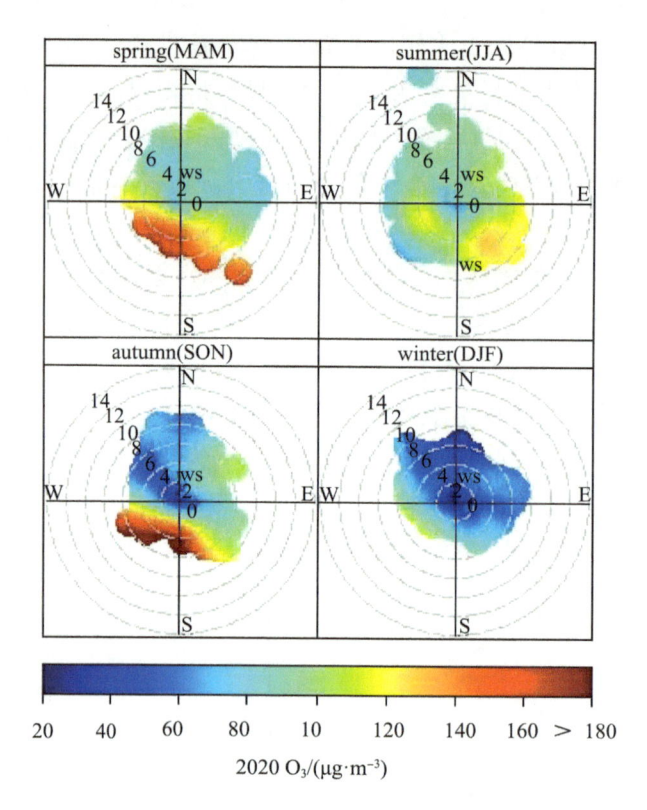

图 4-3-3　不同季节臭氧小时浓度与近地面风速、风向分布

二、地表水影响分析

（一）地形地貌与水系特征

南京市地形属于长江下游宁镇低山丘陵区,处在宁镇山脉的西段,境内地形比较复杂,低山、丘陵、平原纵横交错分布,其中平原区分布在江、河、湖沿岸。南京市境内有长江、淮河、太湖三条水系,其中长江水系是南京市的主要水系,按河道特征,又可细分出4条子水系,自北向南依次是滁河水系、长江南京段干流水系、秦淮河水系、水阳江水系。南京市区域河网密布,但区域地形平坦,河道坡降平缓,城市水体多流动缓慢,水动力不足,进而影响河湖自净能力,同时城市发展进程中的大量闸坝工程建设等在调动水资源量的同时,也使河湖分布格局被动变化,一定程度上影响河湖水文连通性及生物连通性。

南京市6大水系流域范围内的主要河道中,跨安徽省的河道17条,跨江苏省仪征市、句容市、溧阳市的河道13条,跨南京市所辖区县的河道21条。因跨界河流流经区域变化,流径一般较复杂,水质不稳定且涉及多地监管,管理难度大。

（二）地理区位与社会经济

南京位于长江下游丘陵地区，属长江三角洲的重要部分，优越的地理位置及水资源条件带动了城市的发展。

2022年末全市常住人口949.11万人。其中，城镇人口825.80万人，占总人口比重（常住人口城镇化率）87.01%，比上年提升0.11个百分点。由于区域城镇化率高、城市人口密集且经济及产业高度发达，导致城市生活源及工业源的污染物负荷量大，但污水收集与处理利用效能有待提升，按化学需氧量因子核算，2022年南京城市生活污水集中收集处理率约为70%，与2025年省定目标88%尚有较大差距，尤其是雨季时大量雨水进入管网与污水一同输送至污水处理厂。一方面可能由于雨污混合水量超过污水处理厂处理能力导致溢流，另一方面由于雨水的掺入导致污水中污染物浓度低于污水处理厂设计处理浓度，降低污水处理效率，从而增大进入城市受纳水体的污染物量，影响水体水质。

（三）水文与气象条件

南京地处中纬度大陆东岸，属北亚热带季风气候区，具有季风明显、降水丰沛、春温夏热秋暖冬寒四季分明的气候特征。据1962—2005年降水量资料统计，多年平均年降水量1 059.8 mm，降水年季间变幅较大，汛期（5—9月）降水量约占全年降水量的60%~70%。每年6—7月有一次梅雨过程，梅雨期间常遭受多次大暴雨袭击，容易形成洪涝灾害。每年7—10月还会遭受1~3次热带风暴和台风的外围影响。

水文气象条件中的降雨是水质波动的重要原因。2022年全市自动站水质预警触发92次，降雨场次共32场，降雨时段和降雨后触发自动站水质预警共72次，占全年总预警次数78.3%，其中氨氮指标预警46次，占比64.8%；总磷指标15次，占比21.1%；溶解氧指标8次，占比11.3%。

第四节　生态环境质量预测

收集2015年以来南京市生态环境监测和统计数据相关结果，选择代表性年份时段，使用灰度模型GM(1,1)、CMAQ模型和OBM模型，分析预测南京市废气和废水污染物排放量、生态环境质量变化发展趋势。经验证，预测模型选择合理，预测精度高，预测结果可信度高，可为2023年度生态环境质量预判及"十四五"目标可达性分析提供技术支撑。

一、废气污染物排放量预测

灰度模型可对数据少、序列不完整及可靠性低的数据进行预测，其不考虑分布规律或变化趋势，适用于指数增长性的中短期预测。根据灰度模型GM(1,1)预测，废气污染物、氮氧化物、二氧化硫、颗粒物排放量的时间响应函数为：

废气污染物排放量（工业源＋生活源）时间响应函数为：

氮氧化物：$x(k+1)=-24.121958e^{-0.159537k}+28.791217$

二氧化硫：$x(k+1)=-11.770777e^{-0.0112445k}+13.329312$

颗粒物：$x(k+1)=-16.453179e^{-0.260590k}+20.927971$

根据模型预测，到2026年，南京市废气氮氧化物、二氧化硫和颗粒物的平均排放量分别为0.99万t、0.51万t和0.47万t，见图4-4-1。

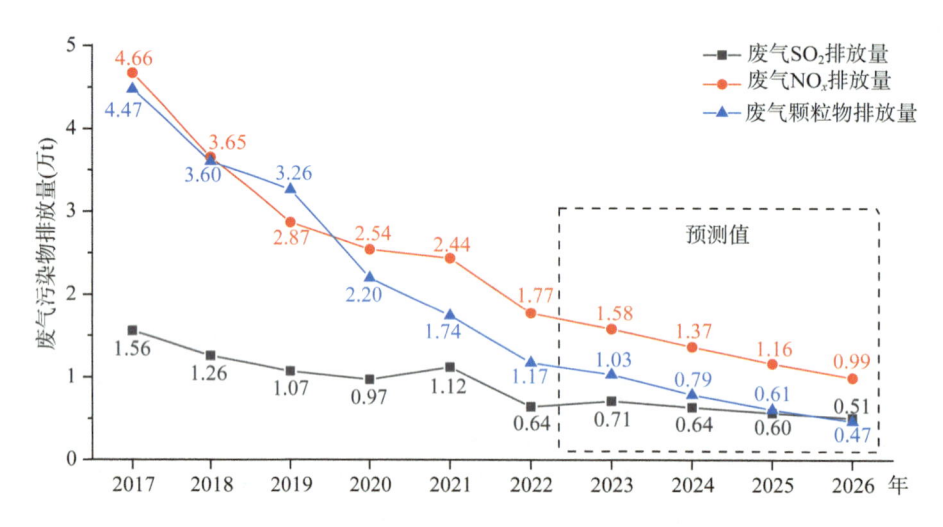

图 4-4-1　南京市废气污染物排放量变化趋势预测

二、机动车废气污染物排放量预测

根据灰度模型GM(1,1)预测，机动车氮氧化物、一氧化碳、挥发性有机物、二氧化硫、$PM_{2.5}$、PM_{10}、黑炭（BC）、有机碳（OC）排放量的时间响应函数为：

氮氧化物：$x(k+1)=-539.531033e^{-0.007503k}+543.548133$

一氧化碳：$x(k+1)=-218.579809e^{-0.034333k}+225.324809$

挥发性有机物：$x(k+1)=-82.594425e^{-0.019285k}+84.131125$

二氧化硫：$x(k+1)=5115.833333e^{0.007595k}-039.833333$

$PM_{2.5}$：$x(k+1)=-4896.522604e^{-0.197424k}+5820.522604$

PM_{10}：$x(k+1)=-5056.685229e^{-0.210745k}+6067.685229$

黑炭：$x(k+1)=-2530.283154e^{-0.195484k}+2999.283154$

有机碳：$x(k+1)=-530.384615e^{-0.287740k}+670.384615$

根据模型预测，到2026年，南京市机动车氮氧化物、一氧化碳、挥发性有机物的平均排放量分别为：3.80万t、5.61万t、1.35万t，二氧化硫、$PM_{2.5}$、PM_{10}、黑炭、有机碳的平均排放量分别为：41.4 t、180.8 t、178.0 t、94.0 t、13.3 t，详见图4-4-2。

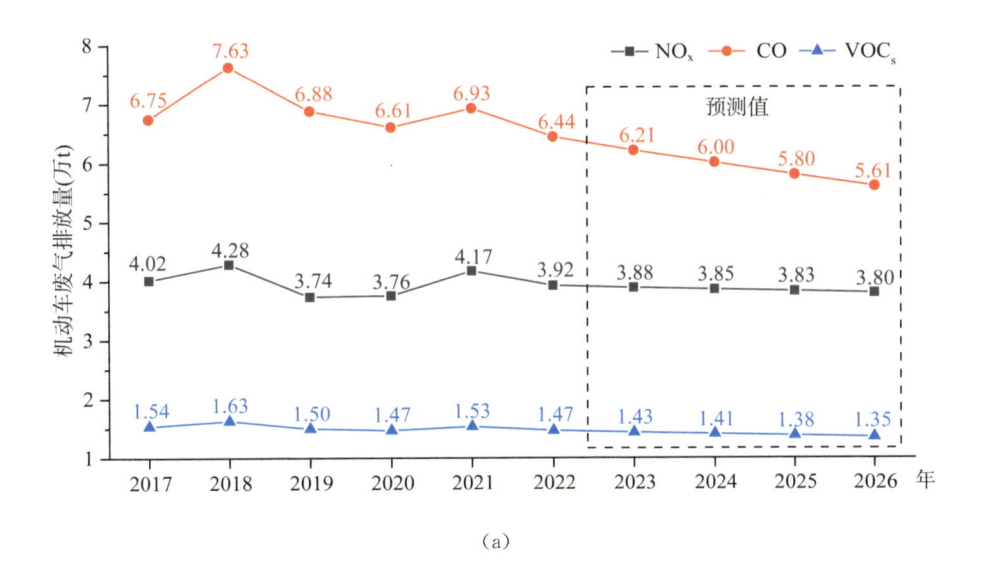

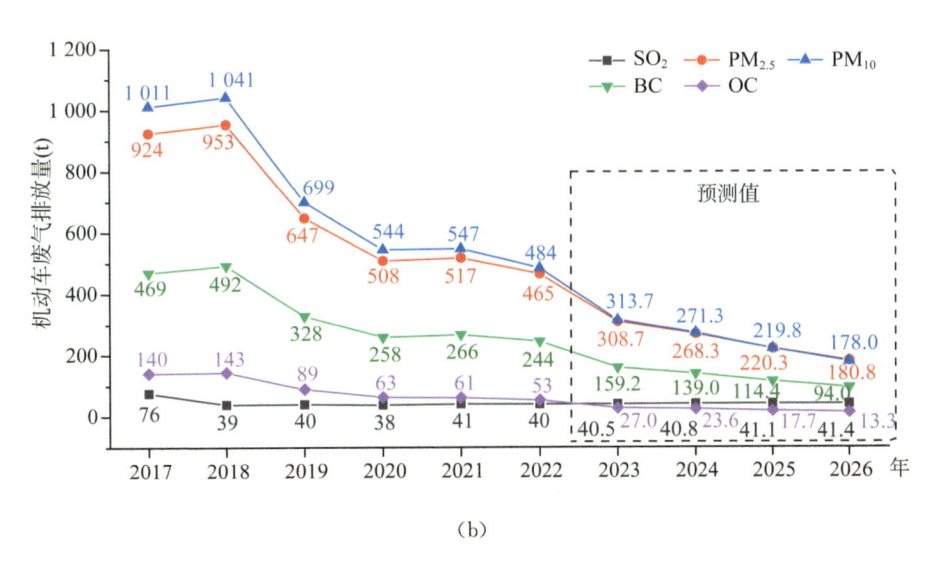

图 4-4-2　南京市机动车废气污染物排放量变化趋势预测

三、废水污染物排放量预测

根据灰度模型 GM(1,1) 预测,废水污染物排放量时间响应函数为:

氨氮:$x(k+1)=-2.972825e^{-0.298317k}+4.021983$

总氮:$x(k+1)=-19.144203e^{-0.088979k}+20.864505$

根据模型预测,到 2026 年,南京市氨氮、总氮平均排放量分别为 0.07 万 t、0.80 万 t,见图 4-4-3。

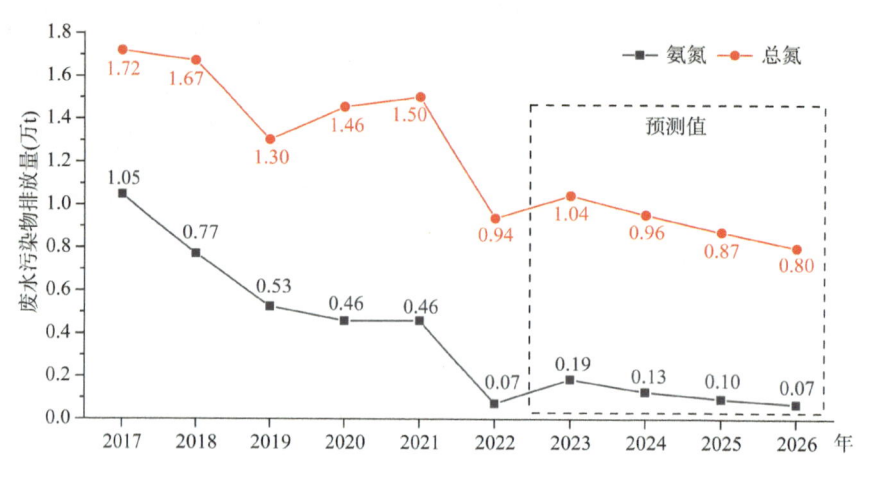

图 4-4-3　南京市废水污染物排放量变化趋势预测

四、空气环境质量预测

当前影响南京空气质量的主要污染物是 $PM_{2.5}$ 和 O_3，$PM_{2.5}$ 预测基于空气质量数值模型 CMAQ，采用敏感性的方法，测算本地何种污染物减排对控制 $PM_{2.5}$ 更为有效，从而给出减排策略和 $PM_{2.5}$ 浓度预测。O_3 由于与前体物浓度的高度非线性，利用 OBM 模型，分析 2023 年前体物减排比例和臭氧浓度预测。

（一）$PM_{2.5}$ 浓度预测

CMAQ 模式是由美国国家环保局（USEPA）开发的空气质量模型。CMAQ 在模拟过程中能将天气系统中、小尺度气象过程对污染物的输送、扩散、转化和迁移过程的影响融为一体考虑；同时兼顾区域与城市间大气污染物的相互影响以及污染物在大气中的多种化学过程，包括气相、液相和非均相化学过程、气溶胶过程和干湿沉积过程等。在本项目中，CMAQ 模式采用三层区域嵌套模拟，覆盖了东亚、长三角和南京，分辨率分别为 36 km、12 km 和 4 km。模式使用的气象场是由气象模式 WRF v3.7.1 和美国国家环境预报中心气象再分析数据（NCEP）模拟得到的。南京市污染物排放数据由南京市生态环境保护科学研究院提供的高分辨率（1 km）污染物排放清单（2021 年），南京以外区域采用清华大学 MIX 清单。

为了解南京本地何种污染物减排对控制 $PM_{2.5}$ 更为有效，设计了一系列敏感性试验，见表 4-4-1。在周边地区所有大气污染物减排 70% 的基础上设置 5 种不同减排情景。

表 4-4-1　敏感性试验方案设置

区域	方案一	方案二	方案三	方案四	方案五
本地	各部门 SO_2 减排 70%	各部门 NO_x 减排 70%	各部门 NH_3 减排 70%	各部门 VOC_S 减排 70%	各部门一次颗粒物（PPM）减排 70%
周边地区	周边所有污染物减排 70%				

由图 4-4-4 可见,在周边地区所有大气污染物减排 70% 的基础上,减排 PPM(一次颗粒物)每个季度 $PM_{2.5}$ 下降的相对贡献率均在 85% 以上,全年达到 88%,这与吴文景等提出,京津冀地区 $PM_{2.5}$ 浓度对一次 $PM_{2.5}$ 排放最敏感的结论基本一致。其次是方案三(各部门 NH_3 减排 70%),年均贡献率达 10.3%;本地 NO_x 和 SO_2 单独减排 70%,分别在 1 月和 7 月最为有效,贡献率分别为 8.2% 和 9.1%,但全年贡献率仅为 5.5% 和 3.1%,这可能与 NO_x 和 SO_2 主要源于高架源有关。仅减少 VOC_s 本地排放对降低 $PM_{2.5}$ 浓度没有明显效果。因此,现阶段南京 $PM_{2.5}$ 的污染控制策略应以减排 PPM 为主,同时协同减排 NH_3、SO_2、NO_x 与 VOC_s 等。同时采用各污染物不同减排比例,$PM_{2.5}$ 模拟值基本呈线性递减趋势,表明 $PM_{2.5}$ 浓度与前体物减排基本呈线性递减规律。

2023 年随着我国疫情防控进入"乙类乙管"常态化防控阶段,社会经济活动强度逐步恢复,预计 2023 年南京 $PM_{2.5}$ 年均浓度与 2022 年基本持平,在 28 μg/m³ 左右,同时结合敏感性实验结果,在本地尺度上,当前南京 $PM_{2.5}$ 控制宜采取 PPM 减排为主,同时需实施气态污染物协同减排策略。

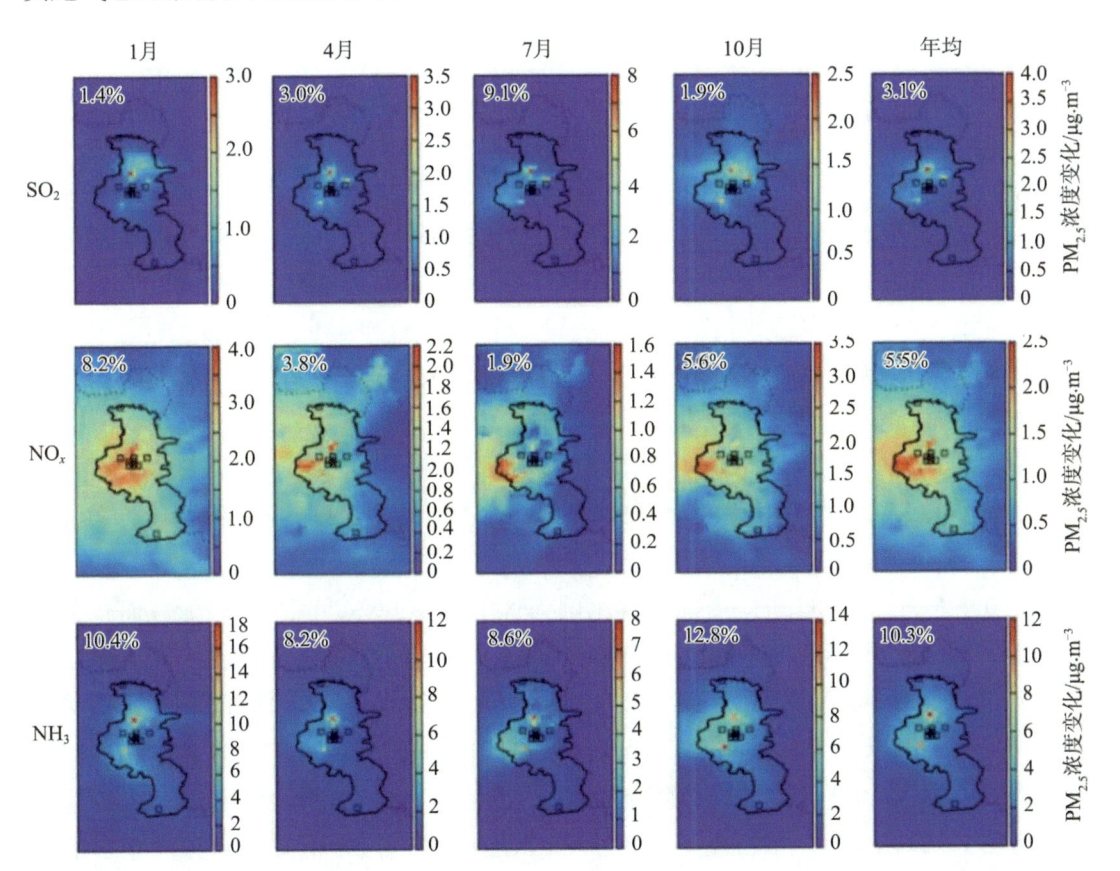

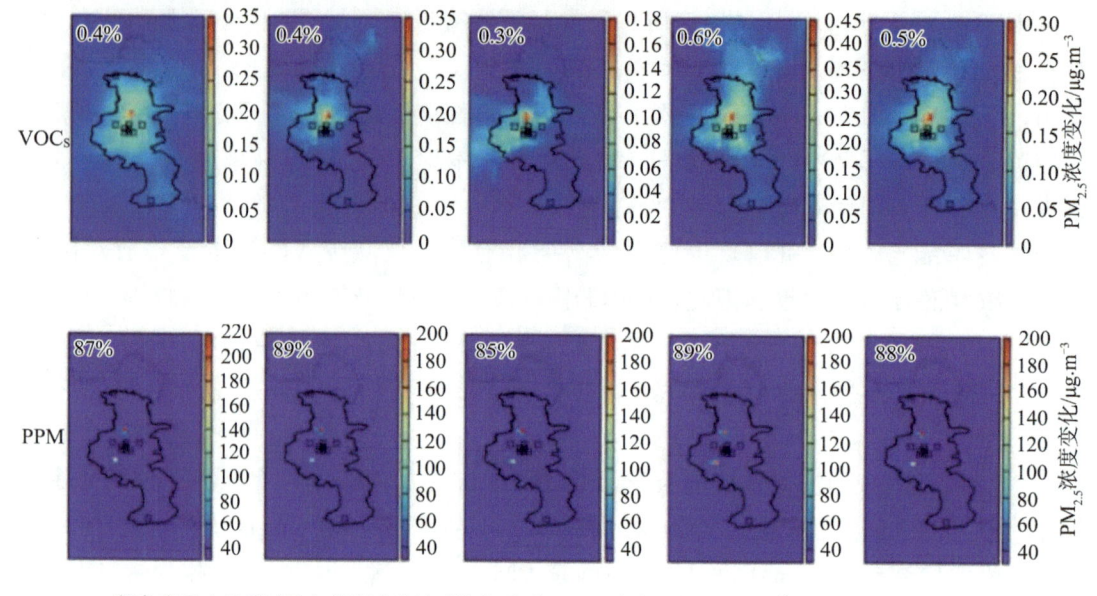

颜色表示本地无减排与单独减排敏感性物质时 $PM_{2.5}$ 浓度变化（$\mu g \cdot m^{-3}$），百分数表示贡献度

图 4-4-4 南京市 $PM_{2.5}$ 对 SO_2、NO_x、NH_3、VOC_S 和 PPM 减排的敏感性

（二）O_3 浓度预测

基于观测的模型（observation-based model，OBM）是美国乔治亚理工学院的 Cardelino 和 Chameides 在 1995 年开发的一个盒子模型，是分析 O_3 对 VOC_S 和 NO_x 敏感性的重要方法，尤其在我国一些 O_3 高浓度区域得到应用。OBM 应用的是归纳化学机理 CB05，包括 51 个机理物种（其中 14 个 VOC 机理物种）和 156 个反应。利用 2022 年南京臭氧污染相对较重时段的 VOC_S、NO_x 监测数据和同期气象数据，基于 OBM 模型，分析南京 5 种臭氧减排放方案以及臭氧浓度预测。

共设置了 5 种 O_3 前体物削减方案进行模拟，仅削减人为源 VOC_S，仅削减 NO_x，VOC_S 与 NO_x 以 1∶1、2∶1 和 3∶1 的比例进行削减，来反映不同前体物削减方案导致的 O_3 浓度变化，见图 4-4-5。

仅削减人为源 VOC_S 时，当其削减比例为 20% 时，O_3 浓度可降低 10%；而仅削减 NO_x 时，O_3 浓度会先增加，当 NO_x 削减超过 45% 时 O_3 浓度才会降低；人为源 VOC_S 与 NO_x 以 3∶1 削减时，VOC_S 需削减 27%，NO_x 需削减 9%，O_3 浓度能降低 10%；人为源 VOC_S 与 NO_x 以 2∶1 削减时，VOC_S 需削减 53%，NO_x 需削减 27%，O_3 浓度才能降低 10%；当 VOC_S 与 NO_x 以 1∶1 比例削减时，O_3 浓度不会出现反弹，当 NO_x 和 VOC_S 削减比例在 45% 以下时 O_3 浓度基本保持不变，超过 45% 后开始下降，当超过 80% 后 O_3 浓度才开始快速下降。结合当前 $PM_{2.5}$ 和 O_3 协同控制和污染减排现状，VOC_S 与 NO_x 以 3∶1 比例削减较为合适，若 2023 年气象条件较为适宜，VOC_S 削减 9%，NO_x 削减 3%，高污染过程中南京臭氧浓度可降低至 167 $\mu g/m^3$ 左右；若气象条件转差，如气温上

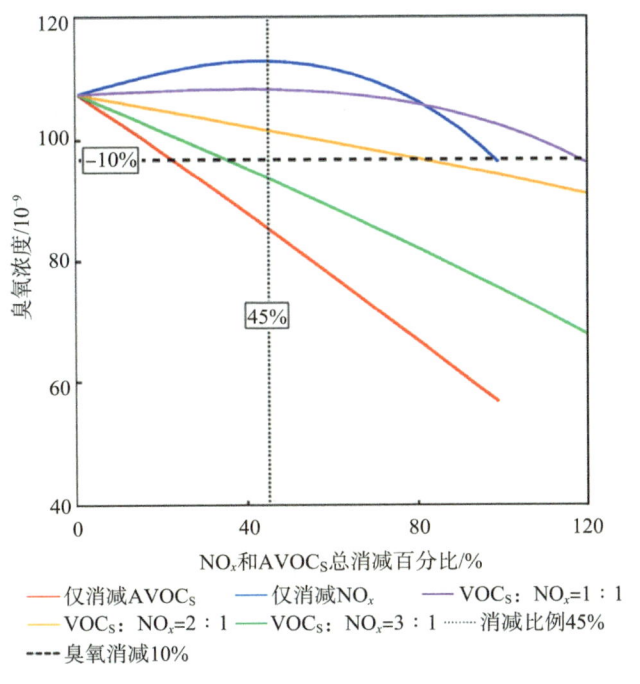

升,降水减少,则需进一步加大前体物减排量,才可能使臭氧浓度下降。

图 4-4-5　仅削减人为源 VOC_s,仅削减 NO_x,VOC_s 与 NO_x 以 1∶1、2∶1 和 3∶1 比例削减 O_3 浓度的变化

五、地表水环境质量预测

基于 2016—2022 年间南京市 42 个国、省考断面的水质数据,构建断面水质类别灰度预测 GM(1,1)模型。

根据模型,南京市国、省考断面优Ⅲ比例的时间响应函数为:

$$x(k+1)=790.7007e^{0.0983k}-572.495$$

优Ⅲ比例模型预测值与原始值的对比结果如图 4-4-6(a)所示,输入模型的数据均可通过级比检验,预测模型相对残差 Q=0.0472,方差比 C=0.2473,小误差概率 P=1,均在合理范围内,表明模型能够较好地对水质类别进行预测。

南京市国、省考断面优Ⅱ比例的时间响应函数为:

$$x(k+1)=911.8639e^{0.0764k}-98.364$$

优Ⅱ比例模型预测值与原始值的对比结果如图 4-4-6(b)所示,输入模型的数据均可通过级比检验,预测模型相对残差 Q=0.0498,方差比 C=0.3477,小误差概率 P=1,均在合理范围内,表明模型能够较好地对水质类别进行预测。

根据模型预测结果见图 4-4-6(c)和图 4-4-6(d),2023 年南京市国、省考断面优Ⅲ比例理论上为 100%,优Ⅱ比例理论上为 66.4%。

结合2023年第一季度国、省考断面水质监测数据,对模型预测结果进行修正,其中优Ⅲ比例仍然为100%,优Ⅱ比例修正后调整为61.9%,见图4-4-6(c)和图4-4-6(d)。

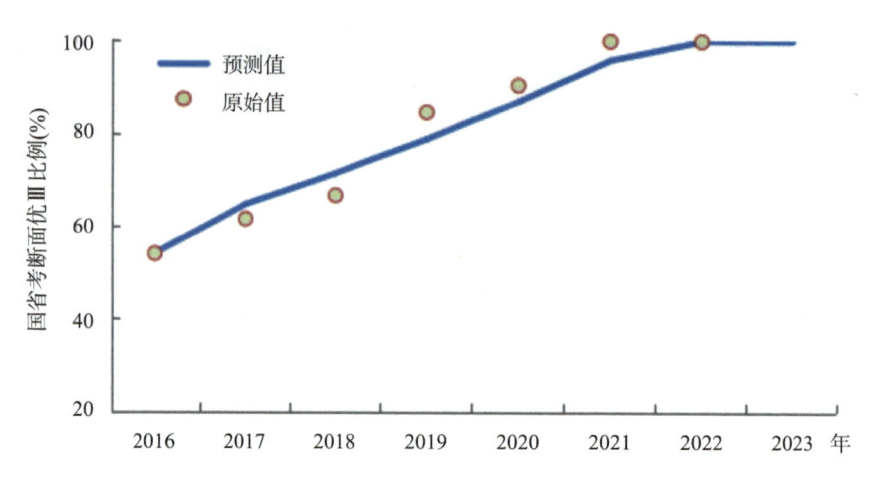

图4-4-6(a) 灰度预测GM(1,1)模型拟合效果(优Ⅲ比例)

图4-4-6(b) 灰度预测GM(1,1)模型拟合效果(优Ⅱ比例)

图4-4-6(c) 南京市国、省考断面优Ⅲ比例变化趋势预测

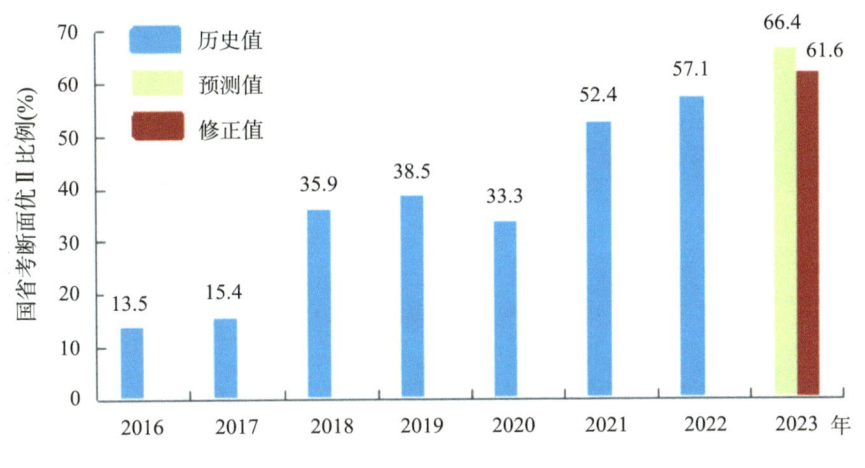

图 4-4-6(d)　南京市国、省考断面优Ⅱ比例变化趋势预测

预计 2023 年达标形势,省定约束性目标(国、省考优Ⅲ比例达 100%,无劣Ⅴ类断面)基本可达;距离省定激励性目标(国、省考优Ⅱ比例分别达 70%、61.9%)仍存在一定难度,其中七桥瓮和滁河闸 2 个国考断面、红山桥、龙王庙、宝塔桥、龙靖线、划子口河闸 5 个省考断面达Ⅱ类水质激励目标难度大,风险污染因子包括氨氮、总磷和高锰酸盐指数。

六、区域噪声及交通噪声预测

根据灰度预测 GM(1,1) 模型预测,城区交通噪声、郊区交通噪声、城区区域噪声、郊区区域噪声的时间响应函数为:

城区交通噪声:$x(k+1) = -114311.612500e^{-0.000592k} + 114379.812500$

郊区交通噪声:$x(k+1) = -19223.639130e^{-0.003482k} + 19290.93913$

城区区域噪声:$x(k+1) = -58120.490000e^{0.000929k} + 58174.190000$

郊区区域噪声:$x(k+1) = -7307.432051e^{-0.007382k} + 7361.132051$

根据模型预测,到 2026 年南京市城区交通噪声、郊区交通噪声、城区区域噪声、郊区区域噪声声级分别为 67.3 dB(A)、65.0 dB(A)、53.7 dB(A)、50.7 dB(A),详见图 4-4-7。

根据实际形势分析,对模型预测结果进行修正。考虑到"十四五"期间,南京市建成区不断扩大,机动车保有量仍呈增加态势,郊区交通噪声和区域噪声整体水平下降空间收窄,降幅较为有限,预计到"十四五"末郊区声环境水平与"十四五"初期基本持平,因此将 2026 年郊区交通噪声、郊区区域噪声声级分别调整为 66.5 dB(A)、52.5 dB(A)。

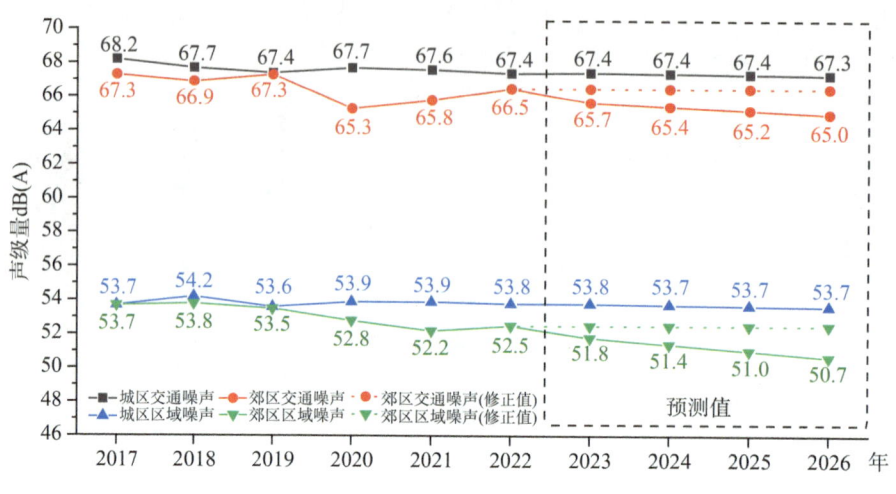

图 4-4-7　南京市区域及交通噪声变化趋势预测情况

第五节　生态环境质量目标可达性分析

根据《南京市"十四五"生态环境保护规划》的要求，到 2025 年，南京经济高质量发展和生态环境高水平保护协同推进，碳排放强度持续下降，生态环境质量力争走在全国同类城市前列，生态环境治理体系和治理能力显著增强。

"十四五"期间，生态环境保护指标体系包括环境质量、绿色低碳发展、生态保护、污染治理和满意度五大类 20 项指标。其中城市空气质量优良天数比例、城市 $PM_{2.5}$ 浓度、县级以上集中式饮用水水源地水质达到或优于 Ⅲ 类水比例、地下水质量 Ⅴ 类水比例等 13 项指标为约束性指标，其余为预期性指标。

一、环境空气质量

（一）2023 年度质量状况预判

2023 年南京大气污染防治工作目标为：$PM_{2.5}$ 浓度 28 μg/m³，与 2022 年持平；优良天数比率 81.0%，需较 2022 年提升 1.3 个百分点。

截至 2023 年 4 月底，南京 $PM_{2.5}$ 浓度 36.5 μg/m³，较 2022 年下降 7.4%，呈改善趋势，但改善成果仍不稳固，与 2 月底相比，$PM_{2.5}$ 累积降幅收窄 10.4 个百分点，3、4 月南京 $PM_{2.5}$ 月均浓度均较 2022 年同期上升。考虑到 5—10 月 $PM_{2.5}$ 月均浓度在全年处于较低水平，对 $PM_{2.5}$ 考核目标完成影响相对较小，而 11、12 月 $PM_{2.5}$ 浓度高，波动性大，对 $PM_{2.5}$ 达标影响相对较大。若 2023 年 5—10 月 $PM_{2.5}$ 浓度保持 2022 年同期水平，11 月、12 月 $PM_{2.5}$ 浓度不能高于 45 μg/m³，即较 2022 年同期升幅不能高于 21.6%，全年 $PM_{2.5}$

可达标；若 2023 年 5—10 月 $PM_{2.5}$ 浓度较 2022 年同期上升 10%，11 月、12 月 $PM_{2.5}$ 浓度不能高于 40 $\mu g/m^3$，即较 2022 年同期升幅不能高于 8.1%，全年 $PM_{2.5}$ 可达标。同时根据模式预测结果，2023 年南京 $PM_{2.5}$ 年均浓度与 2022 年基本持平，完成 $PM_{2.5}$ 考核目标可能性较大。

截至 2023 年 4 月底，南京优良天数比率 89.2%，较 2022 年同期增加 12.9 个百分点，呈改善趋势。近年臭氧已成为影响南京优良率达标的首要因子，截至 2023 年 4 月底，南京臭氧超标 4 天，较 2022 年同期减少 8 天。根据气象部门预测 2023 年夏季南京雨量总体较近五年同期略偏少，气温较近五年同期略偏高，气象条件总体不利。预计 2023 年 5—9 月南京 O_3 超标天数较近五年同期（44 天）偏多，全年 O_3 超标天数与近五年（53 天）持平，全年优良天数较 2022 年增加 2~5 天，而 2023 年目标是优良天数较 2022 年至少增加 5 天；同时根据模式预测结果，需进一步加大前体物（NO_x 和 VOC_s）减排量，才可能使臭氧浓度下降，因此完成 2023 年优良天数比率目标仍具有较大压力。

（二）"十四五"目标可达性研判

"十四五"南京大气环境质量目标为：大气环境质量持续改善，到 2025 年，污染物浓度达到省定目标，主要指标年评价值稳定达到国家二级标准，$PM_{2.5}$ 不超过 35 $\mu g/m^3$，臭氧污染得到有效遏制，基本消除重污染天气，优良天数比例达到 80% 以上。

易完成目标：根据"十四五"目标以及 2021、2022 年环境空气质量现状，其中"主要指标年评价值稳定达到国家二级标准，$PM_{2.5}$ 不超过 35 $\mu g/m^3$"，该目标基本可达，2022 年南京 $PM_{2.5}$ 浓度首次进入 20+ 水平，超额完成"$PM_{2.5}$ 不超过 35 $\mu g/m^3$"目标，SO_2、NO_2 和 PM_{10} 稳定达到国家二级标准。

存在较大不确定性目标：一是完成"优良天数比例达到 80% 以上"的目标具有较大不确定性。当前臭氧是影响南京空气优良率的首要因子，"十三五"以来呈增加趋势，以 O_3 为首要污染的天数大幅增加，从 2016 年的占比 40.7% 上升至 2022 年的 74.0%，2022 年臭氧超标 54 天，同比增加 2 天，导致优良率仅为 79.7%，且同比下降，"十三五"以来南京臭氧超标天数呈上升趋势。二是"臭氧污染得到有效遏制"目标具有较大难度。当前南京臭氧浓度升幅虽然较缓，但还未进入下降通道，且超标天数仍居高不下。本地 O_3 生成前体物（NO_x 和 VOC_s）排放量仍处于高位，同时区域传输影响不容忽视，臭氧污染防治任务仍任重道远。三是考虑自然因素影响。虽然 2021、2022 年南京未出现重污染天，但 2023 年 4 月受外来沙尘传输影响，连续两天出现重污染天。

2023—2025 年，应以减污降碳为抓手，以推动问题整改提升、重点环节、重点领域全过程治理为着力点，注重 $PM_{2.5}$ 和臭氧协同防控、挥发性有机物和氮氧化物协同治理，坚持源头治理、标本兼治，突出重点攻坚、减排优先，持续深入打好蓝天保卫战。

二、地表水质量

（一）2023年度质量状况预判

2023年南京水环境质量工作目标：地表水国省考优Ⅲ比例工作目标均为100%，县级以上集中式饮用水水源地水质均达到或优于Ⅲ类。

基于2016—2022年间南京市42个国、省考断面的水质数据，构建断面水质类别灰度预测GM(1,1)模型，同时结合2023年1季度国、省考断面水质监测数据对模型预测结果进行修正，预测2023年国、省考优Ⅲ比例为100%；截至2023年4月底，除石臼湖省界湖心断面因水位低未监测外，南京市国、省考优Ⅲ比例均为100%，较2022年同期分别上升10.0个百分点和2.4个百分点，无劣Ⅴ类断面；地级集中式饮用水水源地水质均达Ⅲ类。根据2022年监测情况，测算2023年南京市水环境质量工作目标基本可达，但国、省考单月水质优Ⅲ比例仍存在一定的波动风险。2022年以来，单月监测超Ⅲ类次数仍有20次，共涉及断面13个，其中国考断面2个，省考断面11个。从空间维度看，入江支流单月水质超Ⅲ类波动最频繁，达11次；从时间维度看，水质波动主要集中在枯水期（上年12月—当年2月）、汛期（7—9月）及汛期后10月；从影响指标看，造成断面水质波动的污染指标主要是氨氮、高锰酸盐指数等。根据国家气候中心预测2023年夏季南京降水偏少，需警惕"汛期返枯"、强降雨天气后溢流污染对断面水质的冲击。

根据灰度预测GM(1,1)模型预测结果和基于历史数据的手工测算结果显示，2023年南京水环境质量工作目标基本可达，但部分断面因受上游来水及雨后溢流等问题影响存在单月不能稳定达标的风险。

（二）"十四五"目标可达性研判

"十四五"南京水环境质量工作目标：地表水国考断面达到或优于Ⅲ类比例≥90%，地表水省考以上断面达到或优于Ⅲ类比例≥95.2%，县级以上集中式饮用水水源地水质达到或优于Ⅲ类比例为100%。

根据"十四五"目标以及2021、2022年地表水环境质量现状，初步预测"十四五"南京水环境质量工作目标完成可能性较大，但同时需关注单月水质仍存在不能稳定达标风险，部分入江支流降雨时段水质下滑明显，北十里长沟、金川河、秦淮河沿线虽利用截流管沟、泵站前池等保障了晴天水质，但降雨期间溢流污染对河道水质冲击较大；建成区内河道多以行洪功能为主，受闸坝调控影响，水体流动性较差，多为滞流状态，河道缺少完整健康的水生态系统，一定程度上削弱了水体自净能力。需关注当前主要污染的生活源、梅雨期间凸显的农业源及可能出现的工业源对断面水质的影响。

2023—2025年，为持续推进水环境质量改善，着力推动水生态环境保护由水环境治理为主向三水统筹转变，坚持污染减排与生态扩容"两手发力"，强化水资源管控及水污染治理,聚焦城市污水收集处理,构建流域生态治理新格局,力争实现"有河有水、有鱼有草、人水和谐"。

三、声环境质量

根据中共江苏省委、江苏省人民政府印发《关于深入打好污染防治攻坚战的实施意见》的要求,到"十四五"末,城市建成区全面实施功能区声环境质量自动监测,夜间达标率达到85%以上。

(一) 主要噪声源预测

从2016年以来,城市区域声环境社会生活噪声平均占比为49.8%,交通噪声占比为33.7%,工业噪声占比为13.4%,建筑施工噪声占比为3.1%。7年来各类声源占比变化较小,可以预测2023年南京市区域声环境噪声源仍将以社会生活噪声和道路交通噪声为主。南京市主要声源比例见图4-5-1。

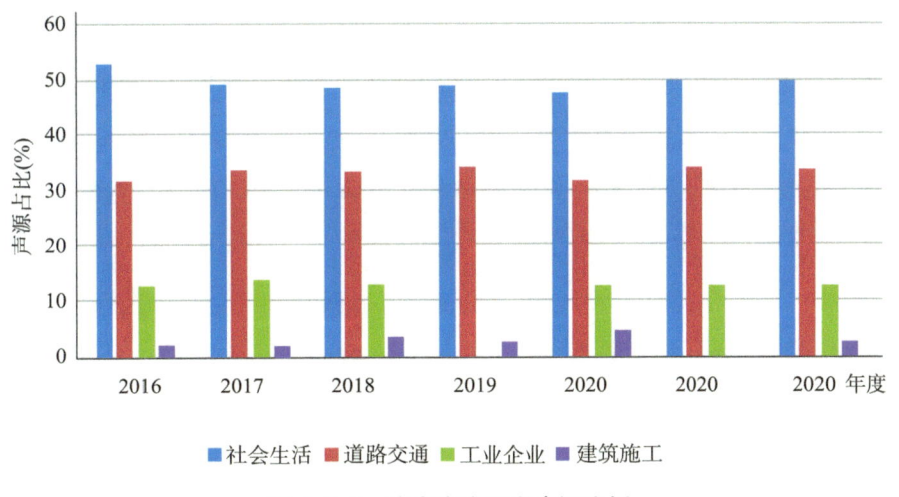

图 4-5-1　南京市主要噪声源比例

(二) "十四五"目标可达性研判

2022年度南京市27个功能区声环境自动监测站点,全年数据平均昼间达标率为86.7%,夜间达标率为62.9%。

2018—2022年,全市27个功能区声环境自动监测站点监测数据年平均昼间达标率范围为77.9%～91.0%,2019年达标率最高,2021年达标率最低;夜间达标率范围为51.9%～62.9%,2022年达标率最高,2018年达标率最低。

截至目前,2023年27个功能区声环境自动监测站点,平均昼间达标率为94.6%,夜间达标率为69.2%。按照目前噪声污染防治管理水平来看,2023年夜间达标率依然会比较低，距离省委省政府85%的目标存在较大差距，因此完成夜间达标率目标仍具有较大压力。

四、地下水质量

（一）2023年年度状况预判

根据省生态环境厅《2021年地下水环境质量国考点位达标工作方案》要求，南京市地下水环境质量国考点位水质保持稳定。根据2020年南京市地下水基数监测结果，国考区域点位Ⅴ类水质比例16.7%，国考风险监控点Ⅴ类水质比例33.3%。2023年1季度，南京市国考区域点位Ⅴ类点位1个，占比16.7%，国考风险监控点Ⅴ类点位0个，占比为0，与2022年相比，水质保持稳定，按此趋势完成2023年考核目标可能性较大。

（二）"十四五"目标可达性研判

"十四五"南京地下水环境质量目标为：区域点和污染风险监控点位水质保持稳定。根据"十四五"目标以及2021、2022年地下水环境质量现状，区域点有1个Ⅴ类点位，其余5个点位水质连续两年稳定，风险监控点原有1个Ⅴ类点位，2022年实施环境整治后暂时提升至Ⅳ类。区域点以全年3次均值，完成"十四五"考核目标可能性较大。但同时，风险监控点受影响的因素较多，氨氮和锰等项目在Ⅳ类限值内有较大浮动，且以最差的1次结果评价，因此，完成"十四五"考核目标仍有较大压力。

第五章
结论与建议

第一节　环境质量状况

2022年,南京市认真贯彻落实习近平新时代中国特色社会主义思想特别是习近平总书记视察江苏重要讲话指示精神,在市委、市政府的坚强领导和省生态环境厅的关心指导下,以碳达峰、碳中和为引领,以减污降碳协同增效为主线,以生态环境高水平保护推动经济社会高质量发展,取得了阶段性成效。

南京市生态环境质量稳中趋好。南京市 $PM_{2.5}$ 浓度均值降至 28 μg/m³,绝对值全省排名第三,达有监测记录以来最优值。42个国省考断面累计均值水质优良比例达100%,水环境质量继续保持全省第一,地级饮用水水源地水质达标率100%。声环境质量和土壤环境质量总体稳定,重点流域底栖动物生物多样性均为良好及以上等级,生态环境质量保持在"良好"水平,辐射环境质量符合允许限值,农村环境质量稳中趋好。

一、环境空气质量

(1) 2022年,南京市环境空气六项污染物中,除 O_3 外,其余污染物浓度均达环境空气质量二级年均标准,其中 $PM_{2.5}$ 均值 28 μg/m³,较2021年下降3.4%,达有监测记录以来最优值。O_3 对综合指数贡献率最大,贡献率为30%。

(2) 环境空气质量优良291天,较2021年减少9天,优良天数比率为79.7%,较2021年下降2.5个百分点。从全市各板块来看,空气质量优良天数比率在76.2%～84.7%范围,其中六合区空气优良天数比例最高。

(3) 从时间分布特征看,$PM_{2.5}$、PM_{10}、NO_2 和 CO 总体呈现春夏季浓度低、秋冬季浓度高的特征;SO_2 因维持较低浓度,季节波动较小;臭氧因气温和辐射等气象因素影响,呈现春夏季浓度高,秋冬季浓度低的特征。

(4) 从空间分布特征看,$PM_{2.5}$ 和 PM_{10} 的浓度高值区分布有很好一致性,主要集中在江北化工园区、城区及以南区域;NO_2 高值主要集中在城区以及沿江区域;臭氧高值区主要在江北化工园区、栖霞区、江宁区中东部以及溧水区东部;SO_2 高值区主要在江北化工园区、六合区以及浦口西部。

(5) 2022年,南京市降尘量均值为2.57吨/平方千米·月,较2021年下降25.9%。各点位的降尘量年均值在2.17～3.31吨/平方千米·月,降尘量最高区域为迈皋桥,最低为玄武湖。3月降尘量最高,为4.17吨/平方千米·月;11月降尘量最低,为1.80吨/平方千米·月。全市硫酸盐化速率年均值 0.02 mg·SO_3/(100 cm²·碱片·d),较2021年下降 0.01 mg·SO_3/(100 cm²·碱片·d),达到评价标准,各区年均值均为 0.02 mg·SO_3/(100 cm²·碱片·d)。

二、降水

（1）2022 年，南京市酸雨污染程度稍有减轻，酸雨频率为 9.9%，较 2021 年下降 3.0 个百分点。降水 pH 值年均值为 5.87，酸性弱于上年（5.81），高于酸雨临界值 5.6，属于非酸雨区。

（2）从降水离子当量浓度占比来看，影响南京市的主要因素是氮氧化物，铵离子对酸雨的中和作用最大。部分区域氮氧化物对酸雨的贡献与上年相比有所增加。从 2021 年与 2022 年南京市降水当量浓度变化情况来看，Cl^-、F^-、Ca^{2+}、K^+、Na^+、Mg^{2+} 当量浓度均有不同程度上升。降水中主要离子 Ca^{2+}、NH_4^+、Na^+、SO_4^{2-}、Cl^- 最高在冬季，NO_3^- 最高在秋季。

三、地表水环境质量

（1）2022 年，南京市参与评价的地表水环境断面（点位）102 个，其中Ⅰ～Ⅲ类水体占所监测断面的 81.4%，较 2021 年上升 5.9 个百分点，整体水环境状况保持良好。

（2）长江南京段干流、秦淮河干流、主要支流、分洪河道、滁河干流、胥河和水阳江水质状况均为优；长江南京段主要支流及滁河主要支流为良好；城区其他河道水质状况整体为轻度污染，主要污染指标为氨氮。与上年度相比，秦淮河主要支流、滁河主要支流水质有所好转，长江南京段主要支流水质有所下降。

（3）南京市 8 个主要湖库中，水质状况为优的占 62.5%，良好的占 12.5%，轻度污染的占 25.0%。与上年度相比，固城湖水质状况由良好转为优，其余湖库水质无明显变化，其中城市景观水体玄武湖和莫愁湖水质状况为轻度污染，主要污染指标为总磷。按营养状态分布，处于中营养状态的有 6 个，占 75.0%；处于轻度富营养状态的有 2 个（分别为玄武湖、石臼湖），占 25.0%。

（4）南京市水体底质环境质量总体良好，未超过农用地土壤污染风险筛选值断面（点位）比例达 83.9%，个别水体底质重金属含量偏高，主要污染因子为镉、砷、锌和铜。

四、饮用水水源地质量

（1）2022 年，南京市所测 15 个水源地水质主要污染指标达标率为 93.3%。所测水源地取水量为 103 340.33 万 t，取水量达标率为 99.95%。其中，南京市地级水源地 10 个，水源地水质和取水量达标率均为 100%。

（2）2022 年，地级水源地和规划备用水源地特定项目中，除钼、钴、硼、锑、镍、钡、钒、钛有检出，且检出值远低于标准限值，其他特定项目均未检出。与上年度相比，检出项目减少铍、铊 2 项，检出率有所降低。

五、地下水环境质量

（1）2022年，南京市地下水环境质量总体较好，与上年度相比总体保持稳定，监测的19个地下水点位中15个水质为Ⅰ～Ⅳ类，占比78.9%，主要污染物为氨氮和锰。

（2）水质综合评价为Ⅱ类、Ⅲ类、Ⅳ类和Ⅴ类的点位比例分别为15.8%、31.6%、31.6%和21.0%。

六、声环境质量

（1）2022年，南京市城区和郊区区域环境噪声平均值分贝为53.8分贝和52.5分贝，较2021年城区下降0.1分贝，郊区上升0.3分贝，均处于"较好"水平。

（2）城区功能区声环境昼间达标率为96.8%，较2021年下降0.1个百分点；夜间达标率为87.3%，较2021年上升3.3个百分点。郊区功能区声环境昼间和夜间达标率均为100%，昼间和夜间达标率均较2021年上升2.1个百分点。

（3）城区和郊区道路交通噪声平均值分别为67.4分贝和66.5分贝，较2021年城区下降0.2分贝，郊区上升0.7分贝，均处于"好"水平。

七、土壤环境质量

（1）2022年，南京市监测区域内土壤环境质量总体稳定。监测区域内17个风险监控点位中，污染物含量均低于风险筛选值的点位有7个，占比41.2%；超风险筛选值但不超风险管制值的点位有10个，占比58.8%；无超风险管制值点位。主要污染因子为铜、镉、铅、汞和锌。

（2）与上年度相比，南京市11个重点风险监控点土壤环境质量略有好转，未超农用地土壤污染风险筛选值点位比例由18.2%提升至27.3%，主要污染因子仍为铜、镉、铅、汞和锌。6个一般风险监控点为首次监测，未超农用地土壤污染风险筛选值点位比例为66.7%，主要污染因子为汞。

八、生物环境质量

2022年，南京市重点流域各点位底栖动物生物多样性均为良好及以上等级；着生藻类生物多样性除城北水厂和远古水厂为中等等级外，其他点位均为良好及以上等级。霉菌总数、细菌总数以及植物叶片中含氟量为清洁水平，植物叶片中含硫量为轻度污染水平。各个主要湖库未发生明显水华现象，综合营养状态指数也基本保持稳定。饮用水水源地水质均无急性毒性，水质稳定。

九、生态质量

（1）2022 年，南京市 EQI 为 53.39，生态质量类型为三类。较 2021 年上升了 0.03，生态质量基本稳定。

（2）2022 年，南京市生态景观格局总体保持稳定。各类生态景观类型中，耕地和建设用地分别为 1 409.16 km³ 和 1 512.34 km³，合计占全市国土总面积的 44.36%。

十、辐射环境质量

2022 年，南京市辐射环境质量总体稳定。全市环境中瞬时 γ 辐射空气吸收剂量率、累计 γ 辐射空气吸收剂量率均在江苏省天然本底值范围内；地表水、饮用水源水中总 α 和总 β 放射性达标；土壤和环境空气样品中放射性核素的含量水平均在江苏省天然本底水平涨落范围内；城市电磁辐射综合场强达标。

十一、农村环境状况

（1）2022 年，农村环境空气日平均 AQI 指数为优良的天数占比为 85.9%；县域地表水水质为Ⅰ～Ⅲ类的占比为 100%，较 2021 年上升 6.7 个百分点；农村土壤所有地块监测项目均低于农用地土壤污染风险筛选值，污染等级为Ⅰ级，农用地土壤污染风险低。

（2）日处理能力 20 t 及以上的农村生活污水处理设施正常运行率为 98.9%，出水水质达标率为 99.4%；"万人千吨"饮用水水源地水质总体良好；10 万亩及以上的农田灌溉水质达标率为 96.9%，主要污染指标是 pH 值；农田退水水质为Ⅰ～Ⅲ类的占比 57.0%，劣Ⅴ类水质占比 1.5%，水质为轻度污染；池塘养殖尾水水质均符合淡水受纳水域养殖尾水排放限值的要求。

第二节　主要环境问题

2022 年，南京市以习近平生态文明思想为引领，完整准确全面贯彻新发展理念，坚持生态环保优先方针，环境保护和生态建设取得比较明显的成效，环境质量总体稳中趋好，为全市社会经济发展提供了有力的环境保障，但全市生态环境形势依然严峻，全市空气质量优良率指标未完成年度任务，产业结构偏重、能源结构偏煤、空间区域偏小、排放强度偏大的现状仍未根本性改变，通过生态环境高质量保护来促进社会经济高质量发展的路径还有待进一步积极探索实践，还面临许多迫切需要解决的问题。

一、环境空气质量问题

(一) 颗粒物提升难度大,深入治气攻坚任重道远

2019年以来,全市 $PM_{2.5}$ 同比分别下降 2 $\mu g/m^3$、9 $\mu g/m^3$、2 $\mu g/m^3$、1 $\mu g/m^3$,降幅逐年收窄。国控点 $PM_{2.5}$ 高值点位对全市影响突出,2022年溧水永阳、山西路和高淳老职中 $PM_{2.5}$ 在全市位居倒数三位,分别拉高全市 $PM_{2.5}$ 均值 0.5 $\mu g/m^3$、0.4 $\mu g/m^3$ 和 0.3 $\mu g/m^3$。PM_{10}、降尘与省内先进城市仍有差距,"十三五"以来南京市 PM_{10} 省内排名在 4~9 名之间,相比于 $PM_{2.5}$ 排名仍较为靠后。2022年,南京市 PM_{10} 浓度高出苏州 8 $\mu g/m^3$,高出上海 13 $\mu g/m^3$,南京市降尘量虽同比改善,但在省内排名第 11 位,排名靠后。指标提升困难的背后是源头替代、减排力度还不够、绿色低碳转型有待提速等问题依然存在,南京市深入治气攻坚任重道远。

(二) 臭氧问题日益凸显,制约优良率持续改善

污染天中臭氧为首要污染物占比从2018年的46.9%增加至2022年的73.0%,制约全市空气质量优良率进一步提升。2018—2022年全市臭氧日最大8小时平均值第90百分位数浓度在 165~181 $\mu g/m^3$,均超标,超标倍数在 0.03~0.13 之间。当前南京市臭氧浓度升幅虽然较缓,但还未进入下降通道,且超标天数仍居高不下。南京市臭氧前体物挥发性有机物和氮氧化物两者排放强度仍然居高,氮氧化物单位 GDP 排放量与上海基本持平,高于北京和杭州,而挥发性有机物单位 GDP 排放量远高于上海、北京和杭州,臭氧超标问题已成为制约南京市空气质量持续改善的首要问题。

(三) 结构型污染问题仍旧突出,源头治理亟待加强

当前,南京市重化工产业比重仍然偏高,高耗能、高排放的重工业在第二产业中的占比超75%,煤炭仍是现阶段的主要能源,火电、钢铁均实现超低排放,石化、水泥等行业全面达到特别排放限值,末端治理持续减排空间有限;挥发性有机物管控有待加强,末端治理效率不高,集群整治不够深入;移动源监管能力不足,车辆拥堵有待缓解,柴油车监管能力不足,船舶岸电使用率仍不高。总体而言,南京市以重化工为主的产业结构、以煤为主的能源结构,以及城市机动车快速增长趋势没有根本改变,污染物排放量仍然较大,一旦遭遇不利气象条件,可能出现持续时间较长、范围较大、影响程度较重的污染过程。

二、水环境质量问题

(一) 极端气候条件下水环境质量依旧脆弱

2022年,南京市水环境质量守住了全省第一,但治水工作依然存在薄弱环节。南京

市的水环境基础设施当前仅能满足晴天的污水收集处理需求，在雨季尤其是汛期暴露出较多缺陷。老城区雨污难以彻底分流，遇较大降雨时生活污水易通过雨水排口直接下河，最终通过雨水泵站排入城市主要水体，引起水质波动。2022年，红山桥、化工桥、宝塔桥、三汊河口、龙王庙等5个省考断面共有23次被省生态环境厅通报在降雨过程中污染强度列全省前20名，其中红山桥断面被连续通报8次。

（二）地表水水质优Ⅲ比例仍有提升空间

2022年，全市参与评价的地表水环境断面（点位）102个，其中Ⅰ～Ⅲ类水体占所监测断面的81.4%，较2021年上升5.9个百分点，整体水环境状况保持良好，但仍有19个断面（点位）水质未达Ⅲ类，其中14个为河流型断面，5个为湖库型点位。水质未达Ⅲ类的断面（点位）空间上主要集中在入江支流、秦淮河、滁河主要支流、城区其他河道及城市景观水体；时间上大多集中在降雨期间及枯水期，降雨期间溢流污染、枯水期水位低水体长期滞留、自净能力减弱等因素易导致水质波动下降。

（三）工业水污染防治上缺少有力支撑

目前，南京市符合要求的水污染物总量平衡指标基本干涸，为新上工业项目审批带来阻碍。生活污水和工业废水分类收集、分质处理水平不高，接管企业过度处理和末端污水处理厂进水低浓度的矛盾突出；对工业企业水环境管理的诸多要求缺乏法律效力和执行力，基层管理部门水环境缺乏人才，为各项政策执行带来困难。

三、声环境质量问题

历年来南京市不断强化施工噪声、交通噪声等污染管控和治理，但噪声污染投诉居高，噪声污染扰民问题仍比较突出，已成为影响公众环境满意度的一个重要因素。

2022年，南京市生态环境系统共受理噪声信访投诉7 353件，占投诉总量的60.5%。噪声污染投诉的主要因素为城镇化建设进程中，建筑工地点多面广，施工噪声对周边小区居住环境造成影响；饮食服务业使用高噪声设备；机动车保有量大，道路交通网络发达，部分快速高架路段距住宅较近等。需进一步关注城市重点区域市民对噪声的投诉，加强对噪声敏感建筑物集中区域声环境质量的分析评估。

四、其他问题

（一）全面推动绿色发展仍显乏力

从外部看，全市结构性压力总体仍处于高位，以重化工为主的产业结构、以煤为主的能源结构、以公路为主的运输结构没有根本改变。从自身看，宏观决策、规划的能力还不够,减污降碳协同增效还没有真正成为推动工作的理念和手段。

(二)环境治理现代化水平有待提升

环境基础设施方面,污水收集管网系统有待完善,农村生活污水收集处理率和已建设施的运行率仍需提高。医废收集处置方面,各板块医废收集设施配套不足,小型医疗机构医废收集保障能力弱,医废收集网络有待优化,应急处置能力有待加强。体制机制和能力水平方面,生态环保责任体系需进一步夯实,政府主导、企业主体、社会组织和公众共同参与的多元治理体系有待完善,经济和技术手段相对不足。基层监管力量和监测监控能力薄弱,环保工作的科技化信息化水平还有很大的提升空间。

(三)生态系统需要重点关注

南京市作为经济大省江苏省省会城市,经济一直保持高速发展,城市不断扩张,生态资产存量减少,生态空间受到挤压,生态系统仍较为脆弱,需要重点关注。2022年,南京市生态质量指数全省排名末位,与全省平均水平有一定差距,主要失分集中在"植被覆盖指数"和"陆域开发干扰指数"两项三级指标上。

(四)环境风险防范形势依然严峻

南京市作为重化工生产基地,以重化工为主的产业结构、以煤为主的能源结构、以公路货运为主的运输结构没有根本改变,多种污染风险源面广量大,规模数量在全省位次居前,各类突发环境事件时有发生,环境风险的防范形势依然严峻。

第三节 对策建议

以习近平新时代中国特色社会主义思想为指导,认真落实习近平生态文明思想特别是习近平总书记视察江苏重要讲话指示精神,践行"争当表率、争做示范、走在前列"重大使命,锚定美丽南京建设目标,以改善生态环境质量为核心,持续抓好减污降碳协同增效,深入打好污染防治攻坚战,始终坚持推动生态优先、绿色发展,为全面建设人民满意的社会主义现代化典范城市奠定更加坚实的生态环境基础。

一、锚定目标,加快绿色低碳转型

以绿色发展和创新驱动为引领,以布局优化、结构调整和效率提升为手段,促进经济社会发展全面绿色转型。

(1)锚定"碳达峰、碳中和"目标。以实现"减污降碳协同增效,环境质量稳中趋好"为关键抓手,进一步突出降碳对减污的统筹引领,加快实现从"以末端治理为主"向"末端治理与源头治理并重、更加注重源头治理"的跨越。

（2）加快绿色低碳转型。构建完善"1＋3＋12＋N"低碳发展政策体系，严格落实能耗"双控"制度，坚决遏制"两高一低"项目盲目发展，全面实施能源消费总量管控，推动重点用煤企业全口径控煤，推动重点钢铁、石化企业绿色转型，强化环境污染治理与碳减排的协同增效。

（3）建立区域内低碳发展协作联动机制。组织涉碳交易企业有序参与碳市场交易，推进碳普惠体系建设，积极引导全社会参与双碳行动。开展碳排放监测、核算、核查，组织重点单位分行业参与碳市场交易。探索区域用能权交易和碳普惠机制。

（4）深入开展示范创新。积极打造碳达峰、碳中和示范区，加大基础研究和科研攻关力度，实施重点领域、关键设备节能低碳技术集中示范应用和先进适用技术集成应用，加快推动绿色低碳科研成果转化。加大绿色技术攻关力度，支持企业加大绿色技术创新投入。加快绿色创新载体建设，打造绿色创新生态体系，推动绿色技术创新成果转化。

（5）全力推动企业碳减排。鼓励大型企业，特别是大型国有企业制定碳达峰行动方案，对于电力、钢铁、石化、化工、建材等重点行业；制定碳达峰目标，推动企业开展碳排放强度对标活动，深入开展清洁原料替代应用。

（6）优化绿色交通运输体系。加强"公铁水"多式联运体系建设，提高绿色交通发展水平，大力发展轨道交通装备、新能源汽车、特种船舶制造等绿色交通产业，推动新能源车产业发展。

二、协同管控，打赢蓝天保卫战

持续推进大气污染防治协同管控，以 $PM_{2.5}$ 和臭氧协同控制为主线，加快补齐臭氧治理短板，切实改善空气环境质量。

（1）协同控制细颗粒物和臭氧。制定加强 $PM_{2.5}$ 和臭氧协同控制持续改善空气质量实施方案，推动 $PM_{2.5}$ 浓度持续下降，有效遏制臭氧浓度增长趋势，力争臭氧浓度出现下降拐点。

（2）大力削减挥发性有机物。推进源头替代，严格控制新增 VOCs 排放量，提高 VOCs 排放重点行业准入门槛，实施 VOCs 综合整治，强化无组织排放控制。

（3）加强工业废气污染治理。推进超低排放改造，全面完成钢铁行业全流程超低排放改造，推进实施水泥行业氮氧化物排放深度减排，石化化工等行业参照超低排放标准，推进企业全流程、全过程改造工作。对不达标的工业炉窑实施停产整治，对不符合要求的已建高架火炬进行整改。

（4）治理机动车污染。继续推进老旧车辆淘汰，鼓励具备深度治理条件的汽油车定期更换三元催化器、活性炭罐和油管，适时扩大车辆限行区域和时段，加强非道路移动机械管理。

（5）深化城市面源污染治理。严控扬尘污染，确保工地喷淋、洒水抑尘设施"全覆盖"，实施渣土车硬覆盖与全密闭运输，不断扩大小型机械作业范围，加大机械化洗扫作业力度。整治餐饮油烟等污染，推动全市餐饮油烟企业安装油烟净化装置，并与生态环境部门联网。加强汽修、干洗等生活源污染治理。

（6）推动多污染物治理协同增效。持续强化工业企业烟（粉）尘无组织排放控制和重点行业二氧化硫深入减排。加强生物质锅炉燃料品质及排放管控。加强污水处理、畜禽养殖、橡胶、塑料制品等行业恶臭污染防治，开展恶臭投诉重点企业和园区电子鼻监测预警试点。加强消耗臭氧层物质和氢氟碳化物环境管理。

三、多措并举，落实长江大保护

坚决落实《中华人民共和国长江保护法》，积极创建长江经济带发展绿色示范区，落实长江大保护。

（1）加强长江岸线保护。落实长江岸线保护和开发利用总体规划，统筹规划长江岸线资源，推进长江干流岸线利用项目清理整治。坚持聚焦问题根源、加强协同联动、注重整体推进，全面优化沿江生产空间、生活空间、生态空间布局，保护修复长江生态环境。

（2）提升入江支流水质。落实主要入江支流领导挂钩负责制，持续实施主要入江支流治理工程。继续实施入江排污口整治，巩固提升重点入江河道水质，强化已整治河道日常维护，确保入江支流水质达标。

（3）确保饮用水水源安全。持续推进集中式饮用水水源地环境问题隐患排查和整治，开展集中式饮用水水源地水质监测和环境状况评估，加快应急水源建设，持续开展饮用水水源地达标建设，提升水源地水质预警能力水平。

（4）防治航运船舶污染。淘汰不符合标准要求的高污染、高能耗、老旧落后船舶。载运散装液体危险货物船舶按规定强制洗舱，洗舱水按规定收集处理，落实船舶污染物接收、转运、处置联合监管机制。

（5）严格保护长江生态。坚决落实长江"十年禁渔"，保护长江南京段水生生物多样性。严格保护长江水源地和新济洲、绿水湾等重要湿地，推进长江干流两岸城市生态缓冲带建设。

（6）持续开展排查整治。常态化开展长江生态环境问题自查自纠和"回头看"，全面排查关联性、衍生性和其他生态环境问题及风险，不断巩固整改成效，确保整治彻底、不回潮反弹。

四、三水统筹，打造美丽河湖

以水生态环境质量改善为核心，污染减排与生态扩容两手发力，实施"水资源利用、水生态保护和水环境治理"三水统筹，持续推进水污染防治攻坚行动，打造美丽河湖。

（1）深入实施节水政策措施。严格落实水资源有偿使用制度和非居民用水超定额、超计划累进加价制度,推进节水型城市和载体建设,建设海绵城市,推进再生水循环利用。

(2) 多措提升水环境质量。全面落实"河长制""湖长制""断面长制",巩固消除劣Ⅴ类断面和消除黑臭水体工作成效,实现全市稳定消除劣Ⅴ类水体的目标。

(3) 强化工业废水治理。加强工业园区集中污水处理设施建设,完善工业集中区污水收集配套管网,开展工业集中区污水处理厂工艺升级改造和企业内部雨污分流建设工作,提升工业尾水循环和再生利用水平。

(4) 完善城市污水收集处理系统。提升污水处理能力,推进污水处理厂建设,提高污水收集水平,全市基本实现雨污分流制。无害化处置生活污泥。

(5) 保障河湖生态流量。以维护河湖生态系统功能为目标,坚持以水定需、量水而行,科学确定生态流量,加强生态流量保障工程建设和运行管理,提升城市水系流通环境,逐步提高水体自我修复能力。

(6) 继续做好地表水环境保障。重点针对秦淮河、北十里长沟等主要河道开展水质监测预警,及时协调市水务及各板块做好水质保障,推进重点断面水质持续改善;同时继续开展全市地表水环境巡查工作,"手术刀式"做好河道问题精准溯源排查。

五、综合管控,缓解噪声扰民问题

落实噪声环境功能区规划,推进噪声达标区的建设与管理,加强施工、交通、社会、工业等各类噪声污染防治,实施综合治理、联合防控,有效减少噪声污染扰民问题,建设宁静家园。

(1) 落实噪声环境功能区规划。在城市建设中落实声环境功能区管理要求,确保噪声防护距离,从布局上避免噪声扰民。合理规划地面交通设施与邻近建筑物布局,从源头上缓解交通噪声污染对敏感目标的影响。

(2) 推进噪声达标区的建设与管理。推进全市噪声自动监测站点建设,推进城镇人居声环境质量改善工程示范和"宁静社区"示范建设。

(3) 加强施工噪声控制。加强对建筑施工的监督管理,严格审批夜间施工作业项目,减少夜间噪声污染,强化相关职能部门配合,实施联合防控,有效减轻噪声污染。

(4) 加强交通噪声控制。重点加强地铁、高架桥、铁路、机场快线、高速公路等沿线的隔声屏障建设和振动防控措施,从源头降低噪声和振动影响。积极推动机动车噪声治理,强化城市禁鸣管理。

(5) 加强社会生活噪声防治。加强对社会生活噪声源的监督管理,重点加强对餐饮、宾馆、超市、娱乐场所等服务业噪声源的监管,严格监管边界噪声达到国家规定的环境噪声排放标准。

(6) 加强工业噪声防治。进一步加强项目审批管理,严格控制新增工业噪声污染源,查处工业噪声排放超标扰民行为,深化工业源噪声污染治理。

六、统筹兼顾,保护土壤和农村环境

坚持预防为主、保护优先、风险防控,以保障农产品质量安全和人居环境安全为核心,持续推进土壤污染防治攻坚行动,推进农用地安全利用和建设用地风险防控,协同控制地下水和土壤环境风险,深入推进农业农村环境治理,建设生态宜居美丽乡村。

(1)实施农用地分类管理。以优先保护农用地为重点,实施耕地质量保护与提升行动,确保面积不减少、土壤环境质量不下降。全面落实全市受污染耕地安全利用和治理修复工作计划。

(2)严格建设用地环境管理。加强空间布局管控,将土壤和地下水环境要求纳入国土空间规划;推进重点行业企业用地调查成果应用,依法开展土壤污染状况调查和风险评估;健全建设用地开发利用准入管理机制,有序推进建设用地治理修复和风险管控。

(3)保护未污染用地。开展未利用地土壤环境状况调查并分类管理,不符合相关标准的不得批准项目立项,强化未污染地土壤保护。

(4)严控现有污染源。加强重点企业源头控制,将土壤和地下水污染防治要求载入排污许可,推动企业全面落实污染防治义务,完善土壤污染重点监管单位名单,强化污染隐患排查整治。

(5)防治地下水污染。推动地下水分区管理,强化地下水污染源及周边风险管控,开展地下水环境状况专项调查,评估地下水环境风险,探索地下水治理修复模式。

(6)深化农业农村环境治理。确保农药、化肥施用量零增长,推进畜禽粪污资源化利用,推广水产健康养殖,确保养殖尾水达标排放。推进农业废弃物资源化利用,建设美丽宜居乡村。

七、绿色发展,提升生态系统稳定性

坚持尊重自然、顺应自然、保护自然,坚持节约优先、保护优先、自然恢复为主,推进山水林田湖草系统治理,实施生物多样性保护工程,强化生态保护监管,提升生态系统质量和稳定性,共建和谐美丽家园。

(1)推动绿色生态发展格局。构建国土空间开发保护新格局,坚持"东西南北中"协调并进,逐步构建"南北田园、中部都市、拥江发展、城乡融合"的总体格局。

(2)实施生态环境分区管控。推进"三线一单"成果实施应用,对重点区域、重点流域、重点行业依法开展规划环境影响评价。

(3)健全生态安全屏障。实施山水林田湖草生态保护和修复,着力构建自然保护地体系,守住自然生态安全边界。落实生态空间保护区域刚性管控。

(4)实施生态保护修复。持续开展自然保护地监督检查专项行动,推进发现问题的整改,加快生态修复与治理。构建山水城林、蓝绿交织、自然和谐的全域公园体系,提升生态系统碳汇能力。实施矿山地质环境恢复和综合治理。

（5）加强生物多样性保护。夯实生物多样性保护基础，强化生物多样性保护基础建设，基础性调查入库，建设指示物种长期观测站网，加强外来物种管控，严肃查处违法违规的野生动物交易。

（6）促进生态产品价值实现。建立健全生态补偿和生态环境损害赔偿制度，打造生态产品质量标准体系，完善生态产品价值核算评估方法，推动生态资源一体化管理、开发和运营。

八、居安思危，严守环境安全底线

坚持把人民生命安全和身体健康放在第一位，牢固树立底线思维，强化环境风险管控，建立健全多层级、全过程生态环境风险防范体系，确保环境安全。

（1）加强危险废物安全处置。开展危险废物安全专项整治。实施危废全过程信息化管控，推进危险废物刚性填埋场二期项目建设，提升危险废物处置能力。严格废弃危化品环境管理。开展高校实验室危险废物集中收集、贮存、运输、利用、处置一体化服务体系建设。强化水上危险货物运输安全监管。

（2）推进重金属污染防治。严格涉重金属企业环境准入，持续淘汰涉重行业的落后产能，推动实施重金属减排工程，持续减少重金属污染物排放。实施重点行业重金属污染综合治理。加强涉重产业园区规范化管理，将重金属污染物纳入排污许可证管理。

（3）加强尾矿库污染防治。严格尾矿库建设项目准入，推进绿色矿山建设，源头减少尾矿库排放。强化尾矿库环境管理，加强尾水跟踪监测，确保尾水达标排放和区域环境安全，推进尾矿库销库工作。

（4）严格固体废物监管。推动固体废物源头减量化与资源化，加快建设工业固体废物资源综合利用示范工程和循环利用产业基地，全面整治固体废物非法堆存，严禁固体废物非法入境或跨境转移。

（5）保障核与辐射环境安全。推进核与辐射安全治理体系和治理能力现代化建设，进一步完善核与辐射环境安全监管体制机制，防范核与辐射环境安全风险。

（6）加强环境风险预警防控。完善环境风险差异化动态管控体系，开展环境风险隐患排查，强化生态环境应急管理，严格落实企业主体责任。健全基层生态环境应急体系，定期开展环境应急人员培训，加强应急监测装备配置，定期开展应急演练。

第六章
特色专项工作

【专题一】
南京市温室气体梯度观测初步结果分析

为切实做好应对气候变化工作,聚焦"减污降碳",充分发挥碳监测在"碳达峰、碳中和"工作中的服务、支撑、保障作用,2022年南京中心按照国家、省、市相关碳监测布点和建设规范,在南京大学仙林校区初步开展温室气体高精度梯度监测,利用72米观测塔实时监测不同高度上温室气体浓度,是全省首次实现不同垂直高度温室气体的自动监测。初步结果分析如下:

一、站点概况

南京市温室气体梯度观测点位位于南京大学仙林校区(118.957101°E, 32.118617°N),城市次主导风向(东北风)的上风向,采样高度为25米、50米、72米,见图6-1-1。

高精度二氧化碳(CO_2)和甲烷(CH_4),采用唯思德WSD-GHG温室气体监测系统,包含GGA-311 CO_2/CH_4气体监测仪、多通道样气采集模块、样气冷凝除湿模块、在线自动标定模块。其中,样气冷凝除湿模块,通过样气多级干燥,减少水汽干扰,保证系统测量精度。在线自动标校模块,溯源至WMO标准的不同浓度标气,对系统进行实时标校。

图6-1-1 南京大学仙林校区安装点位置及高塔外视图

二、温室气体梯度观测初步结果分析

观测时段内3个高度的月平均值如图6-1-2所示,除个别月份外(10月和11月),均

展示出随着观测高度的增加，CO_2 浓度逐渐减小。CO_2 的月平均浓度值在 4 月和 9 月较低，变化范围在 430～445 ppm；而在 11 月和 12 月则较高，达到 450～460 ppm。夏季偏低的原因主要是植被的光合作用会吸收大气中的 CO_2；此外，夏季的边界层高度相对于冬季会偏高，使得观测塔上温室气体浓度降低。

CH_4 则呈现出与 CO_2 相反的月变化，即夏季高冬春季低。2—4 月为全年最低，浓度范围在 2 110～2 120 ppb 之间；7 月、8 月为全年最高，浓度范围在 2 225～2 255 ppb 之间；CH_4 浓度的观测结果表明在夏季有非常强的排放源，如水稻种植、湿地、垃圾填埋和污水处理等，相对于煤炭开采与使用等化石燃料排放，以上过程都是微生物活动产生的排放源，会受到温度变化的影响，通常温度越高，排放量越大。

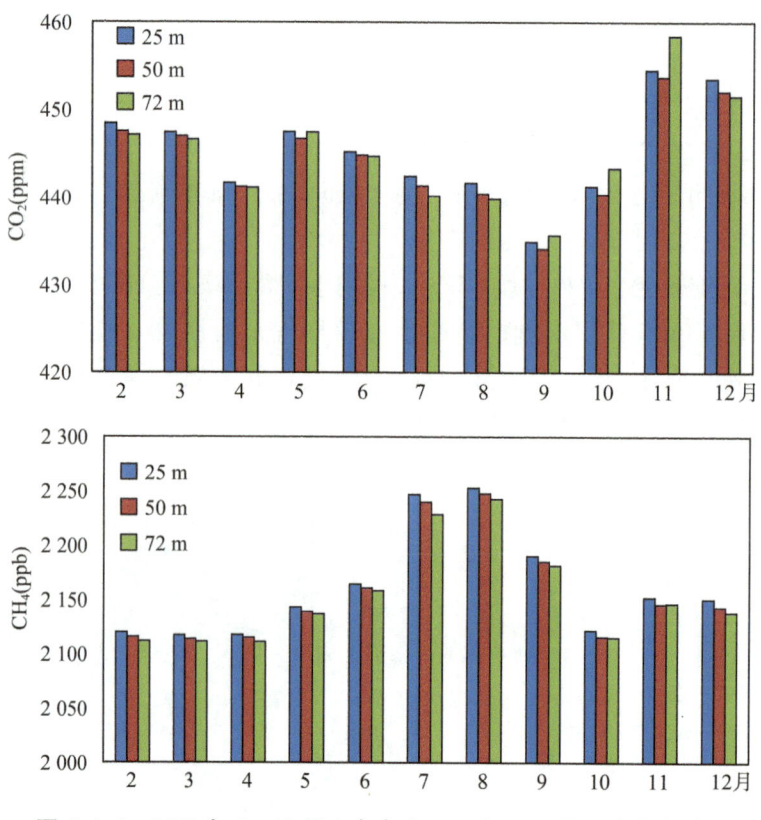

图 6-1-2　2022 年 2—12 月 3 个高度 CO_2 和 CH_4 月平均浓度对比

2022 年 2—12 月 3 个高度 CO_2 和 CH_4 逐月平均的日变化对比如图 6-1-3 所示。结果都展示出明显的日变化特征，上午 8:00—10:00 达到最高值，下午 2:00—6:00 点为最低值。从 3 个高度观测到的 CO_2 和 CH_4 浓度可以看出，上午 10:00 至下午 6:00，3 个观测高度的浓度差异较小，这主要是白天地表受太阳辐射照射，地表加热后向上传递能量，进而使得大气湍流混合较强，垂直高度上的温室气体充分混合而降低差异；而对于夜晚和日出前的凌晨时段，尤其是 0:00—8:00，不同高度的 CO_2 和 CH_4 浓度差异较大，除个别月份（10 月、11 月）外，基本显示出观测高度越低，浓度越高。

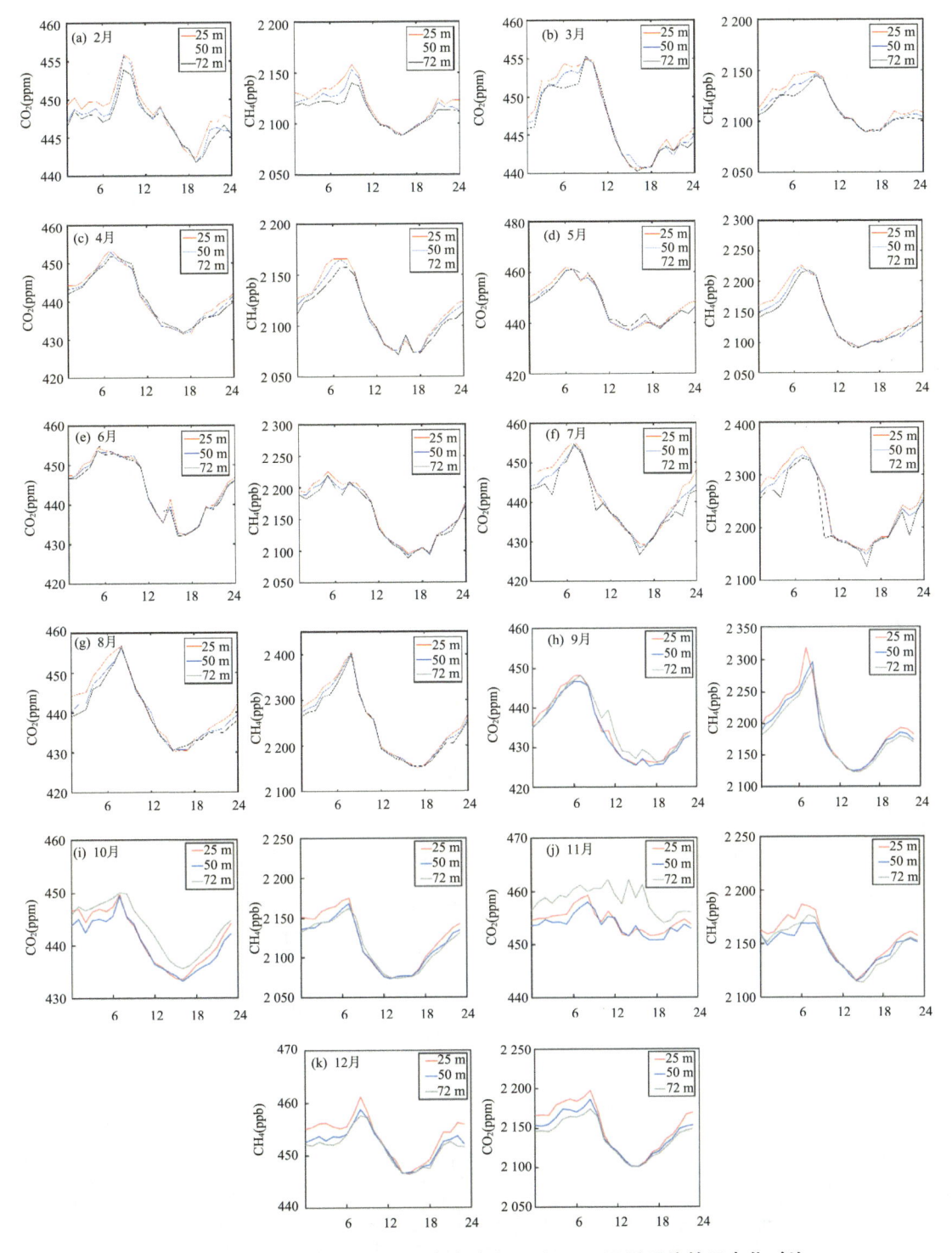

图 6-1-3　2022 年 2—12 月 3 个高度 CO_2 和 CH_4 逐月平均的日变化对比

三、结论

2022年2—12月,温室气体高精度梯度监测站点初步结果的分析可知,3个观测高度的月变化除个别月份外,展示出随着观测高度的增加,CO_2浓度逐渐减小的规律,CO_2的月变化呈冬季高夏季低的特征,而CH_4的月变化与CO_2相反,夏季较高冬春季较低;3个观测高度的日变化相对差异在白天时段较小,夜晚到凌晨略微增加,且基本显示出高度越低,浓度越高的规律。

【专题二】
新时代10年南京空气质量改善成效

回顾新时代近10年,是我国生态文明建设和生态环境保护认识最深、力度最大、举措最实、推进最快、成效最显著的10年。在这10年时间里,南京生态环境实现历史性跨越,山水城林、古都风貌、宜居宜业的美丽南京基本呈现,人民群众的生态环境获得感、幸福感和安全感显著增强。为守护水晶蓝天,南京通过滚动实施史上最严"大气管控40条""臭氧污染防治30条"等措施,加大工业污染、尾气污染、扬尘污染等治理,持续深入打好蓝天保卫战。

一、主要指标变化

优良天增加近3个月,重污染天实现"清零"。2013—2022年,南京市空气质量优良天数显著增加,2022年优良天数为291天,较2013年增加89天,增加近3个月,见图6-2-1。其中,一级优天数显著增加,从2013年的12天增加到2022年的85天,增加了73天。重污染天数大幅减少,发生频率、持续时间以及强度均明显下降,重度及以上污染天数由2013年的33天到2020—2022年均未发生重污染天,实现"清零",见图6-2-2。

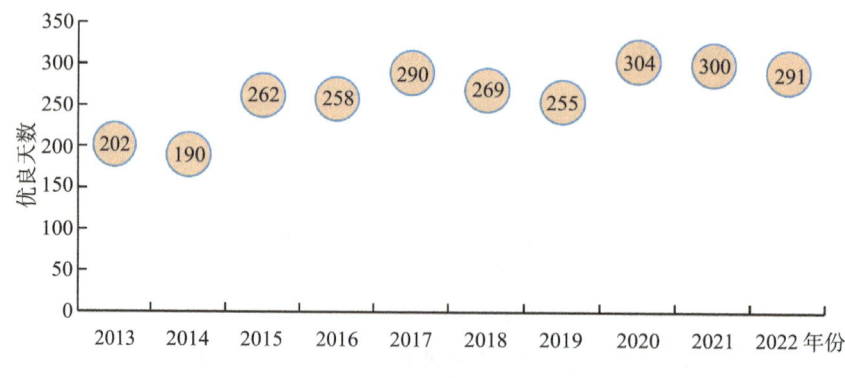

图6-2-1　2013—2022年南京市优良天数变化

图 6-2-2　2013—2022 年南京市空气质量各级别天数分布

PM$_{2.5}$ 改善取得里程碑式突破，"水晶蓝"底色更足。与 2013 年相比，2022 年南京 PM$_{2.5}$ 年均浓度降幅达 63.6%，2020—2022 年连续三年稳定达标，见图 6-2-3。PM$_{2.5}$ 浓度小于 35 μg/m³ 由 2013 年的 55 天大幅增加至 2022 年的 271 天，"水晶蓝"已成为南京的背景色。

图 6-2-3　2013—2022 年南京市 PM$_{2.5}$ 年均浓度变化

二、其余指标变化

PM$_{10}$ 和降尘量降幅超六成，扬尘污染治理取得显著成效。与 2013 年相比，2022 年南京 PM$_{10}$ 年均浓度降幅达 62.8%，从 2019 年开始连续四年达到国家二级标准，见图 6-2-4。通过坚持狠抓工地、道路、裸地等"尘源"，南京市扬尘污染治理成果显著，城市生活环境更加清洁。与 2013 年相比，南京降尘量下降 63.9%。

NO$_2$ 浓度稳步下降，SO$_2$ 降幅近九成，工业脱硫、脱硝以及移动源污染治理成果显著，见图 6-2-5。2013 年大气污染行动计划发布以来，南京实施煤炭总量控制，电力行业、钢铁行业超低排放改造、水泥行业 NO$_x$ 深度减排等一系列工业减排措施，同时完成

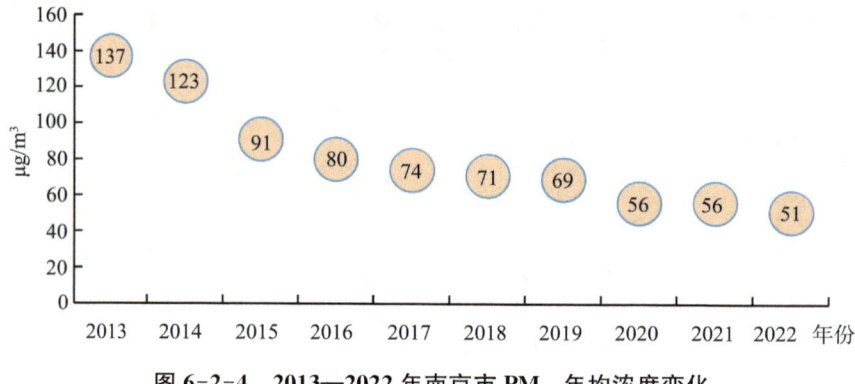

图 6-2-4　2013—2022 年南京市 PM_{10} 年均浓度变化

了黄标车淘汰工作,并持续开展老旧车辆淘汰等移动源减排。与 2013 年相比,2022 年南京 NO_2 年均浓度降幅达 50.9%,2020 年开始连续三年达到国家二级标准。同时与 2013 年相比,2022 年南京 SO_2 年均浓度降幅达 86.5%,连续三年保持极低个位数水平,在全省排名前列,见图 6-2-6。CO 浓度稳步下降。2013—2022 年南京 CO 稳定达标,与 2013 年相比,2022 年南京 CO 年均浓度降幅达 59.1%,见图 6-2-7。

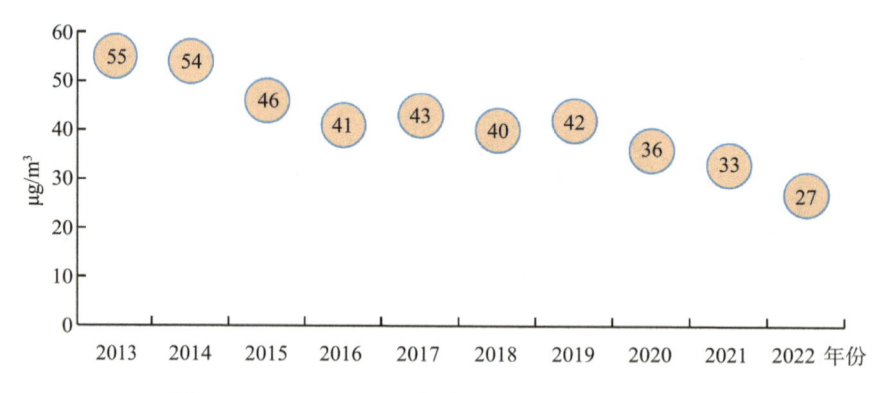

图 6-2-5　2013—2022 年南京市 NO_2 年均浓度变化

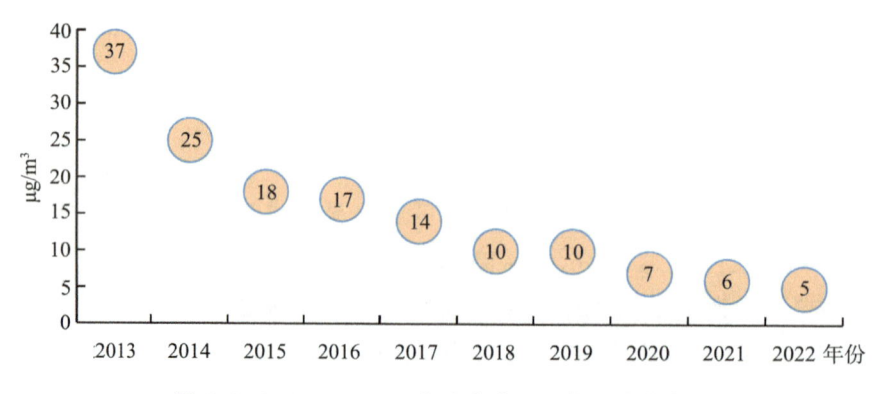

图 6-2-6　2013—2022 年南京市 SO_2 年均浓度变化

图 6-2-7　2013—2022 年南京市 CO 年均浓度变化

党的二十大报告强调,要站在人与自然和谐共生的角度谋划发展,协同推进降碳、减污、扩绿、增长,深入推进环境污染防治,加强污染物协同控制,基本消除重污染天气。当前区域污染排放总量仍超过环境容量,大气污染治理取得的成果仍不稳固,臭氧问题日益凸显,秋冬季 $PM_{2.5}$ 污染过程还时有发生,大气污染治理仍处于负重爬坡的关键阶段。形势依然严峻、攻坚任重道远。

【专题三】
秦淮河典型区域小流域水环境数学模型构建及水质预报预警技术

南京中心 2021 年以来努力推动水污染溯源和水质预报能力建设,自主立项开展溯源专项研究。与省区市各级涉水部门加强沟通协作,打通基础资料收集"堵点";购置并升级走航式多普勒剖面流速流量仪(ADCP)等监测设备,开展水文地形和水质、污染物通量测定;2022 年与高校进行深入科研合作,在秦淮河流域开展污染指标演变规律和传输路径、污染成因和降解规律等水污染机理研究。根据研究初步成果,以秦淮河流域国考七桥瓮断面为案例基础,开展了小流域水环境数学模型构建与水质预测预报技术规范性研究试点工作。

一、研究主要内容

选取秦淮河流域约 14 km 河段作为试点小流域,进行水环境数学模型搭建,开展水环境质量预测预报技术规范性研究工作。将水质预测预报工作流程总结归纳为 8 个主要环节,18 个具体步骤,详细编写了各环节各步骤的实施原则和操作方法。在各步骤中,具体梳理分析了预测预报常用的 9 种水环境数学模型、8 类常用基础资料、3 类模拟模块、7 种基本参数的适用范围与应用情景,并根据案例实践经验分享,给出了各环节实施开展的技术建议。初步具备研究区域内极端气象条件与突发环境事件下开展事件前后短周期场景应用的技术能力,并于台风"梅花"过境期间,对国考断面水质变化过程进行了预测预报实际应用。

二、水环境数学模型搭建流程

通过试点研究,将小流域水环境数学模型构建及水质预测预报规范性技术方法流程总结归纳为 8 个主要环节,见图 6-3-1。

(一)小流域划分与选取

包括小流域选取原则、选取范围、边界划分 3 个步骤。在实际操作过程中,建议优先选择开展过溯源调查的国、省考断面所在流域,其监测站点布设及基础资料信息较为完备,以其上游 10 km 范围为宜。

(二)小流域基础资料选取

从建模需要的 20 种资料清单中选取了 8 类常用基础资料,并对各类型资料获取来源和必需性进行了梳理,列出了所需的流域水系、气象水文、水利调度、防洪排涝、河道地形、水质及污染源等资料类型。

(三)水环境数学模型选取

包括模型维度、模型类别、模型模块 3 个步骤。模型维度可分别采用一维、二维和三维尺度对水环境中物质输运和扩散过程进行模拟;模型类别需要从流域资料完善程度、模型适用类型以及建模成本综合确定最适模型;模型模块建议以水动力模块和简单水质模块为主,完整水质模块和特征因子模块可在有条件及有应用需求的情况下酌情选用。

(四)河网水系概化

包括河网概化、河网地形测定 2 个步骤。河网概化时建议对小流域内重点关注断面所在的主干流河道,以及流量与干流量级相当的一级支流进行完整保留,其余支流支浜可进行概化。地形测定建议使用水务水文部门的河道地形资料数据,无法获取时,可自行利用 ADCP 等监测设备对断面进行实测。若缺乏实测条件,可根据河道水系规划中河道分级表中的基本参数对断面进行概化设置。

(五)模型网格划分与地形设置

包括网格划分种类、划分原则、地形匹配 3 个步骤。模型常用网格有贴体正交曲线网格、矩形网格与三角网格,其中贴体正交-曲线网格一般应用较多。划分模型网格后,需要对研究区域的河道模型进行河底高程设置。当有实测地形数据时,可基于实际的河道断面地形测量数据进行插值,并赋值到对应网格中。当缺少实测数据时,可参考河道断面概化结果,将概化后的河道底高程赋值到对应网格中。

(六)模型边界条件与初始条件设置

边界条件与初始条件设置 2 个步骤是水环境模型准确运算的关键因素。边界条件主要包括水动力边界、水质边界与气象边界。模型初始条件包括初始水深、初始流速、初始水质等。初始条件的设定,很大程度上决定着模拟的精度。应根据模拟对象特征,合理设置初始条件。

(七)模型参数筛选与率定验证

包括模型参数筛选、模型参数率定、模型参数验证 3 个步骤。常用的水环境模型中,使用频率最高的两个模块分别为水动力模块与水质模块(简单水质模块与富营养化模块)。参数率定是根据经验或实验得到的模型参数,输入设置好边界条件的水环境模型,得到率定时期的计算结果,与同时期实测数据比较分析后,对参数取值进行合理调整。参数验证是指在完成率定后,采用与率定相同的流程,进一步对验证模型进行验证,以保证模型在各种不同的外部条件下均能很好地模拟水体水环境变化过程。

(八)预测预报实际应用

模型通过率定与验证后,可用来对未来特定时段水体水环境变化过程进行模拟预测。实际应用中,主要针对降雨、干旱、洪涝等气象水文情势突变事件,以及突发性污染排放事件进行短时段的水质预测预警。进行水质预测预报时,建议按照如下步骤开展:

1. 根据业务需求,选定预测预报时段,基于研究区域现状水质设置模型初始条件。
2. 根据气象水文预报,分析预测时段研究区内的降雨、水情条件及水利闸控调度情况,并设置对应的边界条件。
3. 使用设置好的模型对未来选定时段研究区域的水质进行模拟预测。
4. 结合预测时段内的水文、水质实测数据,对预测预报结果进行后评估,根据实测与预测结果差异情况,总结分析误差来源。

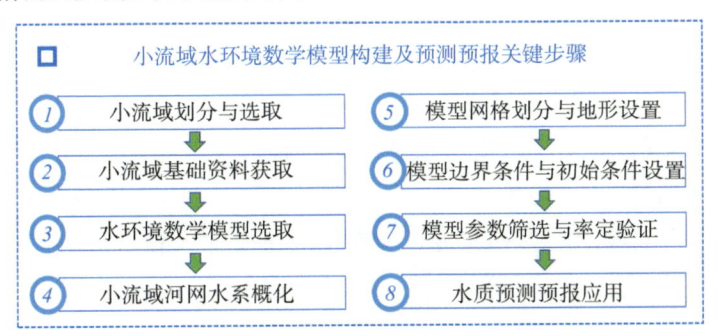

图 6-3-1 小流域水环境数学模型构建及预测预报关键步骤

【专题四】
台风"梅花"对南京市国考断面水质影响的预测预警

2022年9月12—16日,在第12号强台风"梅花"过境前后,南京中心基于小流域水环境数学模型,根据台风过境期间气象水文信息,结合国省考断面自动监测数据,对"梅花"过境期间国考断面水质变化过程进行了预测预报。台风过境后,采用实际边界条件数据(气象水文、水质、泵站排放)进行模拟反演,对台风影响期间南京市水环境变化情况进行了分析评估,并对典型国考断面水质预测情况进行验证与总结,具体评估分析情况如下。

一、台风"梅花"影响期间水质变化

(一)国省考断面水质

台风影响期间,南京市17个国省考断面自动监测数据显示,7个国考断面日均值均达到地表水Ⅲ类标准,水质无明显波动;10个省考断面自动站水质出现不同程度的波动,北十里长沟红山桥、外秦淮河三汊河口、金川河宝塔桥3个站点日均值波动较为明显,以红山桥为最,氨氮浓度较雨前升高7.9倍,水质由Ⅲ类降低为劣Ⅴ类,三汊河口和宝塔桥总磷浓度较雨前分别升高0.66倍和0.30倍;溧水河乌刹桥、滁河三汊湾、新桥河群英桥、横溪河黄桥等4个站点日均值水质在Ⅲ类水平;长江林山、胥河双河口排涝站、秦淮新河将军大道桥等3个站点水质日均值无明显波动。

(二)饮用水水源地水质

2022年9月15日南京中心对夹江南、北河口、燕子矶3个长江集中式饮用水水源地开展了加密监测,监测项目为氨氮和总磷,结果表明台风影响前后,3个水源地水质无明显变化,均达到地表水Ⅱ类水平。

二、预测预报结果验证与反演总结

国考七桥瓮断面氨氮实测浓度与预测结果存在一定偏差,上游3.5 km的上坊门断面氨氮实测浓度与预测结果趋势基本一致,在台风影响后出现了明显上升,上升时段较预测时段有所延后且浓度偏低,初步分析与该河段污染输入较少且河道水体具备一定自净能力有关,后续将做进一步研究和论证。具体情况如下。

（一）外部气象与水文条件远低于预报预期

台风"梅花"在江苏东部沿海地区登陆过境，给南京地区带来的降雨量（总雨量 18.5 毫米），明显小于气象预报降雨量（最大 70～100 毫米之间），降雨强度偏弱，未在沿线地表形成明显地表径流，减少了城市面源污染的入河量以及沿线泵站的溢流排放入河污染量。

（二）流量流速边界条件设定高于实际

本次预测模型边界条件参考了 2021 年"烟花"过境期间的数据设置，模拟"梅花"影响期间平均流量约 144.7 m³/s，平均流速约 0.27 m/s；由于实际降雨量仅为预报降雨量的 15% 左右，造成预测结果偏高且上升幅度较快，与实测值存在差异。

（三）实际边界条件反演总结

使用"梅花"过境期间的真实气象水文数据、水质数据及泵站排放数据，调整小流域水环境模型边界条件，并重新对过境期间的氨氮浓度进行了模拟反演，见图 6-4-1。反演结果显示，修改边界条件后，七桥瓮与上坊门断面氨氮浓度预测演变趋势与真实趋势较为符合，预测平均相对误差小于 40%，能够对极端天气下考核断面的水质波动过程进行有效预测。

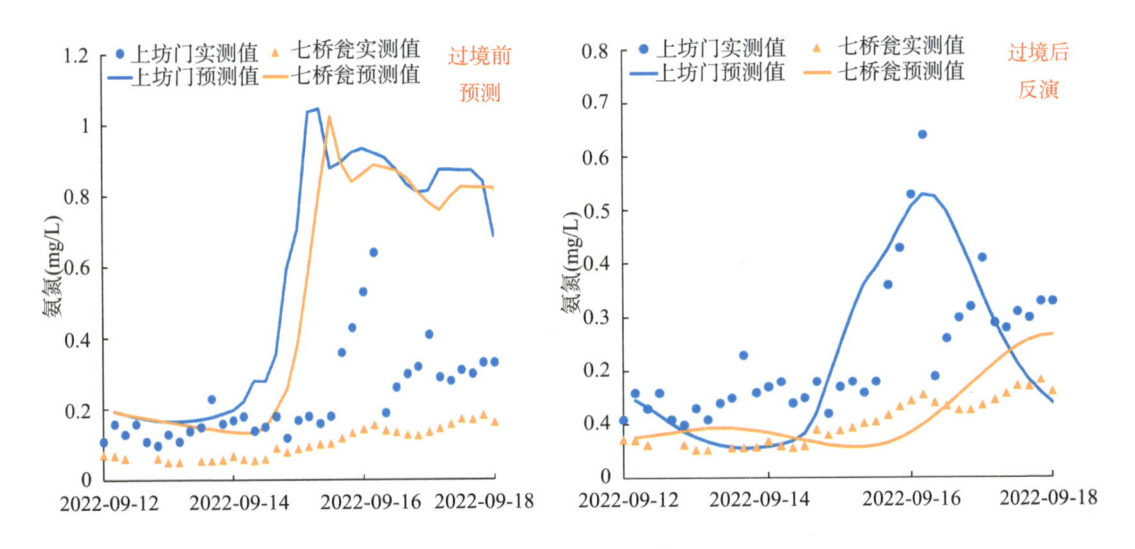

图 6-4-1 台风"梅花"过境前后模型预测预报结果与实测值对比

结合本次台风"梅花"影响的预测预警案例经验，为不断提高模型预测精度，还需加强与水文、气象部门的业务合作与信息共享，提升数据信息获取效率。积极开展不同降雨场景的应用并对预测结果进行反演分析，不断优化水文和水质模型，从而提升水环境污染快速溯源和预测预警能力，为省市水环境考核目标的实现做好快速和准确的技术和决策支撑。

附录

环境质量评价方法与标准

一、环境空气及降水

(一)空气质量指数计算方法

空气质量指数计算公式为:

$$AQI = \max\{IAQI_1, IAQI_2, IAQI_3, \cdots, IAQI_n\}$$

式中:$IAQI$——空气质量分指数;

n——污染物项目。

(二)空气质量分指数计算方法

$$IAQI_p = \frac{IAQI_{Hi} - IAQI_{Lo}}{BP_{Hi} - BP_{Lo}}(C_p - BP_{Lo}) + IAQI_{Lo}$$

式中:$IAQI_P$——污染物项目 P 的空气质量分指数;

C_P——污染物项目 P 的质量浓度值;

BP_{Hi}——与 C_P 相近的污染物浓度限值的高位值;

BP_{Lo}——与 C_P 相近的污染物浓度限值的低位值;

$IAQI_{Hi}$——与 BP_{Hi} 对应的空气质量分指数;

$IAQI_{Lo}$——与 BP_{Lo} 对应的空气质量分指数。

(三)空气质量指数级别

空气质量指数级别根据下表规定进行划分。

表 1 空气质量指数(AQI)分级表

AQI 值	0~50	51~100	101~150	151~200	201~300	>300
空气质量级别	一级	二级	三级	四级	五级	六级
空气质量类别	优	良	轻度污染	中度污染	重度污染	严重污染

（四）环境空气质量评价标准

表 2　环境空气质量评价标准

污染物项目	平均时间	二级浓度限值	单位
二氧化硫（SO_2）	年平均	60	$\mu g/m^3$
	24 小时平均	150	
	1 小时平均	500	
二氧化氮（NO_2）	年平均	40	
	24 小时平均	80	
	1 小时平均	200	
一氧化碳（CO）	24 小时平均	4	mg/m^3
	1 小时平均	10	
臭氧（O_3）	日最大 8 小时平均	160	$\mu g/m^3$
	1 小时平均	200	
可吸入颗粒物（PM_{10}）	年平均	70	
	24 小时平均	150	
细颗粒物（$PM_{2.5}$）	年平均	35	
	24 小时平均	75	
降尘	年平均	背景点＋3	吨/（km^2·月）
硫酸盐化速率	年平均	0.25	$mg \cdot SO_3$/（100 cm^2·碱片·d）

（五）环境空气质量综合指数评价

环境空气质量综合指数计算公式为：

$$I_i = \frac{C_i}{S_i}$$

$$I_{sum} = \sum_i I_i$$

式中：I_i——污染物 i 的单项指数，i 包括全部六项指标；

C_i——污染物 i 的浓度值，当 i 为 SO_2、NO_2、PM_{10} 及 $PM_{2.5}$ 时，C_i 为年均值，当 i 为 CO 和 O_3 时，C_i 为特定百分位数浓度值；

S_i——污染物 i 的年均值二级标准（当 i 为 CO 时，为日均值二级标准；当 i 为 O_3 时，为 8 小时均值二级标准）；

I_{sum}——环境空气质量综合指数。

（六）降水酸度评价

采用氢离子（H^+）雨量加权法计算，计算公式如下：

$$pH = -\log[H^+]$$
$$pH_{平均} = -\log[H^+]_{平均}$$
$$[H^+] = \frac{\sum[H^+]_i \cdot V_i}{\sum V_i}$$

式中：[H$^+$]——氢离子当量浓度；

V_i——各次样品的降水量(mm)。

硫酸根、硝酸根、铵离子、钙离子、氯离子、镁离子、钠离子浓度平均值按雨量加权算术平均值计算。

二、地表水及饮用水水源地

（一）地表水

水质指标评价标准参照：《地表水环境质量标准》(GB 3838—2002)表1中除水温、总氮、粪大肠菌群以外的21项指标，湖库总氮可单独评价。水质评价方法采用单因子评价法，参照《地表水环境质量评价办法(试行)》(环办〔2011〕22号)。湖库采用综合营养状态指数评价。

（二）饮用水水源地

水质指标评价标准参照：《地表水环境质量标准》(GB 3838—2002)表1中除水温、化学需氧量、总氮、粪大肠菌群以外的22项指标，表2补充项目5项和表3特定项目中的33项指标共计58项。水质评价方法采用单因子评价法，参照《集中式饮用水水源地环境保护状况评估技术规范》(HJ 774—2015)。

（三）水质自动监测

水质指标评价标准参照：《地表水环境质量标准》(GB 3838—2002)中相关指标标准。水质评价方法为单因子评价法，参照《地表水环境质量评价办法(试行)》(环办〔2011〕22号)。

（四）底质

底质指标评价标准参照：《土壤环境质量 农用地土壤污染风险管控标准(试行)》(GB 15618—2018)中的筛选值和管控值。评价项目为8个无机项目：镉、汞、砷、铜、铅、铬、镍、锌。

三、地下水环境质量

地下水水质评价执行《地下水质量标准》(GB/T 14848—2017)。采用单因子类别法，用水质最差的单项污染物水质类别表示综合水质类别。计算公式如下：

$$G = \text{MAX}(G(i))$$

式中：$G(i)$——i 项污染物的水质类别。

四、声环境质量评价

（一）区域声环境

将整个城市全部网格测点测得的等效声级分昼间和夜间，按公式进行算术平均计算，所得到的昼间平均等效声级 $\overline{S}_d$ 和夜间平均等效声级 $\overline{S}_n$ 代表该城市昼间和夜间的环境噪声总体水平。

$$\overline{S} = \frac{1}{n}\sum_{i=1}^{n} L_i$$

式中：$\overline{S}$——城市区域昼间平均等效声级（$\overline{S}_d$）或夜间平均等效声级（$\overline{S}_n$），dB(A)；

L_i——第 i 个网格测得的等效声级，dB(A)；

n——有效网格总数。

城市区域环境噪声总体水平按表 3 进行评价。

表 3　城市区域环境噪声总体水平等级划分　　　　单位：dB(A)

等级	一级	二级	三级	四级	五级
昼间平均等效声级（$\overline{S}_d$）	≤50.0	50.1～55.0	55.1～60.0	60.1～65.0	>65.0
夜间平均等效声级（$\overline{S}_n$）	≤40.0	40.1～45.0	45.1～50.0	50.1～55.0	>55.0

城市区域环境噪声总体水平等级"一级"至"五级"可分别对应评价为"好""较好""一般""较差"和"差"。

（二）道路交通声环境

将道路交通噪声监测的等效声级采用路段长度加权算术平均法，计算城市道路交通噪声平均值公式如下：

$$\overline{L} = \frac{1}{l}\sum_{i=1}^{n}(l_i \times L_i)$$

式中：$\overline{L}$——道路交通昼间平均等效声级（$\overline{L}_d$）或夜间平均等效声级（$\overline{L}_n$），dB(A)；

l——监测的路段总长；

l_i——第 i 测点代表的路段长度，m；

L_i——第 i 测点测得的等效声级，dB(A)。

道路交通噪声平均值的强度级别按表4进行评价。

表 4　道路交通噪声强度等级划分　　　　　　　　　　　单位:dB(A)

等级	一级	二级	三级	四级	五级
昼间平均等效声级($\bar{L}_d$)	≤68.0	68.1～70.0	70.1～72.0	72.1～74.0	>74.0
夜间平均等效声级($\bar{L}_n$)	≤58.0	58.1～60.0	60.1～62.0	62.1～64.0	>64.0

道路交通噪声强度等级"一级"至"五级"可分别对应评价为"好""较好""一般""较差"和"差"。

(三) 功能区声环境

将某一功能区昼间连续16小时和夜间8小时测得的等效声级分别进行能量平均，昼间等效声级和夜间等效声级计算公式如下。

$$L_d = 10\lg\left(\frac{1}{16}\sum_{i=1}^{16}10^{0.1L_i}\right)$$

$$L_n = 10\lg\left(\frac{1}{8}\sum_{i=1}^{8}10^{0.1L_i}\right)$$

式中:L_d——昼间等效声级,dB(A);

　　L_n——夜间等效声级,dB(A);

　　L_i——昼间或夜间等效声级,dB(A)。

各监测点位昼、夜间等效声级,按 GB 3096 中相应的环境噪声限值进行独立评价。

各功能区按监测点位分别统计昼间、夜间达标率。

五、土壤环境

土壤环境质量评价执行《土壤环境质量　农用地土壤污染风险管控标准(试行)》(GB 15618—2018)中表1的风险筛选值和表2的风险管制值标准,具体见表5和表6。

表 5　农用地土壤污染风险筛选值　　　　　　　　　　　单位:mg/kg

序号	污染物项目		风险筛选值			
			pH≤5.5	5.5<pH≤6.5	6.5<pH≤7.5	pH>7.5
1	镉	水田	0.3	0.4	0.6	0.8
		其他	0.3	0.3	0.3	0.6
2	汞	水田	0.5	0.5	0.6	1.0
		其他	1.3	1.8	2.4	3.4
3	砷	水田	30	30	25	20
		其他	40	40	30	25

续表

序号	污染物项目		风险筛选值			
			pH≤5.5	5.5<pH≤6.5	6.5<pH≤7.5	pH>7.5
4	铅	水田	80	100	140	240
		其他	70	90	120	170
5	铬	水田	250	250	300	350
		其他	150	150	200	250
6	铜	果园	150	150	200	200
		其他	50	50	100	100
7	镍		60	70	100	190
8	锌		200	200	250	300
9	六六六总量		0.10			
10	滴滴涕总量		0.10			
11	苯并[a]芘		0.55			

注：① 重金属和类金属砷均按元素总量计。
② 对于水旱轮作地，采用其中较严格的风险筛选值。
③ 六六六总量为 α-六六六、β-六六六、γ-六六六、δ-六六六四种异构体的含量总和。
④ 滴滴涕总量为 p,p'-滴滴伊、p,p'-滴滴滴、o,p'-滴滴涕、p,p'-滴滴涕四种衍生物的含量总和。

表6 农用地土壤污染风险管制值　　　　　　　　单位:mg/kg

序号	污染物项目	风险管制值			
		pH≤5.5	5.5<pH≤6.5	6.5<pH≤7.5	pH>7.5
1	镉	1.5	2.0	3.0	4.0
2	汞	2.0	2.5	4.0	6.0
3	砷	200	150	120	100
4	铅	400	500	700	1 000
5	铬	800	850	1 000	1 300

六、生物监测

(一) 水生生物

1. 河流水生态环境质量生物评价方法

结合监测实际，底栖动物和着生藻类评价选用 Shannon-Wiener 多样性指数。Shannon-Wiener 多样性指数结果按照如下公式计算：

$$H = -\sum_{i=1}^{S}\left(\frac{n_i}{n}\right)\log_2\left(\frac{n_i}{n}\right)$$

式中：H——Shannon-Wiener 多样性指数；
n——底栖动物（藻类）总个体数；
S——底栖动物（藻类）种类数；
n_i——第 i 种底栖动物（藻类）个体数。

表 7　Shannon-Wiener 多样性指数评价等级及赋分

Shannon-Wiener 指数	多样性状态	赋分
＞3	优秀	5
2.0＜H≤3.0	良好	4
1.0＜H≤2.0	中等	3
0＜H≤1.0	较差	2
H=0	很差	1

2. 河流水生态环境质量水质评价方法

按照《地表水环境质量标准》（GB 3838—2002）表 1 基本项目限值，进行单因子评价（其中水温、总氮和粪大肠菌群不做评价）。水质类别等级的划分参照《地表水环境质量评价办法（试行）》（环办〔2011〕22 号）中河流断面水质评价方法。

表 8　水质化学指标评价等级及赋分

水质类别	Ⅰ～Ⅱ类	Ⅲ类	Ⅳ类	Ⅴ类	劣Ⅴ类
水质状况	优	良好	轻度污染	中度污染	重度污染
赋分	5	4	3	2	1

3. 河流水生态环境质量栖息地生境评价方法

生境指标分为 10 项，分别为底质、栖境复杂性、大型木质残体分布、河岸稳定性、河道护岸变化、河水水量状况、河岸带植被覆盖率、水质状况、河道内人类活动强度、河岸土地利用类型。10 个评价参数评分范围为 0～20，将分数累加，得到最终的栖息地等级。

表 9　河流栖息地生境质量评价等级及赋分

评价标准	生境等级	赋分
E＞150	优秀	5
150≥E＞120	良好	4
120≥E＞90	一般	3
90≥E＞60	较差	2
E≤60	很差	1

注：栖息地生境质量以 E 表示。

4. 水生态环境质量综合评价方法

通过水化学指标、水生生物指标和生境指标加权求和，计算河流水生态环境质量综合评价指数（$WEQI_{river}$），用以评价水环境整体的质量状况。

$$WEQI_{river} = \sum_{i=1}^{n} x_i w_i$$

式中：$WEQI_{river}$ ——河流水生态环境质量综合评价指数；

x_i ——评价指标分值；

w_i ——评价指标权重。

表 10　水生态环境质量综合评价公式说明表

指标	分值范围	权重
水化学指标	1～5	0.4
水生生物指标 a	1～5	0.4
生境指标	1～5	0.2

注：a 同时使用底栖动物和着生藻类评价，采用最差评价结果代表水生生物评价结果。

表 11　水生态环境质量状况分级标准

水生态环境质量状况	优秀	良好	中等	较差	很差
综合指数（$WEQI_{river}$）	WEQI＝5	5＞WEQI≥4	4＞WEQI≥3	3＞WEQI≥2	2＞WEQI≥1
表征颜色	蓝色	绿色	黄色	橙色	红色

（二）环境空气微生物

环境空气微生物采用《2017 江苏省环境质量报告》（江苏省生态环境厅，河海大学出版社，2018 年）列出的大气微生物污染级别划分标准评价见表 12。

表 12　空气微生物监测评价分级标准表　　　　　　　　　　单位：CFU/m³

级别	细菌总数	霉菌总数	微生物总数
清洁	＜1 000	＜500	＜3 000
较清洁	1 000～2 500	500～750	3 000～5 000
轻微污染	2 500～5 000	750～1 000	5 000～10 000
污染	5 000～10 000	1 000～2 500	10 000～15 000
中污染	10 000～20 000	2 500～6 000	15 000～30 000
严重污染	20 000～45 000	6 000～20 000	30 000～60 000
极严重污染	＞45 000	＞20 000	＞60 000

（三）植物叶片中硫和氟含量

植物叶片中硫和氟含量单项污染指数（IP）按下式计算。

单项污染指数公式：

$$IP = C_m / C_o$$

式中：IP——污染物质指数；

C_m——监测点植物叶片某种污染物实测含量；

C_o——对照点同种植物叶片某种污染物实测含量。

表 13　单项污染指数评价分级标准表

评价状态	清洁	轻度污染	中度污染	重污染
指数范围	$IP \leqslant 1.2$	$1.2 < IP \leqslant 2$	$2.0 < IP \leqslant 3.0$	$IP > 3.0$

（四）蓝藻水华

根据藻密度的高低评价水华程度，其分级标准及相应的特征描述见表 14。

表 14　基于藻密度评价的水华程度分级标准

水华程度级别	藻密度 D（个/L）	水华特征	表征现象参照
Ⅰ	$0 \leqslant D < 2.0 \times 10^6$	无水华	水面无藻类聚集，水中基本识别不出藻类颗粒。
Ⅱ	$2.0 \times 10^6 \leqslant D < 1.0 \times 10^7$	无明显水华	水面有藻类零星聚集；或能够辨别水中有少量藻类颗粒。
Ⅲ	$1.0 \times 10^7 \leqslant D < 5.0 \times 10^7$	轻度水华	水面有藻类聚成丝带状、条带状、斑片状等；或水中可见悬浮的藻类颗粒。
Ⅳ	$5.0 \times 10^7 \leqslant D < 1.0 \times 10^8$	中度水华	水面有藻类聚集，连片漂浮，覆盖部分监测水体；或水中明显可见悬浮的藻类。
Ⅴ	$D \geqslant 1.0 \times 10^8$	中度水华	水面有藻类聚集，连片漂浮，覆盖大部分监测水体；或水中明显可见悬浮的藻类。

（五）湖库富营养化

按照《湖泊（水库）富营养化评价方法及分级技术规定》进行综合营养状态指数计算和评价见表 15。

表 15　湖泊营养状态分级表

营养状态分级	评分值 $TLI(\Sigma)$
贫营养	$0 < TLI(\Sigma) \leqslant 30$
中营养	$30 < TLI(\Sigma) \leqslant 50$
（轻度）富营养	$50 < TLI(\Sigma) \leqslant 60$
（中度）富营养	$60 < TLI(\Sigma) \leqslant 70$
（重度）富营养	$70 < TLI(\Sigma) \leqslant 100$

（六）水质急性毒性

利用发光细菌相对发光率与水样毒性组分总浓度呈显著负相关的原理，通过测定水样的相对发光率 L(%) 来表示其急性毒性水平见表 16。

表 16　水质急性毒性(发光细菌法)测定水质毒性的分级标准

相对发光率(L)(%)	等当量的 $HgCl_2$ 溶液浓度(C)(mg/L)	毒性级别
$TLI>70$	$C_{Hg}<0.07$	低毒或无毒
$50<TLI\leqslant70$	$0.07\leqslant C_{Hg}<0.09$	中毒
$30<TLI\leqslant50$	$0.09\leqslant C_{Hg}<0.12$	重毒
$0<TLI\leqslant30$	$0.12\leqslant C_{Hg}<0.16$	高毒
$TLI=0$	$C_{Hg}\geqslant0.16$	剧毒

七、生态环境

2021 年生态环境部发布《关于印发＜区域生态质量评价办法(试行)＞的通知》(环监测〔2021〕99 号),明确要求利用综合指数(生态质量指数,EQI)反映区域生态环境的整体状态。该办法规定了区域生态质量评价的指标体系、数据要求和评价方法,适用于县级及以上区域生态质量现状和趋势的综合评价。

(一)指标分类

包括 4 个一级指标,11 个二级指标和 18 个三级指标。
其中,4 个一级指标包括以下四个。
(1)生态格局:反映评价区域生态系统类型、数量和空间分布。
(2)生态功能:反映生态系统维持地球生命系统,提供人类福祉的能力。
(3)生物多样性:反映区域物种层次生物多样性状况。
(4)生物胁迫:反映生态系统受到干扰和压力的情况

(二)县域分类

全国县域分为 5 类:水土保持、水源涵养、防风固沙、非主导生态功能区的地级及以上城市建成区、其他。另对沿海县域有特定考核指标。
一、二、三级指标内容及县域分类详见表 17。

表 17　区域生态质量评价办法(试行)指标及适用区域

一级指标	二级指标	三级指标	备注
生态格局	生态组分	生态用地面积比指数	—
		海洋自然岸线保有指数	沿海县域
	生态结构	生态保护红线面积比指数	—
		生境质量指数	—
		重要生态空间连通度指数	—

续表

一级指标	二级指标	三级指标	备注
生态功能	水土保持	水土保持指数	水土保持类型国家重点生态功能区县域
	水源涵养	水源涵养指数	水源涵养类型国家重点生态功能区县域
	防风固沙	防风固沙指数	防风固沙类型国家重点生态功能区县域
	生态宜居	建成区绿地率指数	地级及以上城市建成区
		建成区公园绿地可达指数	
	生态活力	植被覆盖指数	其他县域
		水网密度指数	
生物多样性	生物保护	重点保护生物指数	—
	重要生物功能群	指示生物类群生命力指数	—
		原生功能群种占比指数	—
生态胁迫	人为胁迫	陆域开发干扰指数	—
		海域开发强度指数	沿海县域
	自然胁迫	自然灾害受灾指数	—

（三）数据来源

（1）生态类型数据：2 m 分辨率卫星影像解译数据。

（2）植被质量与植被覆盖数据：250 m 分辨率 $NDVI$（归一化植被指数）数据和 500 m 分辨率 NPP（植被净初级生产力）数据。

（3）生物物种数据：野生高等植物、哺乳类、鸟类、爬行类、两栖类和蝶类等野外观测数据。

（4）陆域开发数据：2 m 分辨率卫星影像解译的建设用地数据。

（5）海岸及海域开发数据：2 m 分辨率卫星影像解译的海岸及海域开发类型和范围数据。

（四）评价方法

（1）综合评价

生态质量指数（EQI）＝0.36×生态格局＋0.35×生态功能＋0.19×生物多样性＋0.10×(100－生态胁迫)

（2）生态质量分类

根据生态质量指数值，将生态质量类型分为五类见表18。

表 18　生态质量分类

类别	一类	二类	三类	四类	五类
指数	$EQI \geqslant 70$	$55 \leqslant EQI < 70$	$40 \leqslant EQI < 55$	$30 \leqslant EQI < 40$	$EQI < 30$

续表

类别	一类	二类	三类	四类	五类
描述	自然生态系统覆盖比例高、人类干扰强度低、生物多样性丰富、生态结构完整、系统稳定、生态功能较完善	自然生态系统覆盖比例较高、人类干扰强度较低、生物多样性较丰富、生态结构较完整、系统较稳定、生态功能较完善	自然生态系统覆盖比例一般、受到一定的人类活动干扰、生物多样性丰富度一般、生态结构完整和稳定性一般、生态功能基本完善	自然生态本底条件较差或人类干扰强度较大、自然生态系统较脆弱、生态功能较低	自然生态本底条件差或人类干扰强度大、自然生态系统脆弱、生态功能低

根据生态质量指数与基准值的变化情况,将生态质量变化幅度分为三级七类。三级为"变好""基本稳定"和"变差";其中"变好"包括"轻微变好""一般变好"和"明显变好","变差"包括"轻微变差""一般变差"和"明显变差",具体见表19。

表19 生态环境状况变化度分级

变化等级	变好略微变化			基本稳定	变差显著变化		
	轻微变好	一般变好	明显变好		轻微变差	一般变差	明显变差
ΔEQI 阈值	$1 \leq \Delta EQI < 2$	$2 \leq \Delta EQI < 4$	$\Delta EQI \geq 4$	$-1 < \Delta EQI < 1$	$-2 < \Delta EQI \leq -1$	$-4 < \Delta EQI \leq -2$	$\Delta EQI \leq -4$